Lars Reichardt

Methodik für den Entwurf von kapazitätsoptimierten Mehrantennensystemen am Fahrzeug

Karlsruher Forschungsberichte
aus dem Institut für Hochfrequenztechnik und Elektronik

Herausgeber: Prof. Dr.-Ing. Thomas Zwick

Band 69

Methodik für den Entwurf von kapazitätsoptimierten Mehrantennensystemen am Fahrzeug

von
Lars Reichardt

Dissertation, Karlsruher Institut für Technologie (KIT)
Fakultät für Elektrotechnik und Informationstechnik, 2013

Impressum

Karlsruher Institut für Technologie (KIT)
KIT Scientific Publishing
Straße am Forum 2
D-76131 Karlsruhe
www.ksp.kit.edu

KIT – Universität des Landes Baden-Württemberg und
nationales Forschungszentrum in der Helmholtz-Gemeinschaft

KIT Scientific Publishing 2013
Print on Demand

ISSN 1868-4696
ISBN 978-3-7315-0047-6

Vorwort des Herausgebers

Heute ist die mobile Funkkommunikation ein wichtiger und für viele unverzichtbarer Bestandteil unserer Gesellschaft geworden. Zur reinen Sprachübertragung ist mittlerweile die Datenübertragung hinzu gekommen, die immer neue Anwendungsmöglichkeiten und Anwendungsgebiete erschließt. Die Erhöhung der verfügbaren Datenraten bzw. der Kanalkapazität ist demnach ein wichtiger Technologietreiber im Mobilfunk geworden. Da die Ressource Frequenz eindeutig beschränkt ist, bleibt als wichtigste Option der Einsatz der in letzter Zeit stark in den Fokus von Wissenschaft und Industrie gerückten Mehrantennensysteme. Die klassischen Diversity-Systeme werden nun durch sogenannte MIMO (Multiple-Input-Multiple-Output) Systeme ersetzt, die die Mehrwegeeigenschaften des Funkkanals gezielt zur Kapazitätserhöhung nutzen. Hierbei werden mehrere unabhängige Datenströme auf sogenannten Sub-kanälen übertragen, wodurch die Gesamtkanalkapazität gesteigert werden kann. Ausschlaggebend für maximale Transinformation eines MIMO-Systems sind optimale Antennenkonfigurationen an Sender und Empfänger. Da MIMO allerdings die Mehrwegeeigenschaften des Funkkanals nutzt, muss eine kapazitätsoptimierte Antennenkonfiguration auf den Mehrwegefunkkanal angepasst werden. Im Gegensatz zu klassischen Systemen, in denen eine Antenne anhand eines heuristisch vorgegebenen Richtdiagramms entwickelt wurde, wird nun eine Methodik gebraucht, bei der komplette Antennensysteme für bestimmte Funkkanäle hinsichtlich der Kapazität optimiert werden können. Genau an dieser Stelle setzt die Arbeit von Herrn Lars Reichardt an.

In seiner Dissertation hat Herr Reichardt wichtige wissenschaftliche Grundlagen zum Entwurf von kapazitätsoptimierten Mehrantennensystemen erarbeitet und am Beispiel der Fahrzeug-zu-Fahrzeug Kommunikation diskutiert. Die besondere wissenschaftliche Herausforderung dieser Arbeit bestand in der extremen Komplexität der Aufgabenstellung. Zu idealen Antennenkonfigurationen mit maximaler Transinformation in einem speziellen Mehrwegeszenario gibt es viele

Arbeiten weltweit, aber die Frage, wie man zu einer Lösung mit Antennen kommt, die technisch realisierbar sind (d.h. reale Antennen z.B. an einem Fahrzeug), über alle später auftretenden Szenarien betrachtet eine möglichst optimale Kapazität bereit stellen und gleichzeitig noch kostengünstig (d.h. preiswertes Antennensystem und kleinstmögliche Anzahl von benötigten Sende- und Empfangskanälen) sind, ist noch immer ungelöst. Herr Reichardt hat mit den von ihm vorgestellten Methoden wichtige Grundlagen zur Lösung des zuvor genannten Problems gelegt und damit schon jetzt viel Aufmerksamkeit in der Fachwelt erregt. Ich wünsche ihm alles Gute für die Zukunft und hoffe, dass er seine exzellenten und vielseitigen Fähigkeiten auch weiterhin erfolgreich einsetzen kann.

Prof. Dr.-Ing. Thomas Zwick
- Institutsleiter -

Forschungsberichte aus dem
Institut für Höchstfrequenztechnik und Elektronik (IHE)
der Universität Karlsruhe (TH) (ISSN 0942-2935)

Herausgeber: Prof. Dr.-Ing. Dr. h.c. Dr.-Ing. E.h. mult. Werner Wiesbeck

Band 1   Daniel Kähny
Modellierung und meßtechnische Verifikation polarimetrischer,
mono- und bistatischer Radarsignaturen und deren Klassifizierung
(1992)

Band 2   Eberhardt Heidrich
Theoretische und experimentelle Charakterisierung der
polarimetrischen Strahlungs- und Streueigenschaften von Antennen
(1992)

Band 3   Thomas Kürner
Charakterisierung digitaler Funksysteme mit einem breitbandigen
Wellenausbreitungsmodell (1993)

Band 4   Jürgen Kehrbeck
Mikrowellen-Doppler-Sensor zur Geschwindigkeits- und
Wegmessung - System-Modellierung und Verifikation (1993)

Band 5   Christian Bornkessel
Analyse und Optimierung der elektrodynamischen Eigenschaften
von EMV-Absorberkammern durch numerische Feldberechnung (1994)

Band 6   Rainer Speck
Hochempfindliche Impedanzmessungen an
Supraleiter / Festelektrolyt-Kontakten (1994)

Band 7   Edward Pillai
Derivation of Equivalent Circuits for Multilayer PCB and
Chip Package Discontinuities Using Full Wave Models (1995)

Band 8   Dieter J. Cichon
Strahlenoptische Modellierung der Wellenausbreitung in
urbanen Mikro- und Pikofunkzellen (1994)

Band 9   Gerd Gottwald
Numerische Analyse konformer Streifenleitungsantennen in
mehrlagigen Zylindern mittels der Spektralbereichsmethode (1995)

Band 10   Norbert Geng
Modellierung der Ausbreitung elektromagnetischer Wellen in
Funksystemen durch Lösung der parabolischen Approximation
der Helmholtz-Gleichung (1996)

Band 11   Torsten C. Becker
Verfahren und Kriterien zur Planung von Gleichwellennetzen für
den Digitalen Hörrundfunk DAB (Digital Audio Broadcasting) (1996)

Forschungsberichte aus dem
Institut für Höchstfrequenztechnik und Elektronik (IHE)
der Universität Karlsruhe (TH) (ISSN 0942-2935)

Forschungsberichte aus dem
Institut für Höchstfrequenztechnik und Elektronik (IHE)
der Universität Karlsruhe (TH) (ISSN 0942-2935)

Forschungsberichte aus dem
Institut für Höchstfrequenztechnik und Elektronik (IHE)
der Universität Karlsruhe (TH) (ISSN 0942-2935)

Band 49 Thomas Dreyer
Systemmodellierung piezoelektrischer Sender zur Erzeugung
hochintensiver Ultraschallimpulse für die medizinische Therapie (2006)

Band 50 Stephan Schulteis
Integration von Mehrantennensystemen in kleine mobile Geräte
für multimediale Anwendungen (2007)

Band 51 Werner Sörgel
Charakterisierung von Antennen für die Ultra-Wideband-Technik
(2007)

Band 52 Reiner Lenz
Hochpräzise, kalibrierte Transponder und Bodenempfänger
für satellitengestützte SAR-Missionen (2007)

Band 53 Christoph Schwörer
Monolithisch integrierte HEMT-basierende Frequenzvervielfacher
und Mischer oberhalb 100 GHz (2008)

Band 54 Karin Schuler
Intelligente Antennensysteme für Kraftfahrzeug-Nahbereichs-
Radar-Sensorik (2007)

Band 55 Christian Römer
Slotted waveguide structures in phased array antennas (2008)

Fortführung als
"Karlsruher Forschungsberichte aus dem Institut für Hochfrequenztechnik
und Elektronik" bei KIT Scientific Publishing
(ISSN 1868-4696)

Karlsruher Forschungsberichte aus dem
Institut für Hochfrequenztechnik und Elektronik
(ISSN 1868-4696)

Herausgeber: Prof. Dr.-Ing. Thomas Zwick

Die Bände sind unter www.ksp.kit.edu als PDF frei verfügbar
oder als Druckausgabe bestellbar.

Band 55   Sandra Knörzer
**Funkkanalmodellierung für OFDM-Kommunikationssysteme
bei Hochgeschwindigkeitszügen** (2009)
ISBN 978-3-86644-361-7

Band 56   Thomas Fügen
**Richtungsaufgelöste Kanalmodellierung und Systemstudien
für Mehrantennensysteme in urbanen Gebieten** (2009)
ISBN 978-3-86644-420-1

Band 57   Elena Pancera
**Strategies for Time Domain Characterization of UWB
Components and Systems** (2009)
ISBN 978-3-86644-417-1

Band 58   Jens Timmermann
**Systemanalyse und Optimierung der Ultrabreitband-
Übertragung** (2010)
ISBN 978-3-86644-460-7

Band 59   Juan Pontes
**Analysis and Design of Multiple Element Antennas
for Urban Communication** (2010)
ISBN 978-3-86644-513-0

Band 60   Andreas Lambrecht
**True-Time-Delay Beamforming für ultrabreitbandige
Systeme hoher Leistung** (2010)
ISBN 978-3-86644-522-2

Band 61   Grzegorz Adamiuk
**Methoden zur Realisierung von dual-orthogonal, linear
polarisierten Antennen für die UWB-Technik** (2010)
ISBN 978-3-86644-573-4

Band 62   Jutta Kühn
**AlGaN/GaN-HEMT Power Amplifiers with Optimized
Power-Added Efficiency for X-Band Applications** (2011)
ISBN 978-3-86644-615-1

Karlsruher Forschungsberichte aus dem
Institut für Hochfrequenztechnik und Elektronik
(ISSN 1868-4696)

Methodik für den Entwurf von kapazitätsoptimierten Mehrantennensystemen am Fahrzeug

Zur Erlangung des akademischen Grades eines

DOKTOR-INGENIEURS

von der Fakultät für
Elektrotechnik und Informationstechnik
des Karlsruher Instituts für Technologie (KIT)

genehmigte

DISSERTATION

von

Dipl.-Ing. Lars Reichardt

geb. in Husum

Tag der mündlichen Prüfung: 05. April 2013

Hauptreferent: Prof. Dr.-Ing. Thomas Zwick
Korreferent: Prof. Dr.-Ing. Christoph Mecklenbräuker

Zusammenfassung

Durch die Vielzahl neuer und zukünftiger Funkdienste steigt die Anzahl der am Kraftfahrzeug verbauten Antennen kontinuierlich an. Demgegenüber steht der Wegfall attraktiver Antennenstandorte, sei es durch Designvorgaben oder durch den Einzug weiterer elektrischer Ausstattungskomponenten. Um mit den verbleibenden Bauräumen weiterhin vertrauenswürdige Datenverbindungen oder gar höhere Datenraten realisieren zu können, ist der Einsatz von Mehrantennensystemen ein möglicher Lösungsansatz.

An dieser Stelle setzt diese Arbeit an. In ihr wird eine Methodik entwickelt und evaluiert, die es erlaubt Mehrantennensysteme zu optimieren. Schwerpunkt ist hierbei die Synthese kapazitätsoptimierter Richtcharakteristiken basierend auf fahrzeugspezifischen Einschränkungen des Antennendesigns. Die Grundidee hinter dieser Synthese ist es, Antennensysteme mit einem auf ein Volumen bezogenes Kanalwissen zu optimieren. Ausgehend von der Theorie der intrinsischen Kapazität werden Algorithmen entwickelt, die es erlauben für zeit- und umgebungsvariante Kanäle optimierte Richtcharakteristiken zu bestimmen. Der Ansatz zeichnet sich insbesondere dadurch aus, dass er in der Lage ist, verschiedene Mehrantennenprinzipien zu berücksichtigen und durch leichte Adaptionen auf unterschiedliche Kriterien hin zu optimieren. Ziel einer solchen Optimierung kann anstelle der Kapazität beispielsweise eine Reduzierung der Doppler-Verbreiterung sein. Neben der theoretischen Entwicklung und Optimierung bestätigt eine anhand von Kanalmessungen durchgeführte Synthese die vorgestellte Methodik und deren praktische Umsetzbarkeit. Eigens zu diesem Zweck wurde ein Messsystem aufgebaut, das in der Lage ist, den Kanal in einem definierten Sende- und Empfangsvolumen abzutasten. Ein weiterer Schwerpunkt der Arbeit liegt in der konkreten Anwendung der vorgestellten Antennensynthese. Ziel dabei ist der Mehrantennenentwurf für die Fahrzeug-zu-Fahrzeug Kommunikation bei 5,9 GHz. Das Design erfolgt dabei mittels umfangreicher Simulationen mit einem für diesen Zweck erweiterten und optimierten Simulationsnetzwerk. Die Implementierung der Antennensynthese mit einem deterministischen

Kanalsimulator erlaubt somit einen fairen und reproduzierbaren Vergleich der unterschiedlichen Mehrantennenkonfigurationen. Zudem erfolgt der Aufbau und die Bewertung eines synthetisierten Mehrantennensystems am konkreten Beispiel.

Die in dieser Arbeit entwickelte Mehrantennensynthese sowie die Implementierung dieser in eine Simulationskette liefert somit eine neue Grundlage für ein kosten- und zeiteffizientes (Mehr-)Antennendesign für Fahrzeuge. Der Einsatz der entwickelten Methodik ist dabei nicht auf die betrachtete Anwendung im Kraftfahrzeugbereich beschränkt, sondern lässt sich ebenso auf viele weitere Anwendungsbereiche wie beispielsweise drahtlose Sensornetzwerke übertragen.

Vorwort

Die vorliegende Arbeit entstand während meiner Zeit als wissenschaftlicher Mitarbeiter am Institut für Hochfrequenztechnik und Elektronik (IHE) des Karlsruher Instituts für Technologie (KIT).

Meinen herzlichen Dank möchte ich dem Institutsleiter Herrn Prof. Dr.-Ing. Thomas Zwick für die wertvolle Unterstützung und die Übernahme des Hauptreferats aussprechen. Des Weiteren bedanke ich mich bei Herrn Prof. Dr.-Ing. Dr. h.c. Dr.-Ing. E.h. mult. Werner Wiesbeck für seine Inspiration und seine vielen konstruktiven Beiträge, sowie bei Herrn Prof. Dr.-Ing. Christoph Mecklenbräuker für sein Interesse an der Arbeit und für die Übernahme des Korreferats.

Für die vielen hilfreichen Diskussionen und die sorgfältige Durchsicht dieser Arbeit bedanke ich mich sehr bei M.Eng. Tobias Mahler, Dr.-Ing. Thomas Fügen und Dr.-Ing. Juan Pontes.

Schließlich danke ich allen Kollegen und ehemaligen Kollegen aus Technik, Verwaltung und Wissenschaft für das hervorragende Arbeitsklima am Institut und ihre Unterstützung, die zum Gelingen dieser Arbeit beigetragen haben. Bedanken möchte ich mich an dieser Stelle auch bei allen Studierenden, die mich durch ihre engagierte und kreative Bearbeitung von Abschlussarbeiten oder als studentische Hilfskraft maßgeblich unterstützt haben.

Nicht zuletzt möchte ich mich ganz herzlich bei meiner Familie und meiner Frau Isabelle für ihre immerwährende Unterstützung und ihren Rückhalt bedanken.

Karlsruhe, im Juni 2013

Lars Reichardt

Inhaltsverzeichnis

Verzeichnis der verwendeten Abkürzungen und Symbole

Abkürzungen

ADS	engl. *Advanced Design System*
AM	Amplitudenmodulation (Mittelwelle)
AMPS	engl. *Advanced Mobile Phone Service*
AOA	engl. *Angle of Arrival*
AOD	engl. *Angle of Departure*
APS	engl. *Angular Power Spectrum*
AKF	Autokorrelationsfunktion
AWGN	engl. *Additive White Gaussian Noise* (bezeichnet einen weißen *Gauß'schen* Rauschkanal)
C2C	engl. *Car to Car*
C2C CC	engl. *Car to Car Communication Consortium*
CDF	engl. *Cumulative Distribution Function* (Wahrscheinlichkeitsverteilung)
COST	engl. *European Co-operation in the Field of Scientific and Technical Research*
CST	engl. *Computer Simulation Technology*
CVIS	engl. *Cooperative Vehicle-Infrastructure Systems*
DAB	engl. *Digital Audio Broadcast*
DFT	engl. *Discrete Fourier Transform*

DMN	engl. *Decoupling and Matching Network*
DOA	engl. *Direction of Arrival*
DOD	engl. *Direction of Departure*
DSRC	engl. *Dedicated Short-Range Communications*
EIRP	engl. *Equivalent Isotropic Radiated Power*
EMSL	engl. *European Microwave Signature Laboratory*
ETC	engl. *Electronic Toll Collect*
ETSI	engl. *European Telecommunications Standards Institute*
EVD	engl. *Eigenvalue Dispersion*
FCC	engl. *Federal Communications Commission*
FFT	engl. *Fast Fourier Transform*
FM	Frequenzmodulation (Ultrakurzwelle)
FRO	Frobenius-Norm
GLONASS	russ. *Globalnaja Nawigazionnaja Sputnikowaja Sistema*
GO	geometrische Optik (engl. *Geometrical Optics*)
GPS	engl. *Global Positioning System*
GSM	engl. *Global System for Mobile Communications*
HF	Hochfrequenz
IDFT	engl. *Inverse Discrete Fourier Transform*
IEEE	engl. *Institute of Electrical and Electronics Engineers*
IFFT	engl. *Inverse Fast Fourier Transform*
IHE	Institut für Hochfrequenztechnik und Elektronik
IM	Ideale Monopole
ICI	engl. *Inter-Carrier Interference*
ISI	engl. *Inter-Symbol Interference*
ISM-Band	engl. *Industrial, Scientific and Medical Band*
ITO	engl. *Indium Tin Oxide*

ITS	engl. *Intelligent Transportation Systems*
JRC	engl. *Joint Research Center*
KIT	Karlsruher Institut für Technologie
LOS	engl. *Line of Sight*
LRR	engl. *Long Range Radar*
LTE	engl. *Long Term Evolution*
NIM	Nichtideale Monopole
NLOS	engl. *Non Line of Sight*
NWA	Netzwerkanalysator
MAC	engl. *Media Access Controll*
MDN	engl. *Mode Decomposition Network*
MIMO	engl. *Multiple-Input Multiple-Output*
MISO	engl. *Multiple-Input Single-Output*
MRR	engl. *Medium Range Radar*
OFDM	engl. *Orthogonal Frequency Division Multiplexing*
PHY	engl. *Physical Layer*
PROMETHEUS	engl. *Programme for a European Traffic with Highest Efficiency and Unprecedented Safety*
RKE	engl. *Remote Keyless Entry*
RSE	engl. *Remote Start Engine*
SDARS	engl. *Satellite Digital Audio Radio Services*
SISO	engl. *Single-Input Single-Output*
SIMO	engl. *Single-Input Multiple-Output*
sim^{TD}	Sichere Intelligente Mobilität Testfeld Deutschland
SNR	engl. *Signal-to-Noise Ratio* (Signal-zu-Rausch-Verhältnis)
SM	engl. *Simple Mean*
SRR	engl. *Short Range Radar*
SVD	engl. *Singular Value Decomposition*

TETRA	engl. *Terrestrial Trunked Radio*
TPMS	engl. *Tire Pressure Monitoring System*
UHF	engl. *Ultra High Frequency*
UPD	engl. *Uniform Power Distribution*
UTD	engl. *Uniform Theory of Diffraction*
UMTS	engl. *Universal Mobile Telecommunications System*
VHF	engl. *Very High Frequency*
WF	engl. *Water Filling*
WiMAX	engl. *Worldwide Interoperability for Microwave Access*
WLAN	engl. *Wireless Local Area Network*

Konstanten

c_0	Lichtgeschwindigkeit im Vakuum: $299792458\,\mathrm{m/s}$
c_{norm}	Normierungskonstante
e	Euler'sche Zahl: $2{,}71828\ldots$
k	Boltzmann-Konstante: $1{,}38065\ldots \cdot 10^{-23}\,\mathrm{J/K}$
Z_{F0}	Wellenwiderstand im Vakuum: $Z_{\mathrm{F0}} = \sqrt{\frac{\mu_0}{\varepsilon_0}} \approx 377\,^{..}$
ε_0	Permittivitätskonstante des Vakuums: $8{,}85418 \cdot 10^{-12}\,\mathrm{As/(Vm)}$
m_{D}	Konstante zur Abschätzung der maximal auftretenden Dopplerfrequenz
μ_0	Permeabilitätskonstante des Vakuums: $4\pi \cdot 10^{-7}\,\mathrm{Vs/(Am)}$
π	Kreiszahl Pi: $3{,}14159\ldots$

Lateinische Symbole und Variablen

Kleinbuchstaben

| a | Belegungskoeffizient |
| a_{brems} | Bremsverzögerung |

$\vec{e}_r, \vec{e}_\psi, \vec{e}_\theta$	Einheits-Basisvektoren in Kugelkoordianten
d	Abstand
Δf	Frequenzabstand
f	Frequenz
f_0	Träger- bzw. Mittenfrequenz
f_D	Doppler-Verschiebung bzw. -Frequenz
$f_{\mathrm{D,max}}$	Maximaler Betrag der Doppler-Verschiebung im Funkkanal
$f_{\mathrm{D},q}$	Doppler-Verschiebung eines Mehrwegepfades
f_s	Abtastfrequenz
$\underline{h}(\tau, t)$	zeitvariante Kanalimpulsantwort
$\underline{h}^\mathrm{TP}(\tau, t)$	komplexe zeitvariante äquivalente Tiefpasskanalimpulsantwort
$\mathbf{h}^\mathrm{TP}$	komplexe zeitvariante gerichtete Tiefpass-Impulsantwort
$\underline{h}_{n,m}$	komplexer zeitinvarianter Übertragungsfaktor zwischen der m-ten Sende- und der n-ten Empfangsantenne
$\underline{h}_{n,m}(f, t)$	komplexer zeitvarianter Übertragungsfaktor zwischen der m-ten Sende- und der n-ten Empfangsantenne
k	Teilerverhältnis
k^2	Leistungsübertragungskoeffizient
$l(t)$	zeitvarianter schneller Schwund
m	Zählindex für die Sendeantennen
n	Zählindex für die Empfangsantennen
$\underline{\vec{n}}$	komplexer Rauschvektor
n_{cr}	Variable zur Nummerierung der Momentaufnahmen des Kanals
p	Sendeleistung für einen Subkanal
q	Variable zur Mehrwegepfadnummerierung
$\underline{r}^\mathrm{f}_\mathrm{HH}(\Delta f, t)$	zeitvariante Frequenz-Autokorrelationsfunktion des Übertragungskanals

$\underline{r}_{\mathrm{HH}}^{\mathrm{Tx}}(\Delta t)$	zeitliche Autokorrelationsfunktion des Übertragungskanals
$\underline{r}_{\mathrm{HH}}^{\mathrm{x}}(t, \Delta x)$	räumliche Autokorrelationsfunktion des Funkkanals
s_{B}	Bremsweg
$s(t)$	zeitvarianter langsamer Schwund
$\underline{s}^{\mathrm{TP}}(\tau, f_{\mathrm{D}})$	Doppler-aufgelöste Tiefpass-Kanalimpulsantwort
$\underline{\mathbf{s}}^{\mathrm{TP}}$	komplexe Doppler-variante gerichtete Tiefpassimpuls-antwort
Δt	Zeitverschiebung bei zeitlicher Autokorrelationsfunktion
t	Zeit
t_V	Vorbremszeit
t_0	beliebiger fester Zeitpunkt
$\underline{u}$	komplexer Koeffizient der linksseitigen unitären Matrix der Singulärwertzerlegung
$v_{\mathrm{r,max}}$	maximale Relativgeschwindigkeit von zwei Fahrzeugen
v	Geschwindigkeit
$\underline{v}$	komplexer Koeffizient der rechtsseitigen unitären Matrix der Singulärwertzerlegung
w	Gewichtungsvariable
$x, \vec{x}$	Eingangssignal, Eingangsignalsvektor
$y, \vec{y}$	Ausgangssignal, Ausgangssignalvektor
x, y, z	Kartesische Koordinaten
$\Delta x, \Delta y, \Delta z$	Ortsablage im Kartesischen Koordinatensystem

Großbuchstaben

$\underline{A}$	komplexe Amplitude
$\underline{A}_q(t)$	skalarer Übertagungskoeffizient eines Mehrwegepfades
AF	Gruppenfaktor
A_{W}	Antennenwirkfläche
B	Bandbreite

B_{D}	Doppler-Bandbreite
$B_{\mathrm{coh}}(t)$	zeitvariante Kohärenzbandbreite des Funkkanals (engl. *coherence bandwidth*)
C	Kapazität
$C(\theta, \psi)$	Fernfeldrichtcharakteristik einer Antenne
$\vec{\underline{C}}(\theta, \psi)$	komplexe vektorielle Fernfeldrichtcharakteristik einer Antenne
D	Richtfaktor (*Directivity*) einer Antenne
D_{A}	maximale geometrische Ausdehnung einer Antenne
$\underline{E}$	komplexe Amplitude der elektrischen Feldstärke
$\vec{\underline{E}}$	komplexe vektorielle Amplitude der elektrischen Feldstärke
$\vec{\underline{E}}(\vec{r}, t, f_{\mathrm{c}})$	orts- und zeitabhängiger reeller Vektor der elektrischen Feldstärke für eine feste Frequenz f_{c}
$\vec{\underline{E}}_{\mathrm{Rx}}$	komplexe vektorielle Amplitude der elektrischen Feldstärke beim Empfänger
F_e	Elementfaktor
F_d	Abstandsfaktor
G	Gewinn einer Antenne
G_{MIMO}	MIMO-Kapazitätsgewinn
$\underline{H}$	komplexe Amplitude der magnetischen Feldstärke
$\mathbf{H}$	komplexe zeitinvariante Übertragungsfunktion
$\vec{\underline{H}}$	komplexe vektorielle Amplitude der magnetischen Feldstärke
$\vec{H}(\vec{r}, t, f_{\mathrm{c}})$	reeller orts- und zeitabhängiger Vektor der magnetischen Feldstärke für eine feste Frequenz f_{c}
$\underline{H}(f, t)$	komplexe zeitvariante Bandpass-Übertragungsfunktion des Funkkanals
$\underline{H}^{\mathrm{TP}}(t)$	komplexer schmalbandiger Übertragungsfaktor des Funkkanals

$\underline{H}_{\mathrm{D}}^{\mathrm{TP}}(f_{\mathrm{D}})$	Fouriertransformierte des Übertragungsfaktors $H^{\mathrm{TP}}(t)$
$\underline{H}^{\mathrm{TP}}(\Delta f, t)$	komplexe zeitvariante äquivalente Tiefpass-Übertragungsfunktion
$\mathbf{\underline{H}}^{\mathrm{TP}}$	komplexe zeitvariante gerichtete Tiefpass-Übertragungsfunktion
$\mathbf{I}$	Einheitsmatrix
I_0	Bezugsstrom
$\underline{I}$	Amplitude des komplexen Speisestroms
K	Anzahl der Subkanäle
L	Kantenlänge
M	Anzahl der Sendeantennen
M_{opt}	optimale Abtastelementanzahl am Sender
N	Anzahl der Empfangsantennen
N_{cr}	Anzahl der Momentaufnahmen eines Kanals
N_{opt}	optimale Abtastelementanzahl am Empfänger
N_s	Anzahl der zu synthetisierenden Subkanäle
P_{Tx}	Sendeleistung
$P(\tau, t)$	zeitvariantes Leistungsverzögerungsspektrum des Kanals
$P(t_0, \psi, \theta)$	Leistungswinkelspektrum
Q	Anzahl der Mehrwegepfade
Rx	Empfängerpunkt, Empfänger
$\mathbf{\underline{R}}_{\mathrm{xx}}$	Sendekovarianzmatrix
S	Leistungsdichte
$S_{i,i}$	Reflexionsfaktor am i-ten Eingang
$S_{i,j}$	Isolation, Durchflussdämpfung
$S_{\mathrm{HH}}(f_{\mathrm{D}})$	Doppler-Spektrum
S_{M}	gemessene S-Parameter
S_{V}	vorgegebener S-Parameter

Tx	Senderpunkt, Sender
T	Temperatur
T_{abs}	absoluter Schwellwert
T_B	Beobachtungszeit
T_{coh}	Kohärenzzeit des Funkkanals (engl. *coherence time*)
T_{rel}	relativer Schwellwert
T_s	Dauer eines zeitbegrenzten Signals
T_{sim}	Dauer einer Simulation
$\underline{T}^{TP}(\Delta f, f_D)$	komplexe Doppler-variante Tiefpass-Übertragungsfunktion
$\underline{\mathbf{T}}^{TP}$	komplexe Doppler-variante gerichtete Tiefpass-Übertragungsfunktion
T_w	zeitliche Breite des verwendeten Fensters bei Berechnung des Spektrogramms bzw. des schnellen und langsamen Schwundes
$\underline{\mathbf{U}}$	linksseitige unitäre Matrix der Singulärwertzerlegung
$U_{Tx,Rx}$	komplexe Leerlaufspannung am Eingang einer Sendeantenne bzw. Ausgang einer Empfangsantenne
$\underline{\mathbf{V}}$	rechtsseitige unitäre Matrix der Singulärwertzerlegung
$\underline{Z}_{ARx}$	Impedanz der Empfangsantenne
$\underline{Z}_{ATx}$	Impedanz der Sendeantenne

Griechische Symbole und Variablen

β_0	Phasenkonstante
$\underline{\Gamma}$	vollpolarimetrische komplexe Pfadübertragungsmatrix
ε	Permittivität
ε_r	relative Permittivität, $\varepsilon_r = \varepsilon_r' - j\varepsilon_r''$
$\varepsilon_{r,ges}$	relative Gesamtpermittivität
η	Antennenwirkungsgrad
θ	Elevationswinkel im Kugelkoordinatensystem

λ	Wellenlänge
λ_0	Wellenlänge im Vakuum
λ_i	i-ter Eigenwert
μ	Permeabilität
μ_{f_D}	Doppler-Verschiebung
$\mu_\tau(t)$	mittlere Verzögerungszeit
μ_r	relative Permeabilität, $\mu_r = \mu_r' - j\mu_r''$
$\mu_{\psi,\theta}$	mittlere Winkelspreizung
ν	Konstante zur Einstellung der Gesamtleistung beim *Water-filling*-Algorithmus
ρ	Signal-zu-Rauschverhältnis
σ_{f_D}	Doppler-Verbreiterung (engl. *Doppler spread*)
σ_h	Oberflächenrauheit (Standardabweichung der Höhe einer rauen Oberfläche)
$\sigma_\tau(t)$	zeitvariante Impulsverbreiterung
σ^2	Rauschleistung
τ	Verzögerungs- bzw. Laufzeit
ϕ	Phase
$\Delta\phi$	Phasenunterschied
$\Delta\Phi$	Phasekorrektur
ψ	Azimutwinkel im Kugelkoordinatensystem

Operatoren und mathematische Symbole

a	skalare Größe
$\underline{a}$	komplexe Größe
$\underline{a}^*$	konjugiert komplexe Größe
$\overline{a}$	gemittelte Größe
$\vec{a}$	Vektor
$\langle \vec{a}, \vec{b} \rangle$	Standardskalarprodukt der Vektoren $\vec{a}$ und $\vec{b}$

$\mathbf{A}$	Matrix
$\underline{\mathbf{A}}^{\dagger}$	transponiert und konjugiert komplexe Matrix
$|a|, |\vec{a}|$	Betrag der skalaren Größe a bzw. des Vektors $\vec{a}$
$\overline{a}$	Zeit- bzw. Scharmittelwert einer Größe a
$a \propto b$	Größe a ist proportional zur Größe b
$a \approx b$	Größe a ist ungefähr gleich der Größe b
$\arg(\underline{a})$	Argument von $\underline{a}$
$\delta(\cdot)$	Dirac-Funktion
$\max\{a\}$	Maximum einer reellen skalaren Größe a
$\Re(\underline{a})$	Realteil der komplexen skalaren Größe $\underline{a}$
$x(t) * y(t)$	Faltungsprodukt zweier Zeitfunktionen
∞	unendlich
$\circ\!\!-\!\!\bullet$	Fouriertransformation
$\bullet\!\!-\!\!\circ$	inverse Fouriertransformation
$\mathrm{Tr}(\cdot)$	Spur engl. *trace* einer Matrix

Allgemeine Hoch- und Tiefindizes

i	Zählindex
iso	isotroper Strahler als Bezugsantenne
max	Maximum einer Größe
min	Minimum einer Größe
Rx	Empfänger
samp	Abtastung
synth	synthetisiert
Tx	Sender
q	Zählindex für Größen, welche zum q-ten Pfad gehören
θ	Elevationskomponente im Kugelkoordinatensystem
ψ	Azimutkomponente im Kugelkoordinatensystem

1 Einleitung

1.1 Motivation und Umfeld der Arbeit

Die drahtlose Kommunikation ist aus unserem Alltag nicht mehr wegzudenken. Während vor einigen Jahren noch der Austausch von Sprachinformation im Vordergrund stand, ist aktuell der Zugriff auf Daten der Treiber derzeitiger und zukünftiger Dienste. Mobile Geräte garantieren dem Nutzer an jedem Ort und zu jeder Zeit Zugriff auf Daten. Neben Smartphones, Tablet-Computern und Laptops kann auch ein Fahrzeug als ein solches mobiles Gerät aufgefasst werden und ist damit ein Bestandteil der Kommunikationskette. Daraus folgt, dass die Weiterentwicklung der drahtlosen Kommunikation seit den 2000er Jahren zu einer Fülle an neuen Diensten führt, die in einem modernen Fahrzeug genutzt werden können. Die Herausforderung, die sich hierbei dem Antennendesign stellt, ist, hohe Datenraten bei gleichzeitig hoher Mobilität zu garantieren und dies weitestgehend unabhängig von der jeweiligen Fahrzeugumgebung.

Historisch gesehen geht die erste Fahrzeugantenne zurück zu den Versuchen von Guglielmo Marconi im Jahre 1897 [VA03]. Er installierte eine große zylindrische Drahtantenne auf einen mit Koks betriebenen Thornycroft Dampfomnibus [HB08], um damit amplitudenmodulierte Signale bei tiefen Frequenzen empfangen zu können. Die ersten kommerziell genutzten Dienste drahtloser Kommunikation im Fahrzeug gab es in den 1920er Jahren. Dabei handelte es sich zum einen um den Polizeifunk im 2 MHz-Bereich [Got03] und zum anderen um den analogen Radioempfang. Abbildung 1.1 zeigt eine Sammlung aktueller und in naher Zukunft verfügbarer Dienste im Fahrzeugbereich [TDL01, Got03, RAA10, Chi11]. Das Frequenzspektrum reicht dabei vom kHz-Bereich bis in den hohen GHz-Bereich für Radaranwendungen. Die Anwendungen umfassen dabei Dienste wie:

- analogen und digitalen terrestrischen Rundfunk (AM: *Amplitude Modulation*, FM: *Frequency Modulation*, VHF: *Very High Frequency*, UHF: *Ultra High Frequency*, DAB: *Digital Audio Broadcasting*)

- digitalen Bündelfunk (TETRA: *Terrestrial Trunked Radio*)

- digitalen Satellitenrundfunk (SDARS: *Satellite Digital Audio Radio Service*, Satellite TV)

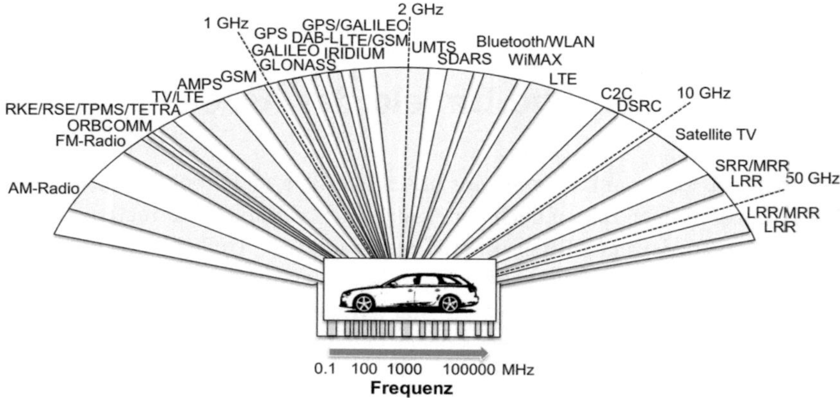

Abbildung 1.1: Frequenzspektrum für Dienste im Fahrzeug (Stand 2012)

- Navigationsdienste (GALILEO, GPS: *Global Positioning System*, GLONASS *Globalnaja Nawigazionnaja Sputnikowaja Sistema*)

- zellulare Telefondienste (AMPS: *Advanced Mobile Phone Service*, GSM: *Global System for Mobile Communications*, UMTS: *Universal Mobile Telecommunication System*, LTE: *Long Term Evolution*)

- Satellitenkommunikationsdienste (ORBCOMM, IRIDIUM)

- Kurzstreckenkommunikationsdienste (RKE: *Remote Keyless Entry*, RSE: *Remote Start Engine*, TPMS: *Tire-pressure Monitoring System*, ETC: *Electronic Toll Collect*, Bluetooth, WLAN: *Wireless Local Area Network*, Wi-MAX: *Worldwide Interoperability for Microwave Access*, DSRC: *Dedicated Short Range Communication*, C2C: *Car-to-Car Communication*)

- Kurz-, Mittel- und Langstreckenradare (SRR: *Short Range Radar*, MRR: *Medium Range Radar*, LRR: *Long Range Radar*)

All diese Dienste erfordern Antennen, die sich sowohl in Arbeitsfrequenz, Polarisation, Richtcharakteristik und in ihrer Platzierung am Fahrzeug unterscheiden. Zudem erwartet der Kunde, dass er die jeweiligen Applikationen in jeder Fahrzeugumgebung (z.B. Stadt, Land oder Autobahn) bestmöglich nutzen kann. In Bezug auf einen Kommunikationsdienst bedeutet dies eine unterbrechungsfreie, störresistente Verbindung, unabhängig von der Umgebung, der Fahrzeugorientierung und der Geschwindigkeit. Ein möglicher Lösungsansatz dies zu realisieren, ist der Einsatz mehrerer am Fahrzeug verteilter Antennen für einen Dienst, da damit die spektrale Effizienz und die Zuverlässigkeit erhöht werden kann. Dies erhöht aber sowohl die Anzahl der Designfreiheitsgrade als auch die Produktionskosten und den Entwicklungsaufwand. Erschwerend kommt hinzu, dass die möglichen Einbauorte stark vom Fahrzeugdesign beeinflusst werden. Durch das Hinzunehmen weiterer elektronischer Systeme wie beispielsweise Scheibenheizungen, elektrisch schaltbaren Verglasungen oder Kamerasystemen können diese sich zudem reduzieren, sei es aus Platzgründen oder aus Gründen der elektromagnetischen Verträglichkeit, wenn ein Übersprechen der Systeme untereinander zu erwarten ist. Maßgebend für die Entwicklung ist demnach immer das voll ausgestattete Fahrzeug.

Neben den zunehmend begrenzten Einbauorten hat sich zudem die Produktpalette der Fahrzeughersteller in den letzten Jahren stark erweitert. So hat beispielsweise die Karosserievarianz der Personenkraftwagen bei Daimler von sieben zu Beginn der 1990er Jahre auf derzeit über 20 zugenommen [VLH10, Dai12]. Bei anderen Fahrzeugherstellern ähneln sich diese Zahlen (Audi: von zehn auf 24 [Taz12] und BMW: von neun auf 19 Karosserievarianten [Noa10, BMW11]). Die Entwicklungszeiträume haben sich demgegenüber deutlich verkürzt [VLH10], in Extremfällen auf nur noch 18 Monate [Onl11a]. Für eine schnelle und kostengünstige Entwicklung dieser Funksysteme muss somit das Testen und Optimieren in frühen Entwicklungsstadien am Rechner möglich sein. Nur so können möglichst viele Designfreiheitsgrade zur Optimierung genutzt und anhand von virtuellen Fahrten in verschiedensten Szenarien verglichen werden [RMFZ09].

1.1.1 Zielsetzung der Arbeit

Die Zielsetzung dieser Arbeit besteht darin, eine neue Methodik für das Antennendesign zu entwickeln und zu evaluieren, mit der es möglich ist, Antennen und Mehrantennensysteme insbesondere unter folgenden Gesichtspunkten zu entwerfen:

- Es soll eine Methodik entwickelt werden, Mehrantennensysteme hinsichtlich der Anzahl und der Anordnung der Antennenelemente zu optimieren.

- Das Design soll anhand realistischer Übertragungskanäle erfolgen und damit sowohl Zeit- also auch Ortvarianz sowie Frequenzselektivität berücksichtigen.

- Es soll möglich sein, limitierende Faktoren für das Antennendesign, wie beispielsweise der maximalen Einbaugröße oder die Polarisation zu berücksichtigen.

- Damit soll eine Steigerung der Effizienz von Kommunikationssystemen erreicht werden, somit also eine Maximierung der Information, welche pro Zeit und Hz-Bandbreite über einen drahtlosen Kanal übertragen werden kann.

- Anhand einer Simulationsumgebung soll es zudem möglich sein, verschiedene Antennen und Mehrantennensysteme fair und reproduzierbar zu vergleichen.

- Mit Hilfe des Systemkonzepts soll es möglich sein, sowohl Zeit als auch Kosten beim Antennen- und Mehrantennendesign einzusparen.

- Das Systemkonzept soll anhand von Messungen und Simulationen umfassend evaluiert werden.

Neben der Entwicklung einer allgemeinen Methodik für das Antennendesign erfolgt eine beispielhafte Umsetzung und eine Interpretation der daraus resultierenden Ergebnisse. Die vorliegende Arbeit konzentriert sich dabei auf den Antennen- und Mehrantennenentwurf für die Fahrzeug-zu-Fahrzeug Kommunikation (engl. *Car-to-Car C2C Communication*). Die beiden folgenden Unterabschnitte führen daher kurz in die C2C Kommunikation und die Thematik der Mehrantennensysteme ein.

1.1.2 Einführung in die Fahrzeug-zu-Fahrzeug Kommunikation

In den vergangenen Jahrzehnten haben wiederholt technische Neuerungen dazu geführt, die Anzahl an Verkehrstoten zu reduzieren [Deu11b]. Zu nennen sind hier unter anderem der Sicherheitsgurt, der Airbag und das Antiblockiersystem. In naher Zukunft könnte die Kommunikation zwischen Fahrzeugen einen weiteren Schritt darstellen, die Verkehrssicherheit zu erhöhen. Die Grundidee der C2C Kommunikation ist es, durch den Austausch von Informationen kritische Verkehrssituationen zu vermeiden, oder, falls diese nicht vermeidbar sind, die Fahrzeuge auf eine solche Situation vorzubereiten. Neben Sicherheitsanwendungen lassen sich mit solch einem System zudem neue Verkehrsleit- und Verkehrsführungssysteme sowie diverse Komfortanwendungen realisieren. Beispiele für mögliche Anwendungsszenarien sind in [ETS09] und [Con07] genannt.

Die Idee der Fahrzeugkommunikation ist nicht neu. So wurde bereits auf der Weltausstellung von 1939/40 in New York die Stadt der Zukunft „Futurama" vorgestellt. Die Fahrzeuge, so die damalige Vision, würden auf Schnellstrassen und Autobahnen von einem per Funk operierenden Verkehrsleitsystem kontrolliert. Eines der ersten europäischen Forschungs- und Entwicklungsprojekte zu dieser Thematik war das Programm PROMETHEUS (*Programme for a European Traffic of Highest Efficiency and Unprecedented Safety*) zwischen 1987 und 1995. PROMETHEUS hatte das Ziel, autonomes Fahren und Fahrten im Konvoi zu untersuchen und dies zu demonstrieren. Da zu diesem Zeitpunkt aber unter anderem kein kostengünstiges Funksystem für solche Applikationen zur Verfügung stand, scheiterte eine Markteinführung [Pai10]. Einen weiteren Impuls setzte 1999 die *Federal Communication Commission* (FCC) mit der Einrichtung eines Frequenzbandes zwischen 5,850 und 5,925 GHz für die Nutzung intelligenter Transportsysteme in den Vereinigten Staaten von Amerika. In der letzten Dekade gab es allein in Europa zahlreiche weitere Projekte die sich mit dem Thema kooperierender Fahrzeuge beschäftigten beziehungsweise noch immer beschäftigen [PRe11, oWN11, Pro11, Sys11, oSfIRS11] und [fDIoCCTP11]. Seit September 2008 läuft der bisher weltweit größte Feldversuch „Sichere Intelligente Mobilität Testfeld Deutschland" (sim^{TD}) [Deu11a, Onl11b] mit über 100 Fahrzeugen in Hessen.

Der Zusammenschluss mehrerer Forschungsprojekte und Fahrzeughersteller z.B. im *Car-to-Car Communication Consortium* (C2C-CC) [Con12] liefert Input für eine gemeinsame Basis und einen europaweiten Kommunikationsstandard. In Nordamerika stehen derzeit 75 MHz Bandbreite zwischen 5,850 und 5,925 GHz für die Fahrzeugkommunikation zur Verfügung. Das *Institute of Electrical and Electronics Engineers* (IEEE) erstellte einen an den WLAN Standard (IEEE 802.11) angelehnten *Orthogonal Frequency-Division Multiplexing* (OFDM) Kommunikationsstandard IEEE 802.11p [IEE12]. Er teilt die Bandbreite in sieben 10 MHz breite Kanäle auf, von denen einer als Kontrollkanal dient und sechs als Servicekanäle. IEEE 802.11p definiert sowohl die physikalische (PHY) Schicht (die der Bitübertragung) als auch die Medienzugriffssteuerung (engl. *Media Access Control*, MAC). Fertig gestellt wurde er im April 2010 und ratifiziert im November 2010 [sIp10].

In Europa wurden von der Europäischen Kommission im August 2008 30 MHz Bandbreite zwischen 5,875 und 5,905 GHz für intelligente Transportsysteme reserviert. Diese teilen sich in drei 10 MHz breite Kanäle auf. Ein Kanal fungiert dabei als Kontrollkanal und zwei als Servicekanäle. Das unter diesem Frequenzband liegende ISM-Band (*Industrial, Scientific and Medical Band*) kann bei Bedarf mit großer Wahrscheinlichkeit für nicht sicherheitsrelevante Applikationen mitbenutzt werden [Pai10]. Derzeit arbeitet das *European Telecommunication Standards Institut* (ETSI) an einer Standardisierung angelehnt an IEEE 802.11p für das europäische Band.

1.1.3 Einführung zu Mehrantennensystemen

Das Ziel eines jeden Kommunikationssystems ist eine zuverlässige Datenübertragung. Unter der Annahme, dass bei einer drahtlosen Übertragung das Empfangssignal durch z.B. Interferenz oder Abschattung der Empfangsantenne zu einer gewissen Wahrscheinlichkeit ein schlechtes Signal-zu-Rauschverhältnis (engl. *Signal-to-Noise Ratio* SNR) aufweist, kann diese durch den Mehrfachempfang des Signals minimiert werden. Systeme, die zum Ziel haben, die Signalqualität durch Mehrfachempfang zu erhöhen, werden als *Diversity*-Systeme bezeichnet [Bre03, Jak74, God97b]. Sie lassen sich trennen in: Zeit-, Frequenz-, Raum-, Richtcharakteristik- und Polarisations-*Diversity*. Dabei kann sich ein System mehrerer dieser Prinzipien auf einmal bedienen, um sicherzustellen, dass die Korrelation der Empfangssignale möglichst gering ist. Zeit- und Frequenz-*Diversity* können mit einer Empfangsantenne realisiert werden und sind hier nur der Vollständigkeit halber genannt, werden aber im weiteren Verlauf der Arbeit nicht weiter betrachtet.

Ist nur der Empfänger mit mehreren Antennen ausgestattet, wird dies als SIMO-System (engl. *Single-Input Multiple-Output*) bezeichnet. Befindet sich das Antennenarray auf der Senderseite, wird von einem MISO-System (engl. *Multiple-Input Single-Output*) gesprochen. Mit mehreren Antennen, deren Richtcharakteristiken sich überlagern, lässt sich eine Strahlformung (engl. *Beamforming*) realisieren [God97a, LKYL96, You04]. *Beamforming*-Verfahren eignen sich dazu, durch adaptive Richtcharakteristiken das SNR zu erhöhen und/oder Interferenz zu vermeiden beziehungsweise auszublenden. Sind sowohl Sender als auch Empfänger mit einem Antennenarray ausgestattet, wird dies als MIMO-System (engl. *Multiple-Input Multiple-Output*) bezeichnet.

Bei Kanalkenntnis kann ein solches MIMO-System das *Beamforming*-Verfahren nutzen, um gleichzeitig mehrere Datenströme parallel und interferenzfrei über den Mobilfunkkanal zu senden und zu empfangen (engl. *Spatial Multiplexing*). Die Steigerung der maximal möglichen Datenrate beruht hierbei nicht nur auf einer Erhöhung des SNRs, sondern zusätzlich auf der Ausbildung sogenannter Subkanäle [FG98, RC98, Tel99].

1.2 Stand der Technik

Klassische Dienste wie Rundfunk oder Telefon verfügen typischerweise über eine höher gelegene Sende- oder Basisstation. Um eine gute Empfangsqualität zu gewährleisten, gilt als Faustregel im Fahrzeugbereich, dass eine höher positionierte Antenne besseren Empfang liefert. Dieser Ansatz ist darin begründet, dass die Wahrscheinlichkeit einer Sichtverbindung (engl. *Line of Sight* LOS) und die damit einhergehende Empfangsleistung erhöht wird. Als optimale Richtcharakteristik, um unabhängig von der Fahrzeugorientierung zu sein, wird hierbei oft Omnidirektionalität angestrebt [Jes85, FWS10].

Abbildung 1.2 zeigt verbreitete, aus der Literatur entnommene Antennenstandorte für unterschiedliche Dienste [Got03, VLH10, RAA10, Taz12]. Für den Telefonempfang werden die Antennen häufig direkt auf dem Dach platziert. Sollte dies aus technischer Sicht (z.B. Panoramadach oder Cabrio) nicht möglich oder vom Design nicht vorgesehen sein, bietet beispielsweise eine Positionierung auf (oder integriert in) dem Kofferraumdeckel [Got03] eine Alternative. Antennen für den Rundfunkempfang werden gewöhnlich in die Heckscheibe oder in die hinteren Seitenscheiben integriert.

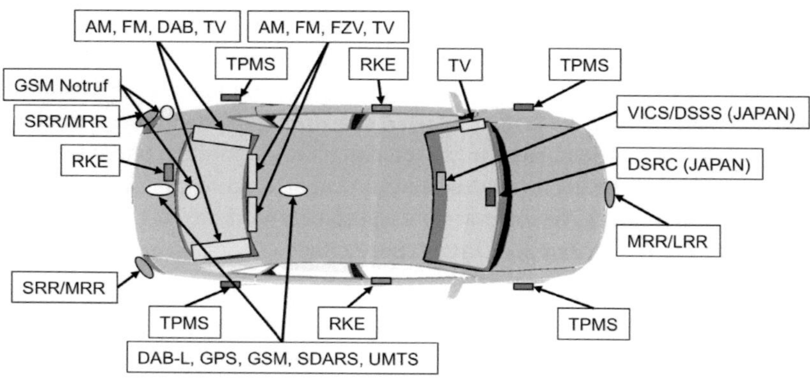

Abbildung 1.2: Typische Antennenstandorte für Dienste im Fahrzeug

Die Antennen werden dabei, unter Berücksichtigung der näheren Fahrzeugstruktur, mit Hilfe numerischer Methoden entworfen [EWW97, LL04, LLBC06, TBE10, KW04, BLE01, THE10]. Die Verifikation und Charakterisierung der physikalischen Eigenschaften der Antennen erfolgen über stationäre Messungen. Dabei wird die Antenne im Fahrzeug integriert und das Fahrzeug entweder in einer großen Antennenmesskammer [TKP$^+$10, RPJZ11] oder im freien Gelände [Got03, UT10] vermessen. Eine Evaluation unter Einfluss verschiedener Fahrzeugumgebungen findet dabei erst später im Produktionszyklus durch Messfahrten statt [Kwo08, EM12]. Diese Messfahrten mit Fahrzeugprototypen sind dabei nur unter strengen Einschränkungen möglich, da während der Entwicklung Geheimhaltung gewahrt werden muss.

Das Design von Mehrantennensystemen ist ungleich schwieriger, da die Fahrzeugentwicklung zum Zeitpunkt der Messfahrten so weit fortgeschritten ist, dass eine Evaluation von mehreren unterschiedlichen Antennen und Antennenkonfigurationen nicht mehr möglich ist. Ein alternativer Ansatz der dabei gewählt werden kann, ist das Prinzip der *Antenna Selection* [BW02, SN04, MW04]. Hierbei werden mehr Antennen platziert als dazugehörige Frontends. Mittels eines Switches werden verschiedene Antennenkombinationen durchgeschaltet, um die für die vorliegende Situation Beste auszuwählen. In der Literatur finden sich einige Veröffentlichungen von Messkampagnen mit Serienfahrzeugen und unterschiedlichen Antennenpositionen [DTL01, SW09] sowie unterschiedlichen Mehrantennenkonfigurationen [LBR$^+$08]. Ein weiterer Ansatz besteht darin, basierend auf Messungen statistische richtungsselektive Kanalmodelle zu entwickeln und anhand derer Mehrantennenkonfigurationen zu testen [TBHL10]. Statistische Kanalmodelle haben aber den Nachteil, dass sie nicht in der Lage sind, bestimmte Szenarien nachzubilden. Im Zusammenhang mit neuen Antennendiensten wie LTE oder C2C werden zunehmend deterministische Kanalmodelle in Systemsimulationen mit einbezogen [Mau05, REM11, Com11]. Ziel hierbei ist es, Antennen oder Antennenarrays in bestimmten Szenarien zu testen und zu bewerten [Sch06, KS10, RMFZ11, fBuF11].

Messkampagnen für die C2C Kommunikation [RKVO08, Pai10, MMK$^+$11] zeigen, dass in der Regel die Empfangsleistung bei einer Sichtverbindung zwischen Sender und Empfänger ausreicht, um eine sichere Kommunikation zu gewährleisten, diese aber bei Abschattungen (engl. *Non Line of Sight* NLOS) zusammenbrechen kann [AHG11]. Die Situationen, in denen sich die Fahrzeuge nicht sehen, sind aber gerade diejenigen, von welchen man sich von der C2C Kommunikation eine Möglichkeit zur Unfallprävention verspricht [ETS09]. Durch die relativ hohe Frequenz, welche für die C2C Kommunikation vorgesehen ist, kann die elektromagnetischen Welle selbst durch Beugung an Kanten [GW98] von z.B. Gebäuden oder Fahrzeugen [RSZ09] nicht tief in den Abschattungsbereich eindringen und diesen ausleuchten. Deshalb empfiehlt sich auch an dieser Stelle der Einsatz von Mehrantennensystemen [NHSK11, KRS$^+$07, IBC$^+$09, AHG11, PRZ11]. Der überwiegende Anteil der in der Literatur publizierten C2C Antennen sind für eine Installation auf dem Autodach vorgesehen [TK08, Kwo08, Kle10, FWS10]. Im Projekt CVIS [Sys11] wurde mit transparenten, in die Frontscheibe integrierten Antennen aus IndiumZinnOxid (engl. *IndiumTinnOxide* ITO) experimentiert. Diese Antennen weisen aber einen sehr experimentellen Charakter auf und sind noch weit von der Marktreife entfernt. Wenige Arbeiten sind derzeit veröffentlicht, welche sich mit alternativen Antennenstandorten wie beispielsweise Antennen in den Seitenspiegeln [KSS$^+$10] oder Antennen unter dem Fahrzeug [RFZ09] auseinandersetzen.

Zusammenfassend kann somit festgestellt werden, dass es bislang nur wenige Ansätze gibt, Antennen- und Mehrantennensysteme anhand von Kanalsimulationen zu bewerten und gegeneinander zu vergleichen.

Zudem gibt es derzeit kein Systemkonzept, welches Fahrzeugmehrantennensysteme kanalabhängig und unter Einbeziehung ihrer Anzahl und Anordnung optimiert.

1.3 Lösungsansatz und Gliederung der Arbeit

Aus den vorangegangenen Diskussionen wird deutlich, dass der zunehmende Zeit- und Kostendruck, wie auch die hohe Anzahl der Designfreiheitsgrade bei Mehrantennensystemen den Einsatz von Simulationen erfordern. Ziel dieser Arbeit ist das rechnergestützte Design von Mehrantennensystemen in zeit- sowie umgebungsvarianten und frequenzselektiven Fahrzeug-Kommunikationskanälen. Es wird eine neuartige Methodik aufgezeigt, wie Anhand von realistischer Kanalsimulationen ein Fahrzeug(mehr)antennendesign erfolgen kann. Dies unterscheidet diese Arbeit somit von allen bislang veröffentlichten Arbeiten.

Um dieses Ziel zu erreichen ist es notwendig, ein Designprinzip zu entwickeln, welches aus Simulationen oder Messungen des Kanals Informationen gewinnt und diese für die Synthese optimaler beziehungsweise optimierter, bezogen auf spezielle Übertragungskanalcharakteristika, Richtcharakteristiken nutzt. Zudem muss es dabei möglich sein, alle vorher definierten Designrestriktionen (siehe Abschnitt 1.1) einzubeziehen. Dieser Syntheseansatz zusammen mit der Erweiterung eines deterministischen Kanalmodells stellt damit ein Systemkonzept dar, welches die in Abschnitt 1.1 aufgeführten Kritikpunkte erfüllt.

- Die Methodik erlaubt es, Antennensysteme hinsichtlich ihrer Anzahl und Anordnung im Raum, ihrer Polarisation sowie ihrer Richtcharakteristik zu optimierten.

- Sie ist in der Lage, bei gegebener Apertur im zeit- und umgebungsinvarianten Fall die maximal erreichbare spektrale Effizienz zu garantieren, sowie im zeit- und umgebungsvarianten Fall diese zu steigern.

- Die Designmethodik lässt sich auf unterschiedliche Mehrantennenprinzipien anwenden und liefert einen fairen und reproduzierbaren Vergleich dieser Systeme.

Die Arbeit beschäftigt sich dabei aber nicht nur mit der theoretischen Entwicklung dieses Systemkonzeptes, sondern vielmehr wird die Anwendbarkeit der Synthese unter praktischen Gesichtspunkten und das Systemkonzept anhand umfangreicher Simulationen evaluiert. Die Gliederung der einzelnen Kapitel dieser Arbeit ergibt sich wie folgt:

In Kapitel 2 werden die theoretischen Grundlagen der Beschreibung und Charakterisierung von Kanälen und Antennen und damit einhergehend auch der Optimierungsziele der Synthese gegeben. Zudem wird hier auf die Kanalkapazität und das genutzte Kanalmodell eingegangen. Kapitel 3 beschreibt die Antennensynthese und die Theorie der intrinsischen Kapazität. Ausgehend von dem Grundprinzip der Bestimmung kapazitätsoptimierender Richtcharakteristiken erfolgt die Erweiterung auf realistische Fahrzeugkanäle und die Einbeziehung verschiedener Mehrantennenprinzipien. Eine Verifizierung der Synthese für den zeitinvarianten Fall erfolgt in Kapitel 4. Nach der Beschreibung des eigens für diesen Zweck aufgebauten Messsystems erfolgt eine Diskussion über die Einschränkungen der auf Messungen basierenden Antennensynthese. Anschließend erfolgt eine Analyse der durchgeführten Messungen und ihrer Ergebnisse. Das fünfte Kapitel widmet sich dem computergestützten Antennenentwurf für die C2C Kommunikation. Die Synthese wird dabei an sicherheitskritischen Szenarien unter Berücksichtigung von 16 für Fahrzeughersteller relevante Antennenpositionen durchgeführt. Anschließend erfolgt ein Vergleich der Ergebnisse verschiedener Antennen- und Mehrantennensysteme miteinander. In Kapitel 6 erfolgt der Aufbau eines synthetisierten Mehrantennensystems am konkreten Beispiel. Das vermessene Antennensystem wird anschließend anhand simulierter Referenzszenarien bewertet und mit simulierten Antennensystemen verglichen. Abschließend erfolgt in Kapitel 7 eine Zusammenfassung und Diskussion der wichtigsten Erkenntnisse dieser Arbeit.

2 Der drahtlose Kommunikationskanal

Bei einer drahtlosen Kommunikation ersetzen Sende- und Empfangsantenne sowie der Funkkanal das Übertragungskabel. Die Sendeantenne wandelt eine leitungsgebundene elektromagnetische Welle in eine sich in der Umgebung ausbreitende Welle um, wohingegen die Empfangsantenne der Umgebung Leistung entzieht [Bal89]. Durch Interaktion der sich ausbreitenden Welle mit der Umgebung, zum Beispiel durch Reflexion, Streuung oder Beugung [GW98], ergeben sich typischerweise mehrere Ausbreitungspfade für das gesendete Signal. Diese sogenannte Mehrwegeausbreitung führt dazu, dass sich die Signale mehrfach am Empfänger überlagern. In welchem Maße dies geschieht, hängt von der Ausbreitungsumgebung ab. Die Antennen selbst beeinflussen die Übertragung durch ihre Richtwirkung und Polarisation. Werden diese bei der Kanalbetrachtung mit einbezogen, wird dies in dieser Arbeit als Übertragungskanal bezeichnet (siehe Abbildung 2.1).

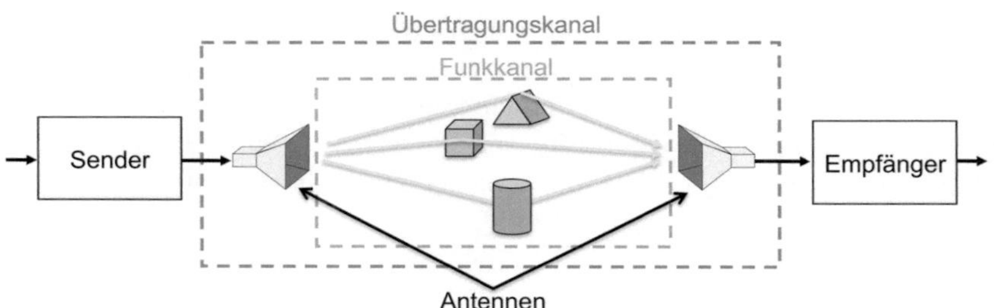

Abbildung 2.1: Funk- und Übertragungskanal

Da Mehrantennensysteme die Mehrwegeausbreitung gezielt zu ihrem Vorteil nutzen können (siehe Abschnitt 2.2), ist ihre genaue Beschreibung für diese Arbeit relevant. Dieses Kapitel liefert die Grundlagen zur Beschreibung von Antennen und zur Charakterisierung von Funk- und Übertragungskanälen für Ein- und Mehrantennensysteme. Des Weiteren wird in diesem Kapitel das verwendete

Kanalmodell vorgestellt und die Kapazität als Bewertungsgrundlage unterschiedlicher Antennensysteme im Übertragungskanal eingeführt.

2.1 Beschreibung des Übertragungskanals

Ausgehend von einem linearen Funkkanal, d.h. die betrachteten Ausbreitungsmedien weisen nur lineare Materialeigenschaften auf, wird der Übertragungskanal vollständig durch seine zeitabhängige Impulsantwort $\underline{h}(\tau, t)$ beschrieben. Aus ihr lassen sich alle relevanten Kenngrößen zur Charakterisierung des zeitvarianten und frequenzselektiven Verhaltens ableiten. Das Ausgangssignal $\underline{y}(t)$ des linearen zeitvarianten Systems zur Zeit t ergibt sich aus der Faltung des Eingangssignals $\underline{x}(t)$ mit der dazugehörigen Impulsantwort

$$\underline{y}(t) = \underline{h}(\tau, t) * \underline{x}(t) = \int_{-\infty}^{\infty} \underline{h}(\tau, t)\underline{x}(t - \tau)\, d\tau, \tag{2.1}$$

wobei τ die zeitliche Signalverzögerung des Übertragungskanals beschreibt. Im Folgenden werden die Zusammenhänge zwischen zeitvarianter Impulsantwort und der Mehrwegeausbreitung dargestellt. Wie schon erwähnt, impliziert die Mehrwegeausbreitung, dass das gesendete Signal nicht nur über den direkten Pfad am Empfänger ankommt, sondern auch über Pfade, die in komplexer Weise mit der Ausbreitungsumgebung interagieren. Jeder dieser $q=1,...,Q(t)$ diskreten Ausbreitungspfade erzeugt an der Empfangsantenne eine von der Zeit t und der Frequenz f abhängende komplexe Teilspannung $\underline{U}_{\mathrm{Rx},q}(f, t)$. Die komplexe Gesamtleerlaufspannung $\underline{U}_{\mathrm{Rx}}(f, t)$ am Ausgang der Antenne ergibt sich aus der Summation aller Teilspannungen [GW98]:

$$\underline{U}_{\mathrm{Rx}}(f, t) = \sum_{q=1}^{Q(t)} \underline{U}_{\mathrm{Rx},q}(f, t) = \sqrt{8\left(\frac{c_0}{4\pi f}\right)^2 \Re\left\{\underline{Z}_{\mathrm{ARx}}\right\} G_{\mathrm{Rx}} G_{\mathrm{Tx}} P_{\mathrm{Tx}}}$$

$$\cdot \sum_{q=1}^{Q(t)} \vec{\underline{C}}_{\mathrm{Rx}}(\theta_{\mathrm{Rx},q}(t), \psi_{\mathrm{Rx},q}(t))\underline{\Gamma}_q(t)\vec{\underline{C}}_{\mathrm{Tx}}(\theta_{\mathrm{Tx},q}(t), \psi_{\mathrm{Tx},q}(t))e^{-j2\pi f \tau_q(t)} \tag{2.2}$$

Die vollpolarimetrische komplexe Pfadübertragungsmatrix $\underline{\Gamma}_q(t)$ beinhaltet die komplexen Pfadübertragungsfaktoren aller Ausbreitungsphänomene eines Ausbreitungspfades q. Die Größe τ_q bezeichnet die Laufzeit des Pfades und c_0 die Lichtgeschwindigkeit im Vakuum. Durch die Winkel ψ und θ wird die Senderichtung, beziehungsweise Empfangsrichtung in Azimut und Elevation beschrieben. Beide Winkel sind über das in Abb. 2.2 gezeigte Koordinatensystem definiert. Des Weiteren beinhaltet Gleichung 2.17 die komplexe vektorielle Richtcharakteristik $\vec{\underline{C}}$ und den Gewinn G der Sende- Tx und der Empfangsantenne Rx (siehe Kapitel 2.3), sowie die Sendeleistung P_{Tx} und die Impedanz der Empfangsantenne $\underline{Z}_{\text{AR}x}$. Die zeitvariante Bandpass-Übertragungsfunktion $\underline{H}(f,t)$ des Übertragungskanals (für $f > 0$) berechnet sich aus dem Quotienten der Amplituden von Empfangsleerlaufspannung $\underline{U}_{\text{Rx}}(f,t)$ und Sendeleerlaufspannung $\underline{U}_{\text{Tx}}$ zu:

$$\underline{H}(f,t) = \frac{\underline{U}_{\text{Rx}}(f,t)}{|\underline{U}_{\text{Tx}}|} = \frac{\underline{U}_{\text{Rx}}(f,t)}{\sqrt{8\Re\{\underline{Z}^*_{\text{ATx}}\}\,P_{\text{Tx}}}}. \tag{2.3}$$

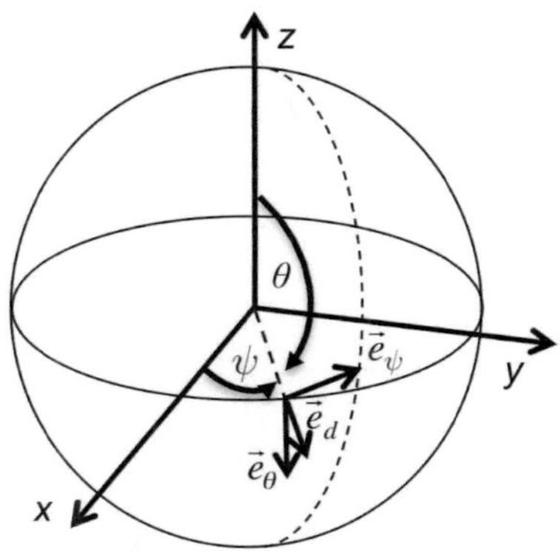

Abbildung 2.2: Der Arbeit zugrundeliegendes Kugelkoordinatensystem

$\underline{Z}^*_{\text{AT}}$ bezeichnet hierbei die konjugiert komplexe Impedanz der Sendeantenne. Da Sende- und Empfangsantenne in der Regel die gleiche Impedanz besitzen, kann (2.3) umgeformt werden zu

$$\underline{H}(f,t) = \sqrt{\left(\frac{c_0}{4\pi f_0}\right)^2 G_{\mathrm{Rx}} G_{\mathrm{Tx}}}$$

$$\cdot \sum_{q=1}^{Q(t)} \vec{\underline{C}}_{\mathrm{Rx}}(\theta_{\mathrm{Rx}(t),q}, \psi_{\mathrm{Rx},q}(t))\underline{\Gamma}_q(t)\vec{\underline{C}}_{\mathrm{Tx}}(\theta_{\mathrm{Tx},q}(t), \psi_{\mathrm{Tx},q}(t))e^{-j2\pi f \tau_q(t)} \qquad (2.4)$$

$$= \sum_{q=1}^{Q(t)} \underline{A}_q(t)e^{-j2\pi f \tau_q(t)}.$$

Der Phasenterm $e^{-j2\pi f \tau_q(t)}$ bezeichnet die einzig verbleibende Frequenz-abhängigkeit. Mit $\underline{A}_q(t)$ werden alle Dämpfungseffekte, Polarisationseinflüsse und durch Interaktionen verursachten Phasendrehungen zusammengefasst. Des Weiteren beinhaltet dieser komplexe Koeffizient alle Antenneneinflüsse wie Gewinn und Richtcharakteristik. Die Bestimmung der genannten Phänomene und Größen erfolgt unter der Annahme der Schmalbandigkeit lediglich für die Bandmittenfrequenz f_0 [Mau05]. Für einen solchen Fall ist es zweckmäßig, den Übertragungskanal mittels der äquivalenten Tiefpass-Übertragungsfunktion zu beschreiben

$$\underline{H}^{\mathrm{TP}}(\Delta f,t) = \sum_{q=1}^{Q(t)} \underline{A}_q(t)e^{-j2\pi(f_0+\Delta f)\tau_q(t)}. \qquad (2.5)$$

Δf bezeichnet hierbei die Ablage von der Mittenfrequenz. Die äquivalente Tiefpass-Impulsantwort $\underline{h}^{\mathrm{TP}}(\tau,t)$ ergibt sich durch inverse Fourier-Transformation von $\underline{H}^{\mathrm{TP}}(\Delta f,t)$ bezüglich der Frequenz

$$\underline{h}^{\mathrm{TP}}(\tau,t) = \sum_{q=1}^{Q(t)} \underline{A}_q(t)e^{-j2\pi f_0 \tau_q(t)}\delta(\tau - \tau_q(t)). \qquad (2.6)$$

Die Gleichungen (2.5) und (2.6) liefern zwei von typischerweise vier Kanalfunktionen, mit denen der Übertragungskanal beschrieben werden kann [Bel63, Fle90, Kat97, Zwi99, Füg09]. Ausgehend davon, dass sich der Kanal nur durch die Bewegung der Verkehrsteilnehmer ändert, kann angenommen werden, dass in einem sehr kleinen Intervall t_0 die Zeitvarianz nur durch die Änderung der Laufzeit der einzelnen Mehrwegepfade verursacht wird. Alle anderen Größen sind in diesem Zeitintervall zeitunabhängig [Mau05]. Durch die Fourier-Transformation von $\underline{H}^{\mathrm{TP}}(\Delta f, t)$ bezüglich t erhält man die Doppler-variante Tiefpass-Übertragungsfunktion $\underline{T}^{\mathrm{TP}}(\Delta f, f_{\mathrm{D}})$

$$\underline{T}^{\mathrm{TP}}(\Delta f, f_{\mathrm{D}}) = \sum_{q=1}^{Q(t_0)} \underline{A}_q(t_0) e^{-j2\pi(f_0+\Delta f)\tau_q(t_0)} \delta(\Delta f_{\mathrm{D}} - \Delta f_{\mathrm{D,q}}) \qquad (2.7)$$

und aus der inversen Fourier-Transformation von $\underline{T}^{\mathrm{TP}}(\Delta f, f_{\mathrm{D}})$ bezüglich Δf erhält man die Doppler-variante Kanalimpulsantwort $\underline{s}^{\mathrm{TP}}(\tau, f_{\mathrm{D}})$

$$\underline{s}^{\mathrm{TP}}(\tau, f_{\mathrm{D}}) = \sum_{q=1}^{Q(t_0)} \underline{A}_q(t_0) e^{-j2\pi f_0 \tau_q(t_0)} \delta(f_{\mathrm{D}} - f_{\mathrm{D,q}}) \delta(\tau - \tau_q(t_0)). \qquad (2.8)$$

Für die Charakterisierung der Richtungseigenschaften werden die folgenden gerichteten, von den Aus- und Einfallsrichtungen der Mehrwegepfade abhängigen Kanalfunktionen eingeführt [Zwi99, Füg09]:

- $\underline{H}^{\mathrm{TP}}(\Delta f, t, \psi_{\mathrm{Tx}}, \theta_{\mathrm{Tx}}, \psi_{\mathrm{Rx}}, \theta_{\mathrm{Rx}})$ zeitvariante gerichtete Tiefpass-Übertragungsfunktion

- $\underline{h}^{\mathrm{TP}}(\tau, t, \psi_{\mathrm{Tx}}, \theta_{\mathrm{Tx}}, \psi_{\mathrm{Rx}}, \theta_{\mathrm{Rx}})$ zeitvariante gerichtete Tiefpass-Impulsantwort

- $\underline{T}^{\mathrm{TP}}(\Delta f, f_{\mathrm{D}}, \psi_{\mathrm{Tx}}, \theta_{\mathrm{Tx}}, \psi_{\mathrm{Rx}}, \theta_{\mathrm{Rx}})$ Doppler-variante gerichtete Tiefpass-Übertragungsfunktion

- $\underline{s}^{\mathrm{TP}}(\tau, f_{\mathrm{D}}, \psi_{\mathrm{Tx}}, \vartheta_{\mathrm{Tx}}, \psi_{\mathrm{Rx}}, \theta_{\mathrm{Rx}})$ Doppler-variante gerichtete Tiefpass-Impulsantwort

Diese Funktionen sind definitionsgemäß voll-polarimetrisch. Sie enthalten weder den Gewinn noch die Richtcharakteristik der Antennen [Jan11].

Anhand dieser definierten Kanalfunktionen lassen sich Kennfunktionen und Kenngrößen bestimmen, die das zeitvariante, sowie das frequenz- und richtungsselektive Verhalten des Kanals beschreiben. Diese Größen und Funktionen dienen zum einen dem Vergleich unterschiedlicher Kanäle, zum anderen aber auch dem Design von drahtlosen Kommunikationssystemen. Für eine ausführliche

Herleitung und umfassende Beschreibung sei an dieser Stelle auf [Pät02] verwiesen.

2.1.1 Kenngrößen der Zeitvarianz

Durch die Bewegungen im Kanal ändern sich, über einen kurzen Zeitraum betrachtet, nur die Weglängen und damit die laufzeitabhängigen Phasen der einzelnen Mehrwegepfade. Dies führt je nach Phasenlage zu einem schnellen Wechsel zwischen konstruktiver und destruktiver Interferenz des Empfangssignals. Dieser Effekt wird als schneller (Mehrwege-)Schwund (engl. *Fast Fading*) bezeichnet. Die überlagerten Schwankungen des Betrages des Übertragungsfaktors über einen längeren Zeitraum betrachtet, rühren von der Veränderung der Empfangsamplituden und der Anzahl an Mehrwegepfade her. Beides wird im langsamen Schwung (engl. *Slow Fading*) zusammengefasst. So ergibt sich $|\underline{H}^{\mathrm{TP}}(t)|$ aus dem Produkt des *fast fading-* $s(t)$ und des *slow fading*-Anteils $l(t)$

$$|\underline{H}^{\mathrm{TP}}(t)| = l(t)s(t) \quad \text{mit} \quad l(t) = \frac{1}{T_{\mathrm{w}}} \int_{t-\frac{T_{\mathrm{w}}}{2}}^{t+\frac{T_{\mathrm{w}}}{2}} |\underline{H}^{\mathrm{TP}}(\xi)|\, d\xi. \qquad (2.9)$$

$s(t)$ ergibt sich aus der Mittelung von $|\underline{H}^{\mathrm{TP}}(t)|$ über eine Zeitdauer T_{w}. Diese wird in der Regel danach bestimmt, wie lange es dauert, bis der Empfänger oder der Sender eine gewisse Wegstrecke d zurückgelegt hat. Aus der Literatur entnommene typische Werte für d (ausgedrückt in der Wellenlänge λ) betragen zwischen $40\,\lambda$ und $200\,\lambda$ [MFSW04].

Eine Aussage darüber, wie schnell sich ein Kanal ändert, lässt sich über die Kohärenzzeit T_{coh} (engl. *Coherence Time*) treffen. Sie wird über den normierten Autokorrelationskoeffizienten der Autokorrelationsfunktion (AKF) $\underline{r}_{\mathrm{HH}}^{\mathrm{Tx}}(\Delta t)$ der zeitvarianten Tiefpass-Übertragungsfunktion $\underline{H}^{\mathrm{TP}}(t)$ für ein zeitbegrenztes Signal der Dauer T_{s} bestimmt

$$\underline{r}_{\mathrm{HH}}^{\mathrm{Tx}}(\Delta t) = \int_0^{T_{\mathrm{s}}} \left(\underline{H}^{\mathrm{TP}}(t)\right)^* \underline{H}^{\mathrm{TP}}(t + \Delta t)\, dt. \qquad (2.10)$$

T_{coh} definiert sich aus der Zeitdifferenz, für die der Betrag der AKF unter einen bestimmten Schwellwert fällt. Als Schwellwert wird oft $1/e \approx 0{,}37$ [GW98] angenommen. In der Literatur finden sich aber auch Werte zwischen 0,5 und 0,7 [Füg09]. Über die Kohärenzzeit lässt sich bestimmen, wie lang ein Symbol maximal sein darf beziehungsweise wie oft der Kanal bei einer Übertragung geschätzt werden muss um das Symbol korrekt decodieren zu können. Aus der Autokorrelationsfunktion lässt sich das Doppler-Spektrum S_{HH} über

$$\underline{r}_{\mathrm{HH}}^{\mathrm{Tx}}(\Delta t) \circ\!\!-\!\!\bullet\; S_{\mathrm{HH}}(f_{\mathrm{D}}) = |\underline{T}^{\mathrm{TP}}(f_{\mathrm{D}})|^2 \tag{2.11}$$

bestimmen. Das Doppler-Spektrum gibt Aufschluss über die im Kanal vorhandene Leistung und ist aufgetragen über der Dopplerfrequenz und der Zeit und verdeutlicht so den Einfluss von bewegten Objekten auf den Kanal. Aus diesem Spektrum kann die Doppler-Verschiebung $\mu_{f_{\mathrm{D}}}$ und die Doppler-Verbreiterung $\sigma_{f_{\mathrm{D}}}$ bestimmt werden

$$\mu_{f_{\mathrm{D}}} = \frac{\int_{-\infty}^{\infty} f_{\mathrm{D}} S_{HH}(f_{\mathrm{D}})\, df_{\mathrm{D}}}{\int_{-\infty}^{\infty} S_{HH}(f_{\mathrm{D}})\, df_{\mathrm{D}}}, \tag{2.12a}$$

$$\sigma_{f_{\mathrm{D}}} = 2\sqrt{\frac{\int_{-\infty}^{\infty} f_{\mathrm{D}}^2 S_{HH}(f_{\mathrm{D}})\, df_{\mathrm{D}}}{\int_{-\infty}^{\infty} S_{HH}(f_{\mathrm{D}})\, df_{\mathrm{D}}} - \mu_{f_{\mathrm{D}}}^2}. \tag{2.12b}$$

2.1.2 Kenngrößen der Frequenzselektivität

Ob die Signale am Empfänger konstruktiv oder destruktiv interferieren, hängt von ihrer Phasenlage ab. Ändern sich die Phasen der einzelnen Mehrwegepfade über der Zeit, führt dies zu der im letzten Abschnitt beschriebenen Zeitvarianz. Die Beschreibung der Zeitvarianz erfolgt hierbei schmalbandig. Weicht man von dieser ab, kommt es durch die veränderte Wellenlänge zu einem veränderten und damit frequenzabhängigen (frequenzselektiven) Interferenzverhalten. Die Kohärenzbandbreite B_{coh} (engl. *Coherence Bandwidth*) gibt an, über welche Bandbreite der Kanal noch als gleich beziehungsweise ähnlich angesehen werden kann. Sie bestimmt zum Beispiel in einem realen System, ob und wie häufig eine Kanalschätzung bei verschiedenen Frequenzen zu erfolgen hat. Die Kohärenzbandbreite wird über den normierten Autokorrelationskoeffizienten der Frequenz-AKF $\underline{r}^{\mathrm{f}}_{HH}(\Delta f, t)$ der Übertragungsfunktion bestimmt

$$\underline{r}^{\mathrm{f}}_{\mathrm{HH}}(\Delta f, t) = \int_{-\infty}^{\infty} \left(\underline{H}^{\mathrm{TP}}(f,t)\right)^* \underline{H}^{\mathrm{TP}}(f + \Delta f, t)\, df \qquad (2.13)$$

und definiert analog zur Kohärenzzeit die Bandbreite, für die die Frequenz-AKF einen bestimmten Grenzwert (zum Beispiel $1/e$ [GW98]) unterschreitet. Ist die Systembandbreite B viel kleiner als die Kohärenzbandbreite ($B \ll B_{\mathrm{coh}}$), kann der Funkkanal in diesem Band als frequenzunabhängig angesehen werden. Solch ein Kanal wird als frequenzflach bezeichnet. Die Fourier-Transformation verknüpft $\underline{r}^{\mathrm{f}}_{\mathrm{HH}}(\Delta f, t)$ mit dem Leistungsverzögerungsspektrum $P(\tau, t)$ (engl. *Power Delay Profile* PDP)

$$\underline{r}^{\mathrm{f}}_{\mathrm{HH}}(\Delta f, t) \;\bullet\!\!-\!\!\circ\; P(\tau, t) = |\underline{h}^{\mathrm{TP}}(\tau, t)|^2. \qquad (2.14)$$

Das Leistungsverzögerungsspektrum verdeutlich, wie viel mittlere Leistung in den Echos eines Signals liegt, welche verzögert am Empfänger ankommen. Des Weiteren lässt sich aus dem PDP die mittlere Verzögerungszeit $\mu_\tau(t)$ (engl. *Mean Delay*) und die Impulsverbreiterung $\sigma_\tau(t)$ (engl. *Delay Spread*) bestimmen

$$\mu_\tau(t) = \frac{\displaystyle\int_{-\infty}^{\infty} \tau P(\tau, t)\, d\tau}{\displaystyle\int_{-\infty}^{\infty} P(\tau, t)\, d\tau}, \qquad (2.15\mathrm{a})$$

$$\sigma_\tau(t) = \sqrt{\frac{\displaystyle\int_{-\infty}^{\infty} \tau^2 P(\tau, t)\, d\tau}{\displaystyle\int_{-\infty}^{\infty} P(\tau, t)\, d\tau} - \mu_\tau(t)^2}. \qquad (2.15\mathrm{b})$$

2.1.3 Kenngrößen der Richtungsselektivität

Die Ein- und Ausfallswinkel der Mehrwegepfade hängen von der Lage der Interaktionspunkte in der Ausbreitungsumgebung ab und sind somit ebenfalls zeitabhängig. Das richtungsselektive Verhalten wird über das Leistungswinkelspektrum (engl. *Angular Power Spectrum* APS) charakterisiert. Folgende Gleichung beschreibt das Leistungswinkelspektrum $P_{\mathrm{Rx},\theta\theta}(t_0, \psi_{\mathrm{Rx}})$ am Empfänger für den Azimutwinkel, ausgehend für in θ polarisierte Sende- und Empfangsantennen

$$P_{\mathrm{Rx},\theta\theta}(t_0, \psi_{\mathrm{Rx}}) = \sum_{q=1}^{Q(t_0)} |\underline{A}_q(t_0)|^2 \delta(\psi_{\mathrm{Rx}} - \psi_{\mathrm{Rx},q}). \qquad (2.16)$$

Alle anderen möglichen Leistungsspektren (zum Beispiel für die Ko-Polarisation $P_{\mathrm{Rx},\psi\psi}(t_0, \psi_{\mathrm{Rx}})$ und die Kreuz-Polarisationen $P_{\mathrm{Rx},\theta\psi}(t_0, \psi_{\mathrm{Rx}})$ und $P_{\mathrm{Rx},\psi\theta}(t_0, \psi_{\mathrm{Rx}})$) lassen sich analog bestimmen. Das APS entspricht der inversen Fourier-Transformation der räumlichen AKF $\underline{r}^{\mathrm{x}}_{\mathrm{Rx},\theta\theta,\mathrm{HH}}(t, \Delta x)$ bezüglich der Wegablage Δx [Fle00, Füg09]

$$\begin{aligned} \underline{r}^{\mathrm{x}}_{\mathrm{Rx},\theta\theta,\mathrm{HH}}(t, \Delta x) &= \int_{-\infty}^{\infty} \left(\underline{H}_{\mathrm{Rx},\theta\theta}(t, x)\right)^* \underline{H}_{\mathrm{Rx},\theta\theta}(t, x + \Delta x) \\ &\bullet\!\!-\!\!\circ\; P_{\mathrm{Rx},\theta\theta}(t_0, \psi_{\mathrm{Rx}}). \end{aligned} \qquad (2.17)$$

Die räumliche AKF gibt Aufschluss über die Selbstähnlichkeit des Kanals bei einer räumlichen Verschiebung um Δx. Daraus lässt sich beispielsweise ableiten, in welche Raumrichtungen und mit welchen Abstand Antennen getrennt werden müssten, um möglichst dekorrelierte Übertragungskanäle aufzuweisen.

Die charakteristischen Größen des in (2.16) beschriebenen APS sind der mittlere Winkel $\mu_{\psi_{\mathrm{Rx},\theta\theta}}(t)$ und die Winkelspreizung $\sigma_{\psi_{\mathrm{Rx},\theta\theta}}(t)$ (engl. *Angular Spread*). Sie sind definiert über

$$\sigma_{\psi_{\mathrm{Rx},\theta\theta}}(t) = \sqrt{\frac{\displaystyle\int_{\psi_{\mathrm{Rx},\max}(t)+\pi}^{\psi_{\mathrm{Rx},\max}(t)-\pi} \psi_{\mathrm{Rx}}(t)^2 P_{\mathrm{Rx},\theta\theta}(t, \psi_{\mathrm{Rx}}(t))\, d\psi_{\mathrm{Rx}}}{\displaystyle\int_{\psi_{\mathrm{Rx},\max}(t)+\pi}^{\psi_{\mathrm{Rx},\max}(t)-\pi} P_{\mathrm{Rx},\theta\theta}(t, \psi_{\mathrm{Rx}}(t))\, d\psi_{\mathrm{Rx}}} - \mu^2_{\psi_{\mathrm{Rx},\theta\theta}}(t)}$$

$$(2.18)$$

und

$$\mu_{\psi_{\mathrm{Rx}},\theta\theta}(t) = \frac{\displaystyle\int_{\psi_{\mathrm{Rx,max}}(t)+\pi}^{\psi_{\mathrm{Rx,max}}-\pi} \psi_{\mathrm{Rx}}(t)\, P_{\mathrm{Rx},\theta\theta}(t,\psi_{\mathrm{Rx}}(t))\, d\psi_{\mathrm{Rx}}}{\displaystyle\int_{\psi_{\mathrm{Rx,max}}(t)+\pi}^{\psi_{\mathrm{Rx,max}}-\pi} P_{\mathrm{Rx},\theta\theta}(t,\psi_{\mathrm{Rx}}(t))\, d\psi_{\mathrm{Rx}}}. \tag{2.19}$$

Das Zentrum des Integrationsbereichs wird dabei üblicherweise auf den Winkel gesetzt, bei dem das APS sein Maximum hat. Der mittlere Winkel beschreibt dabei jenen Winkel unter dem die meiste Leistung empfangen wird. Die Winkelspreizung kann als leistungsgewichtete Standardabweichung der Empfangswinkel interpretiert werden. Je größer die Winkelspreizung desto lohnenswerter ist der Einsatz von Mehrantennensystemen [Füg09].

2.2 Beschreibung des MIMO-Übertragungskanals und der MIMO-Kapazität

Bei einem Mehrantennensystem verfügen der Sender und/oder der Empfänger über mehrere Antennen. Diese Gruppenantennen können dazu genutzt werden, die räumlichen Eigenschaften eines Kanals zur Steigerung des Informationsdurchsatzes, der sog. Transinformation (eng. *mutal information*) zu nutzen. Dies kann, wie in Abschnitt 1.1.3 beschrieben, durch eine Vergrößerung des SNRs oder durch die Nutzung orthogonaler Übertragungskanäle erreicht werden. Hat ein Sender M und zugleich ein Empfänger N (mit $N, M > 1$) Antennen, so spricht man von einem MIMO-System. Ein MIMO-Kanal wird über eine Kanalmatrix bestehend aus den Übertragungsfunktionen der einzelnen Sende- und Empfangsantennenkombinationen beschrieben. Die Übertragungsfunktion zwischen der m-ten Sendeantenne und der n-ten Empfangsantenne ist eine Funktion der Frequenz und der Zeit

$$\underline{H}_{n,m}(f,t) = \frac{\underline{y}(f,t)}{\underline{x}(f)}. \tag{2.20}$$

Mit t wird hier analog zu Abschnitt 2.1 die Zeitvarianz des Kanals beschrieben. Ausgehend von frequenzflachen Kanälen (Abschnitt 2.1.2) ergibt sich für den

MIMO-Kanal, der zu einem festen Zeitpunkt betrachtet wird, die zeitinvariante Kanalmatrix $\underline{\mathbf{H}}$ mit $N \times M$ schmalbandigen Übertragungsfaktoren $\underline{h}_{n,m}$ [PNG03]

$$\underline{\mathbf{H}} = \begin{pmatrix} \underline{h}_{1,1} & \cdots & \underline{h}_{1,M} \\ \vdots & \ddots & \vdots \\ \underline{h}_{N,1} & \cdots & \underline{h}_{N,M} \end{pmatrix}. \tag{2.21}$$

Damit lässt sich ein Kommunikationssystem im Frequenzbereich über die Gleichung

$$\vec{\underline{y}} = \underline{\mathbf{H}}\vec{\underline{x}} + \vec{\underline{n}} \tag{2.22}$$

beschreiben. Dabei bezeichnet $\vec{\underline{y}}$ die $N \times 1$ komplexen Empfangssignale, $\vec{\underline{x}}$ die $M \times 1$ komplexen Sendesignale und $\vec{\underline{n}}$ den Rauschvektor. Als Rauschen wird additives, mittelwertfreies, komplexes Gauß´sches Rauschen mit einer Varianz σ^2, der sogenannten Rauschvarianz, angenommen. Für ein 2×2 System ist (2.22) in Abb. 2.3 vereinfacht veranschaulicht.

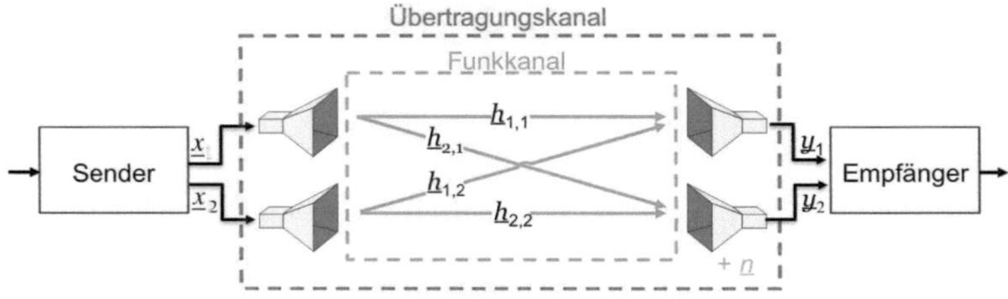

Abbildung 2.3: Veranschaulichung eines 2×2 MIMO-Übertragungssystems

Das Ziel jedes Kommunikationssystems ist die Übermittlung von Informationen. Die Kapazität C eines Kanals gibt die theoretisch mögliche Obergrenze der fehlerfrei zu übertragenden Bitrate (in Bit/s/Hz) des Übertragungskanals an. Nach Shannon [Sha48] ergibt sich für einen nicht frequenzselektiven und interferenzfreien Übertragungskanal, der zu einem bestimmten Zeitpunkt betrachtet wird, die Anzahl der unterscheidbaren Zustände (2^C) aus dem SNR ρ am Empfänger

$$2^C = \frac{\sigma^2 + P_{\text{Tx}}|\underline{h}|^2}{\sigma^2} = 1 + \rho. \tag{2.23}$$

Das SNR wird über die Signalleistung am Empfänger (dem Produkt von Sende-
leistung und dem Quadrat des Übertragungsfaktors $P_{\mathrm{Tx}}|\underline{h}|^2$) sowie der Rausch-
varianz am Empfänger bestimmt. Wird Gleichung (2.23) nach C aufgelöst, lässt
sich die maximale Transinformation für ein SISO-System bestimmen

$$C = \log_2(1 + \rho). \tag{2.24}$$

Sind Rausch- und Sendeleistung gleich, so kann nach (2.24) theoretisch
1 Bit/s/Hz fehlerfrei übertragen werden. Als Faustformel lässt sich festhalten,
dass bei einer Verdopplung des SNRs (3 dB im Logarithmischen) die Kapazität
um etwa 1 Bit/s/Hz erhöht wird. *Diversity*-Systeme haben zum Ziel, das SNR am
Empfänger zu maximieren. Im Gegensatz dazu können MIMO-Systeme nichtin-
terferierende Subkanäle ausbilden und über diese parallel im Raum Daten übertragen (engl. *Multiplexing*). Die Kapazität eines MIMO-Systems ist in Analogie
zur SISO-Kapazität (2.24) abhängig von der Mehrwegeausbreitung. Sie wird bestimmt über die MIMO-Kanalmatrix $\underline{\mathbf{H}}$, dem Rauschen an den Empfangsantennen und der Verteilung der Sendeleistung auf die Sendeantennen. Für den frequenzflachen (siehe Abschnitt 2.1) MIMO-Kanal, der zu einem festen Zeitpunkt
betrachtet wird, gilt

$$C = \max_{\{\underline{\mathbf{R}}_{\mathbf{xx}}:\mathrm{Tr}(\underline{\mathbf{R}}_{\mathbf{xx}})\leqslant P_{Tx}\}} \log_2 \det\left(\mathbf{I} + \frac{\mathbf{H}\mathbf{R}_{\mathbf{xx}}\mathbf{H}^{\dagger}}{\sigma^2}\right), \tag{2.25}$$

wobei unabhängiges (interferenzfreies) Rauschen an jeder Empfangsantenne an-
genommen wird. $\mathbf{I}$ bezeichnet die Einheitsmatrix und $\underline{\mathbf{R}}_{\mathbf{xx}}$ die Kovarianzmatrix
der Sendesignale. Die Diagonalelemente von $\underline{\mathbf{R}}_{\mathbf{xx}}$ beschreiben die Leistungsverteilung auf den Antennenelementen der Senderseite. Die Summe dieser Diago-
nalelemente (die Spur, engl *Trace* Tr.) muss demnach kleiner gleich der gesamten
zu nutzenden Sendeleistung P_{Tx} sein. Gesucht ist somit die Matrix $\underline{\mathbf{R}}_{\mathbf{xx}}$, welche
(2.25) maximiert. In wie weit eine Optimierung der Leistungszuteilung zu den
Subkanälen beziehungsweise den Sendeantennen erfolgen kann, hängt von dem
Grad der vorliegenden Kanalkenntnis ab.

Kanal dem Sender unbekannt

Ist nur dem Empfänger der Kanal bekannt, zum Beispiel durch eine Schätzung der Kanalmatrix $\underline{\mathbf{H}}$, so ist die optimale Leitungsverteilung eine Gleichverteilung über alle Sendeantennen $p_i = P_{\mathrm{Tx}}/M$ [PNG03, FG98] (engl. *Uniform Power Distribution* UPD). Eingesetzt in (2.25) führt dies im interferenzfreien Fall zu

$$C = \log_2 \det \left(\mathbf{I} + \frac{P_{\mathrm{Tx}}}{M\sigma^2} \underline{\mathbf{H}}\underline{\mathbf{H}}^\dagger \right). \tag{2.26}$$

Kanal dem Sender bekannt

Ist die Kanalmatrix dem Sender bekannt, zum Beispiel durch eine Übermittlung der empfängerseitigen Kanalschätzung, so lassen sich durch die Singulärwertzerlegung (siehe Abschnitt 3.1.2) orthogonale Subkanäle erzeugen. Nach [Tel99] kann die MIMO-Kapazität aus (2.25) dann als Summe der Transinformation der resultierenden Subkanäle ausgedrückt werden

$$C = \sum_{i=1}^{K} \log_2 \left(1 + \frac{p_i \lambda_i}{\sigma^2} \right). \tag{2.27}$$

K bezeichnet hierbei die Anzahl der unabhängigen Subkanäle und ist über den Rang der Matrix $\underline{\mathbf{H}}\underline{\mathbf{R}}_{xx}\underline{\mathbf{H}}^\dagger$ definiert. Der Übertragungsgewinn des jeweiligen Subkanals ist über den Eigenwert λ_i mit $i = 1, 2, ..., K$ von $\underline{\mathbf{H}}\underline{\mathbf{R}}_{xx}\underline{\mathbf{H}}^\dagger$ gegeben und die Sendeleistungskoeffizienten über p_i. Gleichung (2.27) zeigt das große Potential von MIMO-Systemen auf, da die Kapazität als Summe unabhängiger Subkanäle ausgedrückt werden kann. Wird jedem der K Subkanäle die gleiche Leistung zugeordnet (UPD), vereinfacht sich (2.27) zu

$$C = \sum_{i=1}^{K} \log_2 \left(1 + \frac{P_{\mathrm{Tx}}\lambda_i}{M\sigma^2} \right) \quad . \tag{2.28}$$

Im allgemeinen Fall sind die Subkanäle nicht gleich stark ausgeprägt, so kann es sein, dass ein oder mehrere Subkanäle ein extrem kleines SNR aufweisen und es so günstiger ist, diese nicht in die Datenübertragung mit einzubeziehen. Die

Bewertung erfolgt anhand der Eigenwerte der Kanalmatrix und die Leistungsverteilung (für $p_i \geqslant 0$) nach dem sog. *Waterfilling*-Algorithmus [RC98, Tel99]

$$p_i = \left(v - \frac{1}{\lambda_i} \right). \tag{2.29}$$

Die Konstante v wird dabei so gewählt, dass die Summe über alle Leistungskoeffizienten der Gesamtsendeleistung P_{Tx} entspricht.

2.3 Beschreibung der Antennen

Abbildung 2.1 zeigt, dass die Antennen das Bindeglied zwischen dem Kanal und der Hochfrequenzschaltung sind. Sie beeinflussen den Übertragungskanal maßgeblich durch ihre Strahlungseigenschaften und sind daher sorgfältig zu wählen. Im Folgenden wird in die Charakterisierung von Antennen und Antennengruppen eingeführt.

2.3.1 Kenngrößen von Antennen

Die Charakterisierung der Eigenschaften der Richtwirkung erfolgt in dieser Arbeit nur für das Fernfeld (Abschnitt 2.4) über den Richtfaktor (engl. *Directivity*), den Gewinn, den Wirkungsgrad und die Richtcharakteristik. Ihrer Beschreibung liegt das Kugelkoordinatensystem aus Abbildung 2.2 zu Grunde. Der Gewinn und der Richtfaktor sind dimensionslose Größen. Sie geben nur eine relative Auskunft über die Strahlungseigenschaften einer Antenne. Zur Normierung wird in der Regel ein fiktiver isotroper Kugelstrahler angenommen, der in alle Raumrichtungen gleichmäßig abstrahlt. Die von einem isotropen Kugelstrahler abgestrahlte Leistung über einer Kugelfläche im Abstand r wird anhand der Leistungsdichte S_{iso} beschrieben

$$S_{\mathrm{iso}} = \frac{P_{\mathrm{Tx}}}{4\pi\, d^2}. \tag{2.30}$$

Der Index *iso* weist auf den isotropen Strahler als Bezugsantenne hin. Für einen festen Abstand d definiert der Richtfaktor D_{iso} das Verhältnis der maximalen

Leistungsdichte S_{max} zu der isotropen Leistungsdichte einer Antenne

$$D_{\text{iso}} = \frac{S_{\text{max}}}{S_{\text{iso}}} = 4\pi\, d^2 \frac{S_{\text{max}}}{P_{\text{Tx}}}.$$
(2.31)

Der Richtfaktor wird rechnerisch bestimmt und beinhaltet keine Verluste. Reale Antennen weisen ohmsche Verluste durch endliche Leitwerte, dielektrische Verluste durch endliche Widerstände und Verluste durch Oberflächenwellen auf. Werden diese mit einbezogen, wird dies durch den Gewinn G_{iso} einer Antenne beschrieben. Der Zusammenhang zwischen Gewinn G_{iso} und D_{iso} ist durch den Antennenwirkungsgrad η mit $0 \leq \eta \leq 1$ gegeben

$$G_{\text{iso}} = \eta D_{\text{iso}} = \eta \frac{4\pi}{\int_{\psi=0}^{2\pi} \int_{\theta=0}^{\pi} C^2(\theta, \psi) \sin\theta\, d\theta\, d\psi}.$$
(2.32)

Die Richtcharakteristik $C(\theta, \psi)$ beschreibt das Abstrahlverhalten in Abhängigkeit des Elevation- θ und Azimutwinkels ψ. Sie ist definiert als die elektrische Feldstärke $\vec{\underline{E}}$ beziehungsweise magnetische Feldstärke $\vec{\underline{H}}$, bezogen auf die maximale Feldstärke $\vec{\underline{E}}_{\text{max}}$ beziehungsweise $\vec{\underline{H}}_{\text{max}}$ einer Antenne

$$C(\theta, \psi) = \left.\frac{\left|\vec{\underline{E}}(\theta, \psi)\right|}{\left|\vec{\underline{E}}(\theta, \psi)\right|_{\text{max}}}\right|_{\substack{d=\text{const.} \\ r\to\infty}} = \left.\frac{\left|\vec{\underline{H}}(\theta, \psi)\right|}{\left|\vec{\underline{H}}(\theta, \psi)\right|_{\text{max}}}\right|_{\substack{d=\text{const.} \\ r\to\infty}}.$$
(2.33)

Abbildung 2.4 zeigt die qualitative und quantitative Darstellung einer dreidimensionalen Richtcharakteristik so wie sie in dieser Arbeit Verwendung findet.

Diese auf den Maximalwert skalierte Richtcharakteristik macht jedoch nur eine Aussage über den relativen Betrag der Feldstärke. Eine vollständige Beschreibung ist durch die polarimetrische, komplexe Richtcharakteristik $\vec{\underline{C}}(\theta, \psi)$ gegeben. Sie beinhaltet Amplituden-, Polarisations- und Phaseninformation des komplexen vektoriellen Feldes

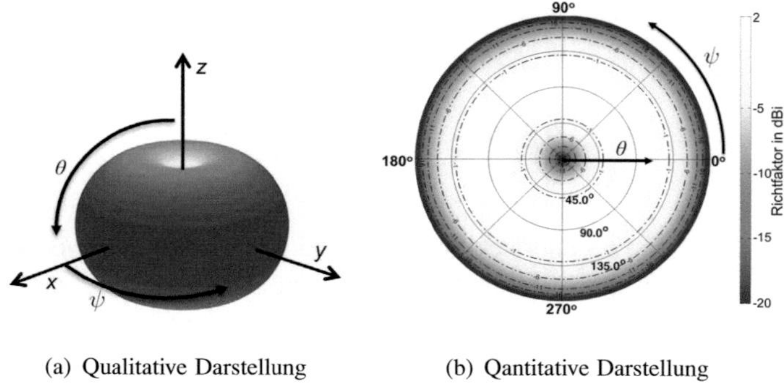

(a) Qualitative Darstellung   (b) Qantitative Darstellung

Abbildung 2.4: Verwendete Darstellungen einer dreidimensionalen Antennenricht-charakteristik

$$\vec{\underline{C}}(\theta, \psi) = \left. \frac{\vec{\underline{E}}(d, \theta, \psi)e^{j\beta_0 d}}{\left|\vec{\underline{E}}(d, \theta, \psi)e^{j\beta_0 d}\right|_{\max}} \right|_{d=\text{const}\to\infty} = \underline{C}_\theta(\theta, \psi)\vec{e}_\theta + \underline{C}_\psi(\theta, \psi)\vec{e}_\psi.$$

$$(2.34)$$

Dabei bezeichnen $\vec{e}_\theta$ und $\vec{e}_\psi$ die lokalen Einheitsvektoren und $\beta_0 = 2\pi f/c_0$ die Phasenkonstante. Weitere Beschreibungsmerkmale sind die physikalische Größe einer Antenne und auf der Leistungsseite die Impedanz der Antenne sowie der damit verknüpfte Reflexionsfaktor und die Bandbreite der Anpassung [Bal89]. Die Art der Speisung lässt sich in symmetrisch oder unsymmetrisch klassifizieren [Sch06, Ada10].

2.3.2 Antennengruppen

MIMO-Systeme basieren auf Antennengruppen auf der Sender- und Empfänger-seite. Das Fernfeld einer solchen Gruppenantenne kann nach [Bal89] durch die linearen Superposition der Felder der Einzelstrahler (Abb. 2.5) beschrieben wer-den durch

$$\vec{\underline{E}}(d,\theta,\psi) = \sum_{i=1}^{M} \underline{a}_i \vec{\underline{E}}_i(d_i,\theta_i,\psi_i).$$
(2.35)

$\vec{E}_i$ ist dabei das normierte Feld, welches unabhängig von der Amplitude des komplexen Speisestroms $\underline{I}_i$ ist. Die Abhängigkeit des Speisestroms bezogen auf einen Bezugsstrom I_0 ist über den Belegungskoeffizienten $\underline{a}_i = \frac{I_i}{I_0}$, I_i gegeben.

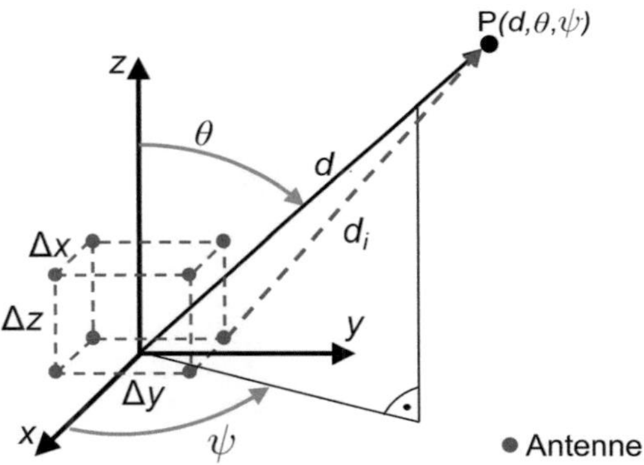

Abbildung 2.5: Geometrie einer beliebigen Gruppenantenne

Unter der Annahme, dass sich der Beobachtungspunkt P, beispielsweise ein Empfangspunkt, im Fernfeld der Gruppe befindet und dass das Antennenarray klein im Bezug auf die Distanz d zu diesem Beobachtungspunkt ist, lässt sich (2.35) zu

$$\vec{\underline{E}}(d,\theta,\psi) = \sum_{i=1}^{M} \underline{a}_i \vec{\hat{\underline{E}}}_i(d,\theta,\psi)\frac{e^{-j\beta d_i}}{d}$$
(2.36)

vereinfachen. Des Weiteren können im Fernfeld die Koordinaten d_i, θ_i und ψ_i durch d, θ und ψ substituiert werden. Unter der Vorraussetzung dass die gleichen ebenen Wellen an allen Elementen der Gruppenantenne eintreffen, beschreibt das Argument der e-Funktion die daraus resultierende Phasendifferenz. Gleichung (2.36) lässt sich so umschreiben zu

$$\vec{\underline{E}}(d, \theta, \psi) = \frac{e^{-j\beta d}}{d} \sum_{i=1}^{M} \underline{a}_i \hat{\vec{\underline{E}}}_i(d, \theta, \psi) e^{-j\beta(d_i - d)}. \tag{2.37}$$

Unter der Annahme dass alle Antennenelemente identisch und im Raum gleich orientiert sind, kann (2.37) zu

$$\vec{\underline{E}}(d, \theta, \psi) = \underbrace{\hat{\vec{\underline{E}}}_{\text{single}}(d, \theta, \psi)}_{F_e} \cdot \underbrace{\frac{e^{-j\beta d}}{d}}_{F_d} \cdot \underbrace{\sum_{i=1}^{M} \underline{a}_i e^{-j\beta(d_i - d)}}_{AF} \tag{2.38}$$

weiter vereinfacht werden. Dabei beschreibt F_e den Elementfaktor, F_d den Abstandsfaktor und AF den Arrayfaktor. Die Gesamtrichtcharakteristik kann nun nach (2.34) berechnet werden. Über

$$d_i - d = -(\Delta x_i \sin\theta \cos\psi + \Delta y_i \sin\theta \sin\psi + \Delta z_i \cos\theta) \tag{2.39}$$

ist die Wegdifferenz im Kugelkoordinatensystem gegeben [Bal89]. Dabei bezeichnet Δx_i, Δy_i und Δz_i die Relativpositionen der Elemente gemäß Abb. 2.5. Kopplungseffekte zwischen den Antennen, welche auf Wechselwirkungen der Nahfelder zwischen den Antennen zurückzuführen sind, werden dabei nicht berücksichtigt. Eine Beschreibung dieser Effekte bei kompakten Mehrantennensystemen ist zum Beispiel in [Wal04] zu finden.

2.3.3 Korrelationseigenschaften von Mehrantennensystemen

Zur Bewertung der Korrelationseigenschaften von Mehrantennensystemen sind in der Literatur verschiedene Korrelationskoeffizenten zu finden. Der Korrelationskoeffizient zweier komplexer Fernfeldrichtcharakteristiken [HH05, Rem08] bewertet die Freiheitsgrade der Phase, der Form, der Richtcharakteristik (beziehungsweise der Winkelabhängigkeit) und der Polarisation. In [Rem08] wird zudem beschrieben, wie der Einfluss des Speisenetzwerkes berücksichtigt werden kann. Wechselseitige Kopplung zwischen den Antennen ist dabei jedoch nicht berücksichtigt.

In [Man09] wird ein Vergleich zwischen Korrelationskoeffizienten mit und ohne Berücksichtigung der Kopplung für zwei Dipole gezeigt. Die Koeffizienten mit Kopplung wurden dabei über ein numerisches Modell der Antennengruppe bestimmt. In der Regel wird bei Mehrantennensystemen der komplexe Korrelationskoeffizient zwischen zwei Übertragungskoeffizienten $\underline{h}_{n,m}$ der Kanalmatrix $\underline{H}$ [CRSJP98] oder dessen Betragsquadrat, der Leistungskorrelationskoeffizient [VA87, Wal04] betrachtet. Hierbei werden dann sowohl die Richtcharakteristiken der Sende- und Empfangsantennen, ihre Anordnung im Raum und der Einfluss der Mehrwegeausbreitung mit berücksichtigt.

Für MIMO-Systeme ohne senderseitige Kanalkenntnis sind möglichst geringe Korrelationen der Übertragungskoeffizienten von Vorteil und führen zu hohen Kapazitäten [JB03, Wal04]. Ist dem Sender der Kanal bekannt, so ist dies abhängig vom SNR. Für sehr niedriges SNR führen hier hohe Korrelationen zu besseren Ergebnissen. Bei hohem SNR sind wiederum niedrige Korrelationen von Vorteil [CTKV02, IN02].

2.3.4 Effective Isotropic Radiated Power Limitierung

Für alle regulierten Kommunikationssysteme ist eine äquivalente, isotrope Strahlungsleistung (EIRP engl. *Effective Isotropic Radiated Power*) vorgegeben. Sie ist definiert als das Produkt der in die Sendeantenne eingespeisten Leistung mit ihrem Antennengewinn

$$EIRP = P_{\mathrm{Tx}} + G. \tag{2.40}$$

Für die C2C Kommunikation beträgt das EIRP 33 dBm (2 W) [Bun08, IEE12]. Die Kapazitätsberechnung eines Kommunikationssystems hängt von der Sendeleistung ab (2.27). Für den Vergleich verschiedener Antennensysteme wird diese oft als konstant angenommen und eine gesetzlich vorgegebene Sendeleistungslimitierung vernachlässigt. Ein auf reale Systeme bezogener fairer Vergleich berücksichtigt das EIRP und passt die erlaubte Sendeleistung nach

$$P_{\mathrm{Tx}} = EIRP - G \tag{2.41}$$

dem jeweiligen System an. In SISO-Systemen kann die erlaubte Sendeleistung direkt nach (2.41) bestimmt werden. In MIMO-Systemen wird unterschieden, ob das EIRP auf die gesamte vom System abgestrahlte Leistung oder auf die einer Antenne bezogen wird. In dieser Arbeit wird, falls nicht anders beschrieben, das EIRP auf das gesamte System bezogen.

2.4 Beschreibung der Kanalmodellierung

Wie bereits erwähnt, ist eine realistische Beschreibung der Mehrwegeausbreitung für das Design von Mehrantennensystemen eine Schlüsselkomponente, da MIMO-Systeme diese für die Datenübertragung nutzen können. Einfache Modelle wie zum Beispiel in [SV87],[DC99] und [HWC99] berücksichtigen nur die statistische Verteilung von Amplitude, Phase und Laufzeitverzögerung der einzelnen Ausbreitungspfade. Das räumliche Verhalten der Mehrwegepfade wird laut [Füg09] erst intensiv seit Mitte der 90er Jahre behandelt, wie beispielsweise in [FMB98],[ECS$^+$98] und [EU02]. Einen Überblick über derzeit verwendete Kanalmodelle im Zusammenhang mit der C2C Kommunikation liefert [MTKM09].

Diese Modelle lassen sich generell in deterministische oder stochastische Kanalmodelle unterteilen. Stochastische Modelle beschreiben das Verhalten des Kanals anhand von stochastischen Prozessen [KTC$^+$09]. Wohingegen deterministische Modelle auf den physikalischen Ausbreitungscharakteristika elektromagnetischer Wellen in einem Modell des Ausbreitungsszenarios basieren.

Das in dieser Arbeit verwendete Kanalmodell wurde am Institut für Hochfrequenztechnik und Elektronik (IHE) des Karlsruher Instituts für Technologie (KIT) entwickelt [Mau05]. Es lässt sich in drei Teilkomponenten unterteilen: Die Umgebungsmodellierung, die Verkehrsmodellierung und die Modellierung der Wellenausbreitung. Die folgenden Unterabschnitte beschreiben diese Teilkomponenten näher.

2.4.1 Umgebungsmodellierung

Für die Wellenausbreitung ist eine kontrollierte Beschreibung der Ausbreitungsumgebung wichtig, da Objekte in der (zumeist näheren) Umgebung von Sender und/oder Empfänger die Grundvoraussetzung für das Entstehen von Umwegpfaden darstellen. Auswirkung auf den Fahrzeugkanal haben vor allem große Objekte wie zum Beispiel Gebäude, Bäume, Brücken und andere Fahrzeuge.

Abhängig von der morphografischen Klasse treten diese Objekte mit unterschiedlicher Wahrscheinlichkeit auf. In einer Autobahnumgebung (Abb. 2.6(a)) dominieren meist offene Flächen oder Vegetation den Fahrbahnrand. Des Weiteren befinden sich hier häufig Leitplanken, große Schilder und Brücken. Die Fahrbahn besteht meist aus mehreren breiten Spuren in beide Richtungen. Im Gegensatz dazu sind die Straßen in einem urbanen Gebiet häufig einspurig und die Umgebung wird von Gebäuden, Bäumen und parkenden Autos dominiert (siehe Abb. 2.6(b)).

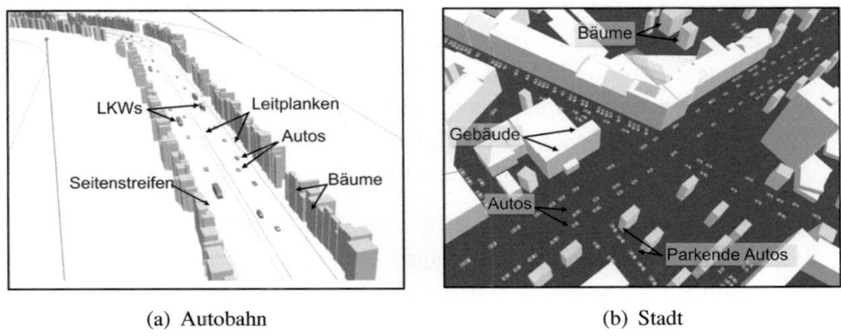

(a) Autobahn   (b) Stadt

Abbildung 2.6: Beispiele unterschiedlicher morphografischer Klassen

Im Umgebungsmodell werden jeder auftretenden Fläche elektromagnetische Eigenschaften $\underline{\epsilon}_r$, $\underline{\mu}_r$ sowie eine Oberflächenrauhigkeit σ_h zugeordnet. Bäume und Sträucher werden über ein Streumodell beschrieben [Mau05]. Die Platzierung der Objekte kann stochastisch vorgenommen werden. Einstellbare Parameter sind dabei die jeweilige Umgebungsklasse (innerstädtisch, städtisch, ländlich, Autobahn) sowie die Auftrittswahrscheinlichkeiten für bestimmte Objekte und deren Anordnung im Szenario [RMFZ11]. Zum anderen wurde im Rahmen dieser Arbeit ein deterministischer Kartengenerator entwickelt. Dieser ermöglicht es, komplexe Szenarien, wie das in Abbildung 2.6(b) gezeigte urbane Kreuzungsszenario, zu erstellen. Eine nähere Beschreibung ist in [RSZ10] zu finden.

2.4.2 Verkehrsmodellierung

Da das zeitvariante Verhalten des Kanals nicht nur durch die Bewegung von Sender und Empfänger beeinflusst wird, sondern auch von bewegten Objekten in der Umgebung, ist es notwendig, den kompletten dynamischen Verkehr zu simulieren. Das Modell bietet hierfür zwei Ansätze.

- Stochastische Verkehrsmodellierung: In einer stochastisch generierten Umgebung ist es möglich, den fließenden Verkehr anhand eines Verkehrsmodells zu simulieren [Wie74, MSW01]. Hierbei wird jedem Fahrzeug ein unterschiedliches Brems- und Beschleunigungsverhalten zugeschrieben, um so verschiedene Fahrzeuge und Fahrerverhalten zu berücksichtigen. Eingangsparameter für dieses Modell sind die Richtgeschwindigkeit und das durchschnittliche Verkehrsaufkommen in dieser Umgebung. Die dafür notwendigen Daten lassen sich beispielsweise über das Bundesministerium für Verkehr, Bau und Stadtentwicklung beziehen [BfV08].

- Deterministische Verkehrsmodellierung: Der zweite Ansatz dient der deterministischen Generierung eines Bewegungsprofils. In dem oben erwähnten Kartengenerator wird jedem Fahrzeug deterministisch ein Bewegungsprofil zugeordnet. Das Bewegungsprofil kann hierbei konstante Geschwindigkeiten, Beschleunigungen, Verzögerungen und jede Art von Bewegungstrajektorien enthalten. Abb. 2.7 zeigt ein Beispiel für ein Abbiegeszenario zu verschiedenen Zeitpunkten.

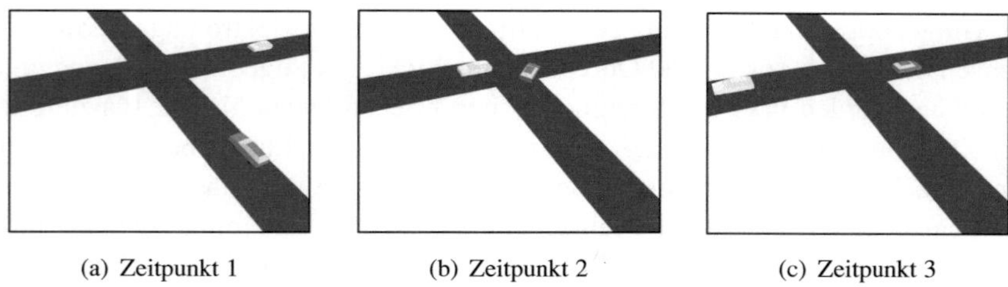

| (a) Zeitpunkt 1 | (b) Zeitpunkt 2 | (c) Zeitpunkt 3 |

Abbildung 2.7: Beispiel eines Verkehrsszenarios zu unterschiedlichen Zeitpunkten

Falls nicht anders erwähnt, werden die Szenarien in dieser Arbeit alle mit dem deterministischen Kartengenerator erstellt, um so gezielt spezielle Situationen nachzustellen.

2.4.3 Modellierung der Wellenausbreitung

Die Berechnung der Wellenausbreitung basiert auf der geometrischen Optik [FMKW06, IY02]. Ihr zu Grunde liegt das asymptotische Verhalten elektromagnetischer Felder für hohe Frequenzen (> 1 GHz) [MM90]. Die Gültigkeit dieses Ansatzes ist gegeben, sofern die Objekte in den Ausbreitungsszenarien groß gegenüber der Wellenlänge sind und sich zudem die Materialparameter des Ausbreitungsmediums nicht innerhalb einer Wellenlänge ändern [MM90]. Der Sender wird im Modell als Punktquelle für alle Mehrwegepfade angesehen. Damit wird vorausgesetzt, dass sich alle Beobachtungspunkte im Fernfeld der Antenne befinden. Für die Entfernung d zwischen Sendeantenne und Beobachtungspunkt müssen folgende Gleichungen erfüllt sein [GW98]

$$d \gg \frac{\lambda_0}{2\pi} \quad \text{und} \quad d > \frac{2D_\mathrm{A}^2}{\lambda_0}. \tag{2.42}$$

D_A bezeichnet dabei die maximale geometrische Ausdehnung der Antenne.

Das Wellenausbreitungsmodell ist in der Lage eine positionsabhängige vollpolarimetrische Feldstärke und Empfangsleistung in der Simulationsumgebung zu berechnen. Da Laufzeiten und Sende- und Empfangswinkel der Mehrwegepfade berechnet werden, ist anhand des Modells eine schmal-, als auch eine breitbandige Beschreibung des Kanals möglich. Die Ausbreitungsphänomene, die von dem strahlenoptischen Modell berücksichtigt werden, sind:

- Reflexionen, bis zu einer Ordnung von fünf

- Beugungen, bis zu einer Ordnung von drei

- Einfachstreuung

- Kombinationen von Reflexionen, Beugungen und Einfachstreuung.

Für eine tiefergehende Beschreibung sei an dieser Stelle auf [Mau05] verwiesen. Das Kanalmodell wurde anhand von Messungen für 2 GHz und 5,2 GHz verifiziert und liefert einen guten Kompromiss zwischen Genauigkeit und Simulationszeit [MFSW04].

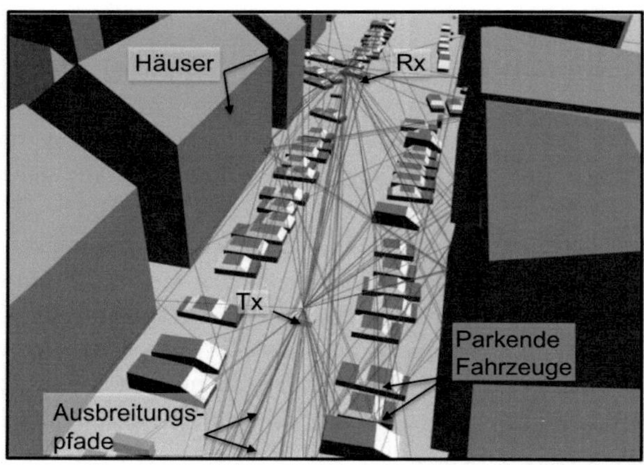

Abbildung 2.8: Beispielergebnis der strahlenoptischen Pfadsuche in einem urbanen C2C Szenario

Abbildung 2.8 zeigt das Ergebnis einer solchen strahlenoptischen Kanalsimulation (engl. *Ray-tracing*) für eine Momentaufnahme eines städtischen Verkehrsszenarios zwischen einem Sender Tx und einem Empfänger Rx. Jeder Mehrwegepfad wird durch einen Strahl repräsentiert. Die Kanalimpulsantwort des resultierenden Übertragungskanals zu diesem Zeitpunkt ist über die Mehrwegepfade und die dazugehörigen Parameter definiert. Wird die Wellenausbreitung über mehrere Momentaufnahmen hinweg berechnet, ergibt sich eine Serie von Kanalimpulsantworten. Die notwendige Abtastfrequenz f_s, welche für die korrekte Simulation des zeitvarianten Verhaltens benötigt wird, ermittelt sich aus der Bandbreite B_D des im äquivalenten Tiefpass-Bereich vorliegenden Doppler-Spektrums

$$f_s = B_D \approx 2|f_{D,\max}|. \tag{2.43}$$

Da die maximalen Doppler-Verschiebungen $f_{D,\max}$ vor jeder Simulation nicht bekannt sind, werden diese mittels der maximalen Relativgeschwindigkeit $v_{Rx,\max}$ zwischen zwei Verkehrsteilnehmern im Szenario geeignet abgeschätzt:

$$f_{D,max} = m_D \, v_{Rx,max} \frac{f_0}{c_0} \quad \text{mit} \quad m_D = \begin{cases} 4 & \text{für urbanes Gebiet} \\ 2 & \text{für Autobahn} \end{cases} . \quad (2.44)$$

Bei dem Faktor m_D handelt es sich hier um einen Erfahrungswert [Mau05] über den höhere Doppler-Verschiebungen aufgrund von Mehrfachinteraktionen berücksichtigt werden.

Das von den verschiedenen Diensten (siehe Kapitel 1) genutzte Spektrum beschränkt sich im Allgemeinen auf einen relativ schmalen Frequenzbereich um die dazugehörigen Trägerfrequenzen. Für die resultierenden bandbegrenzten Funkkanäle wird in dieser Arbeit davon ausgegangen, dass die Ausbreitungsphänomene unabhängig von der Frequenzablage der Bandmittenfrequenz f_0 sind. Die durch Interaktionen mit der Umgebung resultierenden Phasendrehungen und Amplitudendämpfungen werden nur für die Bandmittenfrequenz bestimmt.

2.4.4 SISO zu MIMO Extrapolation

Ein Problem der strahlenoptischen Pfadsuche ist die Rechenzeit. So muss für ein Mehrantennensystem die Mehrwegeausbreitung für jede Sender- und Empfängerkombination separat berechnet werden. In [FWMW03] wird eine Extrapolationsmethode zur Reduzierung des Rechenaufwandes vorgestellt. Sie wird im Folgendem anhand des Empfangsantennenarrys kurz beschrieben, lässt sich aber ebenfalls auf das Sendearray anwenden. Die Extrapolation beruht auf der Annahme, dass in einem kleinen Volumen von nur wenigen Wellenlängen um den Empfänger herum die selben Mehrwegepfade als ebene Wellen eintreffen. Sind nun die Einfallswinkel der Mehrwegepfade ($q=1,2,...\,Q$) in Elevation θ und Azimut ψ an der Empfangsantenne des zugrundeliegenden SISO-Systems einer Momentaufnahme bekannt, so lässt sich der relative Phasenunterschied zu jeder Ortsablage (Δx, Δy, Δz im kartesischen Koordinatensystem) nach Abb. 2.9 bestimmen mit

$$\Delta\varphi = -\beta(\Delta x \sin\theta \cos\psi + \Delta y \sin\theta \sin\psi + \Delta z \cos\theta). \quad (2.45)$$

Ausgehend von einer kleinen Ortsablage und identischen Antennen können Amplitudenabweichungen vernachlässigt werden [FWMW03]. Sind die Antennen nicht identisch muss eine Gewichtung der Amplitude $\underline{A}$ mit der Richtcharakteristik und dem Gewinn erfolgen. Mit (2.45) kann der schmalbandige Übertragungskoeffizient für jede Kombination aus Sende- (m=1,2,..,M) und Empfangsantenne (n=1,2,...,N) bestimmt werden nach

$$\underline{h}_{n,m} = \sum_{q=1}^{Q} \underline{A}_q\, e^{-j\varphi_q}\, e^{-j\Delta\varphi_q^m}\, e^{-j\Delta\varphi_q^n}.$$

(2.46)

Eine Verifikation und eine Abschätzung des Gültigkeitsbereiches ist in [FWMW03] zu finden.

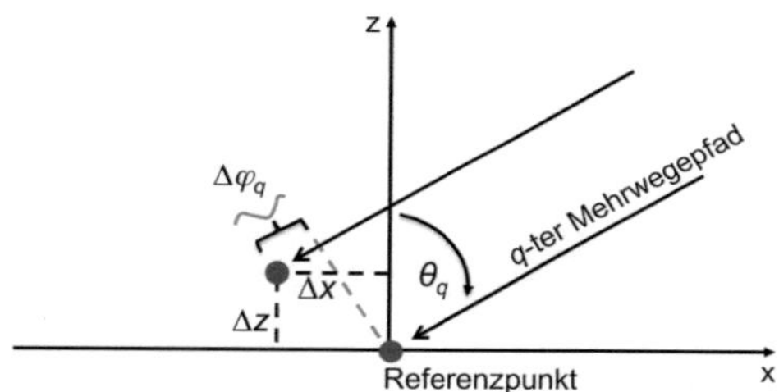

Abbildung 2.9: Veranschaulichung des Interpolationsansatzes für die zx-Ebene, Wegdifferenz über den Phasenunterschied $\Delta\varphi$ ausgedrückt

3 Antennensynthese

Wie im vorangegangenen Kapitel gezeigt, haben Mehrantennensysteme das Potential, die Kapazität einer drahtlosen Kommunikation zu erhöhen. Erkauft wird dies mit zusätzlicher Hardware. Neben den Antennen selbst, die in aller Regel recht kostengünstig sind, skaliert sich die Größe, Komplexität und der Preis des Frontends mit der Anzahl der Antennen. Dementsprechend ist es für kommerzielle Anwendungen gerade im Kraftfahrzeugbereich von Interesse, mit möglichst wenig Systemeingängen und -ausgängen auszukommen.

Die Leistungsfähigkeit eines Mehrantennensystems ergibt sich direkt aus der Kanalübertragungsmatrix $\underline{\mathbf{H}}$, welche wiederum abhängig ist von der Ausbreitungsumgebung (der Szenarienvarianz) und den Antennen. Da die Umgebung in aller Regel nicht verändert werden kann, spielt die Wahl der Antennen eine umso entscheidendere Rolle. Sie bestimmen inhärent die Korrelation zwischen den Übertragungskoeffizienten der Kanalmatrix und damit einhergehend die Kapazität des Systems. Die Freiheitsgrade beim Antennendesign sind die der räumlichen Trennung der Antennen, ihre Polarisation und ihre jeweiligen komplexen Richtcharakteristiken. Gerade das Zusammenwirken der Ausbreitungsumgebung mit den Antennen und die vielen Freiheitsgrade für das Antennendesign machen die Entwicklung eines solchen Systems langwierig und teuer. In den meisten Fällen wird bei Fahrzeugen hierfür ein heuristischer Ansatz gewählt [Taz12]. Ausgehend von generellen Annahmen über die Ausbreitungsumgebung wird eine bestimmte Antennenkonfiguration gewählt, wohl wissend, dass so nicht garantiert ist, ob diese Wahl den möglichen Informationsdurchsatz erhöht oder nicht. Ein Prototypenaufbau mit mehreren möglichen Kombinationen und anschließender messtechnischer Verifikation scheidet meist aus Kosten- und Zeitgründen gerade im Automobilbereich aus.

Ziel der in diesem Kapitel vorgestellten Antennensynthese ist es, basierend auf einigen vordefinierten Restriktionen wie beispielsweise der Anzahl der Antennen, ihrer geometrischen Größen und/oder ihrer Polarisation kapazitätsoptimierte Richtcharakteristiken zu bestimmen. Da im Kraftfahrzeugbereich derzeit MIMO-

Systeme bestehend aus vielen Antennen mit ebenso vielen Frontends aus Kosten- und Platzgründen, sowie aus Gründen der hohen Komplexität seitens einer instantanen Kanalschätzung und Strahlformung nicht zu realisieren sind, sollen aus der Synthese feste Richtcharakteristiken resultieren, die kanalorthogonalisierend wirken. Durch das Einbeziehen von Kanalwissen kann so gegebenenfalls der Hardwareaufwand reduziert werden, da ein System mit weniger, dafür aber optimierten Antennen eine gleiche Leitungsfähigkeit aufweisen kann, wie ein heuristisch designtes Mehrantennensystem.

3.1 Syntheseansatz

Mittels Kanalsimulationen realistischer Szenarien wird der Kanal abgetastet und Kanalwissen erlangt. Durch die Abtastung können wie beim *Multiplexing* [ZT03, GSS$^+$03, Füg09] orthogonale Subkanäle und damit orthogonale Richtcharakteristiken für jeweils eine Momentaufnahme des Kanals ermittelt werden. Das Prinzip der Antennensynthese bestimmt diese dabei in Abhängigkeit von vorgegebenen Designrestriktionen. Diese Richtcharakteristiken ermöglichen es, gezielt einzelne Mehrwegepfade zu nutzen. So können zeitgleich und interferenzfrei mehrere parallele Datenverbindungen aufgebaut werden [RPWZ11, PRZ11]. Das Prinzip ist in Abbildung 3.1 verdeutlicht.

Gezeigt wird hier ein 2×2 MIMO-System. Die Richtcharakteristiken am Sender und am Empfänger orthogonalisieren den Kanal. Dadurch wird vermieden, dass die beiden Datenströme interferieren. Die eingefärbten Pfade sind die jeweils zur Übertragung über diesen Subkanal genutzten Mehrwegepfade. Die folgenden Unterabschnitte beschreiben die Grundidee und die einzelnen Schritte der Synthese.

3.1.1 Intrinsische Kapazität und Konzept der Abtastantennen

Stehen sowohl für den Sender als auch für den Empfänger ein bestimmtes Volumen zur Verfügung, so beschränkt dieses die maximal erreichbare Kapazität. Dies ist zum einen darin begründet, dass nur Kanalinformation erhalten werden kann, die in diesem Volumen liegt und zum anderen, dass über das Volu-

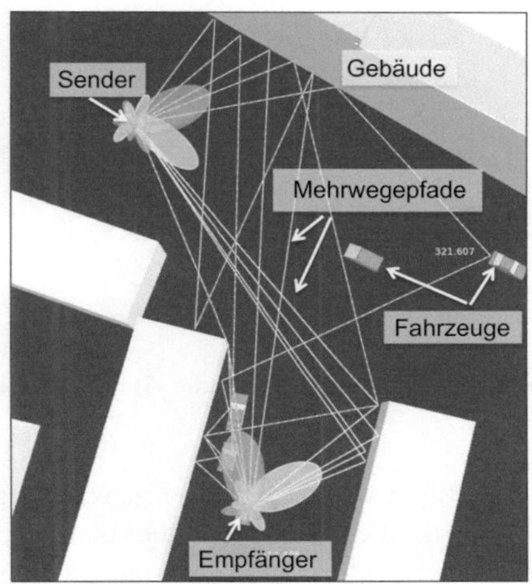

Abbildung 3.1: Prinzip der Kanaldiagonalisierung

men die Apertur der Antenne vorgegeben ist. Über die Apertur kann letztendlich die Hauptkeulenbreite und der Gewinn beziehungsweise der Richtfaktor der Antenne beschrieben werden. Sie limitiert damit sowohl die Anzahl als auch die Stärke der zu nutzenden Subkanäle. Ist die komplette Kanalinformation in dem zur Verfügung stehenden Volumen bekannt, so sättigt die Kapazität in einem bestimmten Wert. In [WJ02, Tso06] und [Pon10] wird dieses gezeigt und als intrinsische [WJ02] beziehungsweise räumliche Kapazität [Tso06] bezeichnet. Bestimmen lässt sich diese dadurch, dass das Sende- und Empfangsvolumen mit idealen Antennen abgetastet wird. Abbildung 3.2 veranschaulicht diesen Ansatz. Grundlage der Theorie ist, dass die Abtastantennen ideale Feldsonden sind. Sie verfügen somit über keine physikalische Ausdehnung und koppeln nicht untereinander.

Wird für eine solche Abtastung die Kapazität bestimmt, so sättigt diese bei Erreichen einer bestimmten Anzahl von Abtastantennen in dem gegebenen Volumen. In Abb. 3.3 ist dies für ein lineares Array der Länge L bestehend aus equidistant angeordneten isotropen Strahlern (idealen Feldsonden) und eine Momentaufnahme eines simulierten C2C Kanals gezeigt.

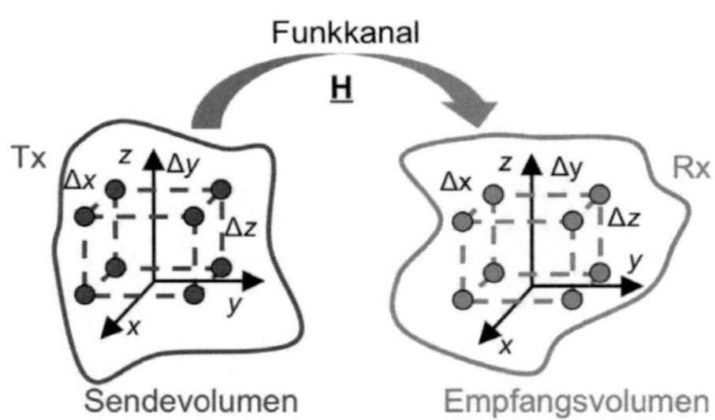

Abbildung 3.2: Das Konzept der Abtastantennen

Bei steigender Abtastauflösung konvergiert die Kapazität gegen einen Maximalwert für verschiedene Arraygrößen. Bedingt ist dies dadurch, dass zum einen aus der $\underline{\mathbf{H}}$-Matrix keine zusätzliche Information gewonnen werden kann und zum anderen, dass der Antennengewinn für eine feste Apertur und damit das SNR der Subkanäle nicht weiter erhöht werden kann. Des Weitern lassen sich, bedingt durch die feste Apertur keine zusätzlichen orthogonalen Richtcharakteristiken ausgebildet. Es existiert demnach eine optimale Anzahl an (Abtast-)Elementen für eine gegebene Apertur beziehungsweise ein gegebenes Volumen, um die maximale Kapazität (intrinsische Kapazität) zu erreichen. Ein Überschreiten dieser Anzahl bringt keinen weiteren Kapazitätsgewinn. Für die Abtastung des Funkkanals mit großer Winkelspreizung gilt das Nyquist-Shannonsche Abtasttheorem, welches aussagt, dass ein bandbegrenztes Signal exakt reproduziert werden kann, wenn die Abtastrate mindestens dem Doppelten der maximal auftretenden Signalfrequenz entspricht [Tso06].

Für einen solchen Funkkanal mit großer Winkelspreizung (gleichverteilte Streuer im Raum) kann die optimale Anzahl der Abtastantennen mit

$$N_{\text{opt}} = M_{\text{opt}} = \frac{2L}{\lambda} + 1 \tag{3.1}$$

bestimmt werden [Tso06], was einer $\lambda/2$-Abtastung entspricht. Hierbei wird davon ausgegangen, dass dieselbe Anzahl an Sende- und Empfangsantennen benutzt wird. Ist die Winkelspreizung im Kanal kleiner, so reicht gegebenenfalls eine geringere Anzahl an Abtastantennen für die Abtastung der $\underline{\mathbf{H}}$-Matrix aus, da sich die Selbstähnlichkeit (Korrelation) des Funkkanals bezogen auf eine räumlichen Verschiebung erhöht [Wal04].

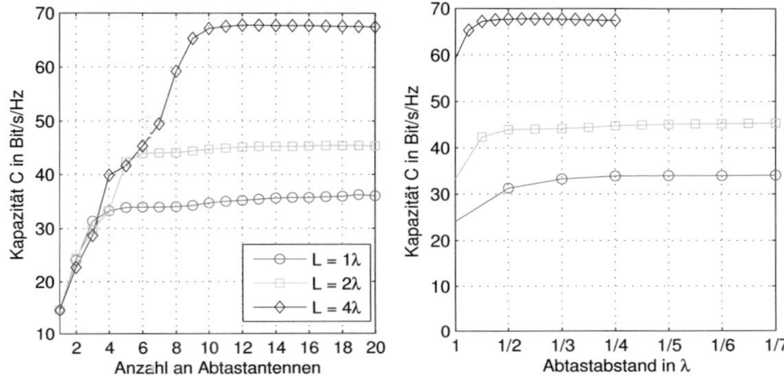

Abbildung 3.3: Bestimmung der intrinsischen Kapazität für lineare Antennengruppen der Länge L und eine Momentaufnahme eines C2C Kanals, (links) über die Anzahl der Abtastantennen. (rechts) über den Abtastabstand

Bezogen auf die intrinsische Kapazität führt eine verringerte Anzahl an Abtastantennen ($N < N_{\text{opt}}$ beziehungsweise $M < M_{\text{opt}}$) zu geringeren Kapazitäten. Eine leichte Überabtastung hingegen kann bei kleinerer Apertur und wenigen Abtastpunkten Vorteile bringen. Die Ergebnisse in Abb. 3.3 bestätigen dies. So entsprechen $N_{\text{opt}} = 4$, 6, 10 der Anzahl der optimalen Abtastelemente für die Arraylängen $L = 1\lambda$, 2λ, 4λ. Für eine zwei- und dreidimensionale Apertur (eine Fläche beziehungsweise einen Würfel) ist dies in den Abb. 3.4(a) und 3.4(b) gezeigt. Durch die höhere Anzahl an Abtastpunkten ist die intrinsische Kapazität hier schon für Abtastabstände von $\lambda/2$ nahezu erreicht. Ausgegangen wurde hierbei erneut von isotropen Strahlern, da diese alle Raumrichtungen abdecken und somit eine optimale Abtastung gewährleisten. Andere (nichtideale) Richtcharakteristiken führen eventuell zu geringeren Kapazitäten.

3.1.2 Kanaldiagonalisierung

In der Kanalübertragungsmatrix $\underline{\mathbf{H}}$ steckt Information über die Mehrwegepfade in einer Ausbreitungsumgebung. Die Kanalmatrix selbst lässt sich durch Abtasten des Kanals mit den sogenannten Basisantennen (siehe Abschnitt 3.1.1) erstellen. Um Daten über orthogonale Subkanäle übertragen zu können beziehungsweise um dekorrelierte Empfangssignale zu bekommen, muss $\underline{\mathbf{H}}$ in eine

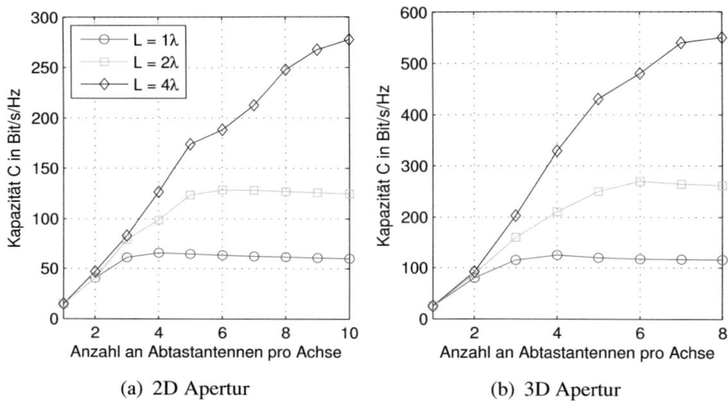

(a) 2D Apertur (b) 3D Apertur

Abbildung 3.4: Bestimmung der intrinsischen Kapazität für zweidimensionale (links) und dreidimensionale (rechts) Antennengruppen (bei Betrachtung einer Momentaufnahme eines C2C Übertragungskanals)

Diagonalmatrix überführt werden. Erreicht wird dies über die Singulärwertzerlegung (engl. *Singular Value Decomposition* SVD). Sie formt die Kanalmatrix in das Produkt dreier Matrizen

$$\underline{\mathbf{H}} = \underline{\mathbf{U}}\underline{\mathbf{S}}\underline{\mathbf{V}}^{\dagger}, \tag{3.2}$$

wobei **S** eine Diagonalmatrix ist. In ihrer Spur stehen die Singulärwerte, die den (nicht negativen) Wurzeln der Eigenwerte λ_i von $\underline{\mathbf{H}}\underline{\mathbf{H}}^{\dagger}$ entsprechen

$$\mathbf{S} = \begin{pmatrix} \sqrt{\lambda_1} & 0 & \cdots & 0 & \cdots & 0 \\ 0 & \sqrt{\lambda_2} & 0 & \cdots & & \cdots & 0 \\ \vdots & \vdots & \ddots & \vdots & \cdots & \vdots \\ 0 & \cdots & \cdots & \sqrt{\lambda_K} & \cdots & 0 \\ \vdots & \cdots & \cdots & \cdots & \ddots & \vdots \\ 0 & 0 & 0 & 0 & \cdots & 0 \end{pmatrix}. \tag{3.3}$$

Die Matrizen $\underline{\mathbf{U}}$ und $\underline{\mathbf{V}}^\dagger$ sind unitäre[1] Matrizen. Durch die rechts und linksseitige Multiplikation der unitären Matrizen ergibt sich

$$\underline{\mathbf{S}} = \underline{\mathbf{U}}^\dagger \underline{\mathbf{H}} \underline{\mathbf{V}}. \tag{3.4}$$

Mit anderen Worten diagonalisieren die Matrizen $\underline{\mathbf{V}}$ und $\underline{\mathbf{U}}^\dagger$ die Kanalmatrix $\underline{\mathbf{H}}$. $\underline{\mathbf{V}}$ und $\underline{\mathbf{U}}^\dagger$ können dabei als Strahlformungsmatrizen interpretiert werden[2]. Sie geben an, wie die Sende- ($\vec{x}$) beziehungsweise Empfangssignale ($\vec{y}$) gewichtet werden müssen, um über eine diagonalisierte Kanalmatrix zu übertragen.

$$\hat{\vec{y}} = \underline{\mathbf{U}}^\dagger \vec{y} = \underline{\mathbf{U}}^\dagger (\mathbf{H}\vec{x} + \vec{n}) = \underline{\mathbf{U}}^\dagger (\mathbf{H}\mathbf{V}\hat{\vec{x}} + \vec{n}) = \mathbf{S}\hat{\vec{x}} + \hat{\vec{n}} \tag{3.5}$$

Die ursprüngliche Kanalgleichung (2.22) wird dabei in eine Äquivalente überführt. Die Vektoren $\hat{\vec{y}}$, $\hat{\vec{x}}$ und $\hat{\vec{n}}$ entsprechen dabei den äquivalenten Ausgangs-, Eingangs- und Rauschvektoren. Durch die Diagonaleigenschaften von $\mathbf{S}$ findet eine Übertragung auf I interferenzfreien Subkanälen statt. Die Subkanaldämpfung des i-ten Subkanals ist dabei über den Singulärwert $\sqrt{\lambda_i}$ gegeben. Wie viele Subkanäle ausgebildet werden können, hängt von der Ursprungsmatrix $\underline{\mathbf{H}}$ dementsprechend von der Umgebung und der Abtastung (siehe Abschnitt 3.1.1) ab. Die maximale Anzahl der Subkanäle ist begrenzt durch den Rang von $\underline{\mathbf{H}}$ beziehungsweise $\mathbf{S}$. Beim *Multiplexing* ergibt sich die Kapazität aus der Summe der Kapazitäten dieser Subkanäle (2.27).

3.1.3 Strahlformung durch Kanaldiagonalisierung

Abbildung 3.5 veranschaulicht das Prinzip der Kanaldiagonalisierung. Durch die Singulärwertzerlegung lassen sich direkt durch die Spaltenvektoren $\vec{v}_i$ von $\underline{\mathbf{V}}$ und $\vec{u}_i^*$ von $\underline{\mathbf{U}}^*$

---

[1]Für unitäre Matrizen gilt: $(\mathbf{X}^{-1})^\dagger = \mathbf{X}$

[2]Ausgehend davon, dass der Antennenabstand klein ist bezogen auf die Distanz zwischen Sender und Empfänger

$$
\mathbf{\underline{V}} =
\begin{array}{cccc}
\vec{\underline{v}}_1 & \vec{\underline{v}}_2 & \cdots & \vec{\underline{v}}_M
\end{array}
\begin{pmatrix}
\underline{v}_{11} & \underline{v}_{12} & \cdots & \underline{v}_{1M} \\
\underline{v}_{21} & \underline{v}_{22} & \cdots & \underline{v}_{2M} \\
\vdots & \vdots & \ddots & \vdots \\
\underline{v}_{M1} & \underline{v}_{M2} & \cdots & \underline{v}_{MM}
\end{pmatrix},
\quad
\mathbf{\underline{U}}^* =
\begin{array}{cccc}
\vec{\underline{u}}_1^* & \vec{\underline{u}}_2^* & \cdots & \vec{\underline{u}}_N^*
\end{array}
\begin{pmatrix}
\underline{u}_{11}^* & \underline{u}_{12}^* & \cdots & \underline{u}_{1N}^* \\
\underline{u}_{21}^* & \underline{u}_{22}^* & \cdots & \underline{u}_{2N}^* \\
\vdots & \vdots & \ddots & \vdots \\
\underline{u}_{N1}^* & \underline{u}_{N2}^* & \cdots & \underline{u}_{NN}^*
\end{pmatrix}
\tag{3.6}
$$

die sog. Belegungskoeffizienten, bestimmen. Sie geben an, wie die Signale auf die Antennenelemente verteilt werden müssen, um über orthogonale Subkanäle zu übertragen. Die Richtcharakteristiken, die zu diesen Subkanälen gehören, lassen sich über die resultierenden elektrischen Felder der Subkanäle bestimmen [PRZ11]. Das elektrische Feld für den Sender ergibt sich zu

$$
\vec{\underline{E}}_i^{\mathrm{Tx}}(d,\theta,\psi) = \frac{e^{-j\beta d}}{d} \sum_{m=1}^{M} \underline{v}_{mi} \hat{\vec{\underline{E}}}_m(d,\theta,\psi) e^{j\beta\Delta\varphi_m}
\tag{3.7}
$$

und entsprechend für den Empfänger zu

$$
\vec{\underline{E}}_i^{\mathrm{Rx}}(d,\theta,\psi) = \frac{e^{-j\beta d}}{d} \sum_{n=1}^{N} \underline{u}_{ni}^* \hat{\vec{\underline{E}}}_n(d,\theta,\psi) e^{j\beta\Delta\varphi_n}.
\tag{3.8}
$$

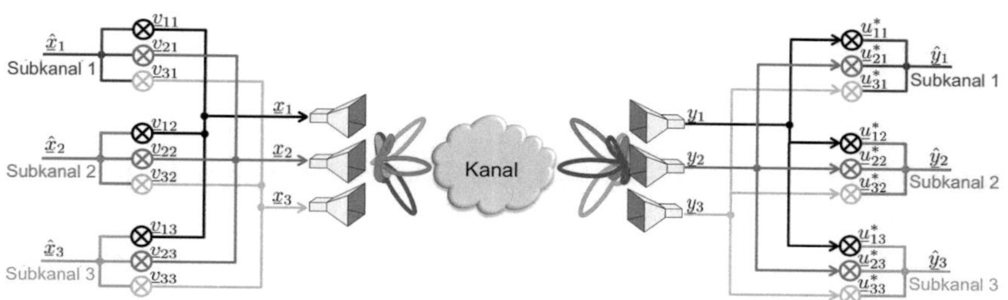

Abbildung 3.5: Blockdiagramm eines MIMO-Systems mit Vor- und Nachverarbeitung

Mit $\hat{\vec{\underline{E}}}_{m/n}(d,\theta,\psi)$ sei an dieser Stelle das elektrische Feld (im Fernfeld) der m-ten oder n-ten Basisantenne bezeichnet. Die Elemente der Spaltenvektoren von $\underline{\mathbf{V}}$ beziehungsweise $\underline{\mathbf{U}}^*$ entsprechen den Anregungskoeffizienten der Antennenelemente (m, n) des i-ten Subkanals. Der Phasenterm $\Delta\varphi_{m/n}$ ist abhängig von der räumlichen Ablage $(\Delta x_{m/n}, \Delta y_{m/n}, \Delta z_{m/n})$ der Basisantennen. Über (2.33) lässt sich die Richtcharakteristik der Gruppenantenne für die einzelnen Subkanäle am Sender zu

$$\vec{\underline{C}}_i^{Tx}(\theta, \psi) = c_{\text{norm}_i}^{Tx} \sum_{m=1}^{M} \underline{v}_{mi} \hat{\vec{\underline{C}}}_m(\theta, \psi) e^{j\beta\Delta\varphi_m} \tag{3.9}$$

und für den Empfänger zu

$$\vec{\underline{C}}_i^{Rx}(\theta, \psi) = c_{\text{norm}_i}^{Rx} \sum_{n=1}^{N} \underline{u}_{ni}^* \hat{\vec{\underline{C}}}_n(\theta, \psi) e^{j\beta\Delta\varphi_n} \tag{3.10}$$

bestimmen. Mit $\hat{\vec{\underline{C}}}_{m/n}$ wird dabei die Richtcharakteristik der m-ten oder n-ten Antenne bezeichnet. Die Konstante $c_{\text{norm}_i}^{Tx/Rx}$ normiert die resultierenden Richtcharakteristiken auf Werte zwischen 0 und 1. Der Richtfaktor der Richtcharakteristik kann anschließend über (2.32) bestimmt werden.

3.1.4 Ablauf der Synthese im zeitinvarianten Kanal

Das Konzept der Abtastantennen wird genutzt, um kapazitätsoptimierende Richtcharakteristiken für eine vorgegebene Apertur und eine vorgegebene Anzahl an Sende- und Empfangsantennen ($N \times M$ MIMO) zu synthetisieren. Die Singulärwertzerlegung der Kanalmatrix $\underline{\mathbf{H}}$ führt zu bestimmten Strahlformungsrichtdiagrammen für jeden Subkanal. Die Koeffizienten $\sqrt{\lambda_i}$ sind ihrer Stärke nach geordnet, wobei der erste Subkanal dem stärksten Koeffizienten $\sqrt{\lambda_1}$ zugeordnet wird. Dies bedeutet, dass der ersten Subkanal das größte SNR aufweist. Ein Beispiel dafür ist in Abb. 3.6(a) gezeigt. Sie zeigt die normierten Eigenwerte λ_i für lineare Antennengruppen der Länge L bei Abtastung mit zehn idealen Antennen. Die Anzahl und Stärke der Subkanäle ist sowohl von der Apertur als auch der Winkelspreizung im Kanal abhängig. Weitergehende Diskussionen hinsichtlich des Informationsgehaltes und deren Abhängigkeiten in drahtlosen Kanälen können aus [Tso06] und [Pon10] entnommen werden.

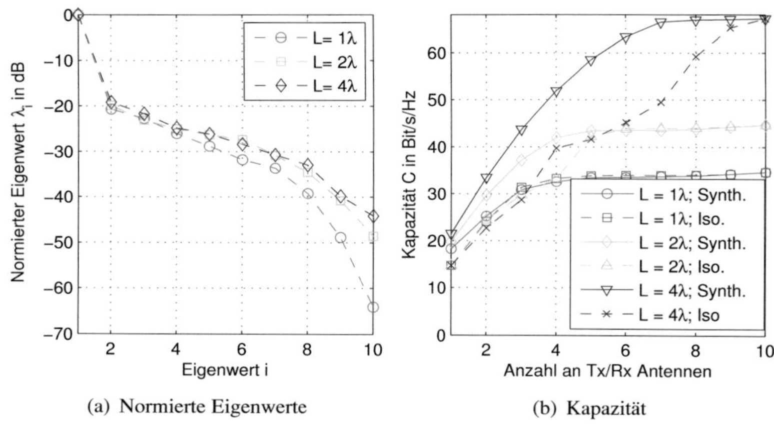

(a) Normierte Eigenwerte (b) Kapazität

Abbildung 3.6: Vergleich der normierten Eigenwerte unterschiedlicher linearer Antennengruppen der Länge L (links) und der erreichbaren Kapazität bei Nutzung isotroper (Iso.) oder direktiver (Synth.) Antennen (rechts)

Ein in der Literatur oft gewählter Ansatz besteht darin viele möglichst omnidirektionale (bzw. isotrobe) Antennen samt dazugehöriger Frontends zu nutzen, um anhand einer Datenvor- und Nachverarbeitung die jeweils besten Richtcharakteristiken für die aktuelle Momentaufnahme des Kanals zu bestimmen [RC98]. Nachteilig ist dabei der hohe Hardwareaufwand und die Tatsache, dass in realen Kanälen oft nur eine geringe Anzahl starker Subkanäle existiert und somit auch sinnvoll für eine Kommunikation genutzt werden kann (gezeigt wird dies beispielsweise in Kapitel 5). Die Idee hinter der Antennesynthese ist nun, Antennesysteme mit festen (synthetisierten) Richtcharakteristiken zu entwerfen, die sich auf die stärksten dieser Subkanäle konzentrieren und so hohe Kapazitäten mit einer nur geringen Anzahl an Systemeingängen und -ausgängen erzielen. In Abb. 3.7 wird dieses anhand von Blockschaltbildern verdeutlicht.

Verdeutlicht ist dies an einem Beispiel in Abb. 3.6(b). Der Kanal wurde dabei mit linearen Arrays (der Länge L) bestehend aus isotropen Antennen abgetastet. Gezeigt ist zum einen die Kapazität als Funktion der Anzahl an Tx/Rx Antennen ($N \times M$ MIMO mit $N = M$) und zum anderen als Funktion der synthetisierten Richtcharakteristiken. Die Synthese selbst beruht auf der Abtastung mit zehn Elementen. Gut zu erkennen ist, dass die Kapazität der direktiven, synthetisier-

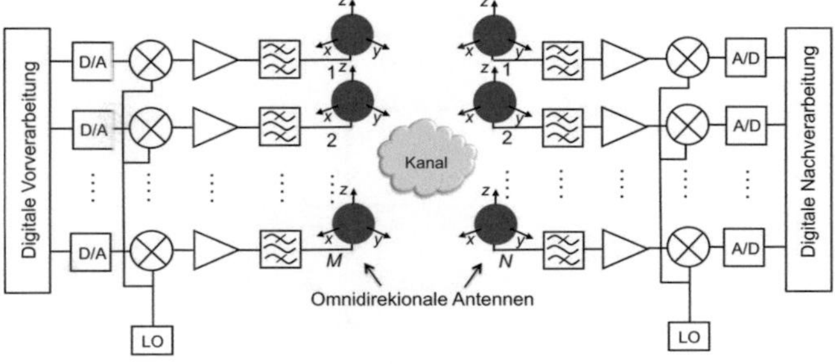

(a) Konventioneller Ansatz

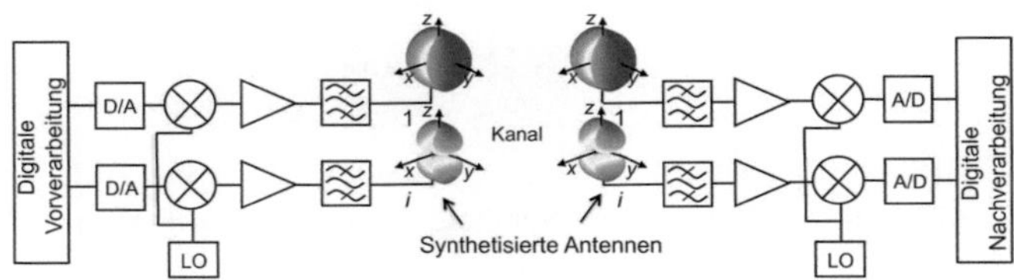

(b) Synthetisierter Ansatz

Abbildung 3.7: Blockschaltbilder eines üblichen Ansatzes für Mehrantennensysteme und der eines synthetisierten Systems

ten Antennen deutlich früher als die der isotropen Antennen sättigt. Bevor dieser Sättigungswert erreicht wird, ist die erreichbare Kapazität zudem immer deutlich höher als die der isotropen Antennen. Dies bedeutet also, dass sich für eine vorgegebene Apertur und Anzahl an Systemeingängen und -ausgängen für jeden Kanal eine optimale Lösung in Bezug auf die Richtcharakteristiken finden lässt.

Folgendes Blockschaltbild (Abb. 3.8) veranschaulicht das Grundprinzip der Synthese für einen zeitinvarianten Kanal. Für eine Berücksichtigung der Zeit- oder Ortsvarianz sei auf Abschnitt 3.3 verwiesen. Im ersten Schritt wird die Größe und Geometrie der Apertur, die relevante Ausbreitungsumgebung sowie die Anzahl der zu entwerfenden Antennen festgelegt.

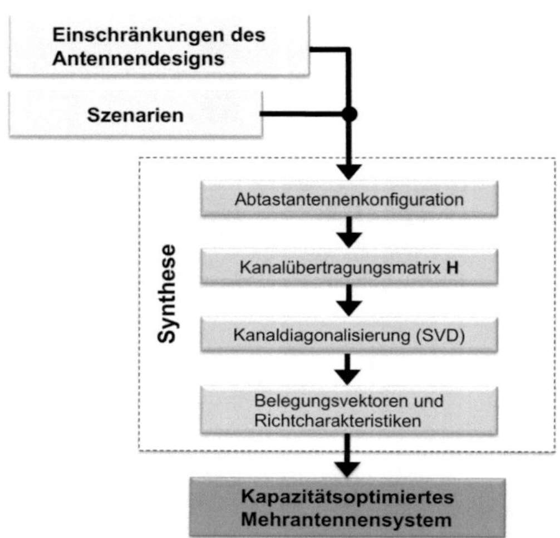

Abbildung 3.8: Ablauf der Synthese im zeitinvarianten Kanal

Über die Abtastung der Apertur in der Ausbreitungsumgebung wird die Kanalmatrix $\underline{\mathbf{H}}$ bestimmt. Der Abstand der Abtastantennen sollte $\lambda/2$ nicht überschreiten, um zum einen das Abtasttheorem einzuhalten und zum anderen die Ausbildung von Nebenkeulen zu verhindern. Über die Singulärwertzerlegung werden die Belegungskoeffizienten der stärksten Subkanäle für die Abtastantennen bestimmt. Das Ergebnis dieser Synthese sind kanalorthogonalisierende Richtcharakteristiken für Sender und Empfänger.

In der vorliegenden Arbeit wird zur Kanalsimulation das strahlenoptische Kanalmodel aus Abschnitt 2.4 sowie der Extrapolationsansatz 2.4.4 verwendet.

3.2 Abtastalternativen

Das Prinzip der Kanalabtastung wurde schon in den vorangegangenen Abschnitten diskutiert. Beschrieben wurde dort, wie die räumliche Information des Kanals in einem beschränkten Volumen gewonnen werden kann. In der Simulation werden dafür ideale Feldsensoren im Raum verteilt. Für eine gegebene Kanalrealisierung werden so optimale Belegungskoeffizienten gewonnen, die zu orthogonalen

Kanälen führen. Dieses nur in Simulationen anwendbare Vorgehen liefert, wenn die Abstände der Abtastantennen klein genug sind, die intrinsische Kapazität, die die obere Grenze der maximal, fehlerfrei zu übertragenden Bits pro Sekunde pro Hertz Bandbreite (Bit/s/Hz) für die gegebene Antennenapertur angibt. Neben der räumlichen Abtastung kann die Synthese aber auch anhand einer winkelbasierten oder mehrmodenbasierten Abtastung erfolgen. Die folgenden Unterkapitel widmen sich den unterschiedlichen Abtastprinzipien.

3.2.1 Räumliche Abtastung

Im generellen Vorgehen werden idealisierte, isotrope Antennen verwendet, welche einen gleichmäßigen Gewinn von $0\,\mathrm{dBi}$ in jeder Raumrichtung aufweisen. Die Polarisation der m Abtastelemente ist dabei frei wählbar und lässt sich gemäß Abb. 2.2 zu horizontal $\hat{\vec{C}}_m^{\,\mathrm{samp}} = \vec{e}_\psi$ sowie vertikal $\hat{\vec{C}}_m^{\,\mathrm{samp}} = \vec{e}_\theta$ bestimmen. Für die vollpolarimetrische Synthese (siehe Abschnitt 3.4) existieren beide Komponenten. Die Richtwirkung der Antenne wird einzig durch die Anordnung der Abtastelemente im Raum und durch die Belegungsvektoren erzeugt. Das abzutastende Volumen sollte dem verfügbaren Platz des physikalischen Antennensystems entsprechen. Der Abstand zwischen den Abtastelementen sollte maximal dem Abtasttheorem entsprechen. Abbildung 3.9 zeigt ein Beispiel einer Abtastantennenkonfiguration mit 18 isotropen Elementen auf Sender- und Empfängerseite.

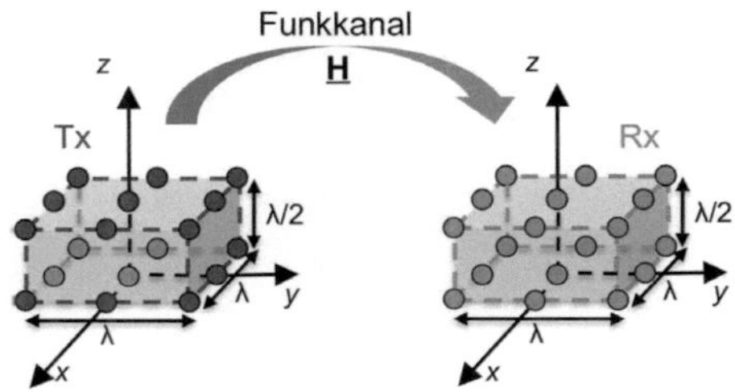

Abbildung 3.9: Beispiel einer Abtastantennenkonfiguration mit 18 isotropen Strahlern und einem Abtastabstand von $\lambda/2$

Eine messtechnische Umsetzung der räumlichen Abtastung bedingt, dass statt der fiktiven isotropen Antennen Richtcharakteristiken von Dipolen, Monopolen oder die beliebiger Antennen für die Abtastung angenommen werden müssen.

Dadurch, dass diese nicht isotrop sind können nicht mehr alle Raumrichtungen gleichgewichtet abgetastet werden und der Synthese geht so Information verloren. Des Weiteren wird vorausgesetzt, dass die Antennen eine physikalische Ausdehnung haben. Speziell bei Messungen wird hier nicht mehr ein einziger Punkt im Raum abgetastet sondern ein Volumen (eine Apertur). Abschnitt 5.2 widmet sich dieser Fehlerbeschreibung.

3.2.2 Winkelbasierte Abtastung

Das Ziel der Kanalabtastung ist es, Informationen über die räumliche Leistungsverteilung zu bekommen, um anschließend mit gegebener Apertur optimale, möglichst orthogonale Richtcharakteristiken zu synthetisieren. Ein alternativer Abtastansatz stellt die Kanalabtastung mit fiktiven Antennen beliebig wählbarer Hauptkeulenbreite dar, wie in Abb. 3.10 gezeigt. Hierbei wird die Hemisphäre in Abschnitte aufgeteilt und jeder Abschnitt entspricht der Richtcharakteristik einer Abtastantenne $\hat{\vec{C}}_m^{\text{samp}}$. Da sich alle m Abtastelemente an der gleichen Position im Raum befinden, entfällt der Phasenterm $\Delta\varphi_m^{\text{samp}}$ in (3.9), der den räumlichen Unterschied zwischen den Elementen beschreibt. Solch ein Ansatz lässt sich leicht mit einem richtungsauflösenden Kanalmodel implementieren. So ist mit nur einer Kanalsimulation die ganze räumliche Information beziehungsweise $\underline{\mathbf{H}}$-Matrix bekannt.

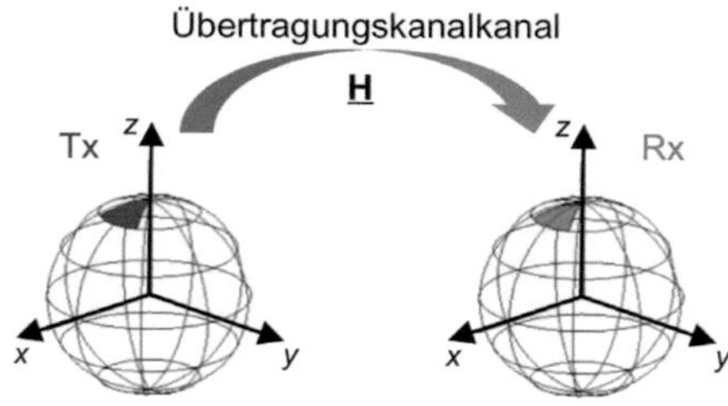

Abbildung 3.10: Das Konzept der Winkelabtastung, beispielhaft gezeigt an einer Winkelauflösung von 30° in Azimut und Elevation. Jedes Element entspricht einer Abtastantenne.

Die Syntheseergebnisse dieser Abtastung sind aber sehr stark von der gewählten Winkelauflösung abhängig, wobei als Winkelauflösung die Breite der Abtastabschnitte bezeichnet wird. Je kleiner die Winkelauflösung, um so höher ist die Anzahl der Abtastantennen und um so größer wird die $\underline{\mathbf{H}}$-Matrix. In [Bal89] werden Näherungsformeln angegeben, wie bei gegebener Apertur die Hauptkeulenbreite in Azimut und Elevation abgeschätzt werden kann. Eine solche Abschätzung sollte der Wahl der Winkelauflösung zugrunde liegen, um realistische synthetisierte Richtcharakteristiken zu erhalten. In [Jer10] wurde die winkelbasierte Abtastung näher untersucht. Es zeigt sich dabei eine hohe Sensitivität bezüglich der Winkelauflösung und der Initialisierungsrichtungen. Deshalb wird diese Art der Kanalabtastung im Folgenden keine Anwendung finden.

3.2.3 Mehrmodenantennen zur Abtastung

Eine Alternative zu den vorgestellten Varianten ist die Abtastung des Kanals anhand realer Antennen. Durch diesen Schritt werden allerdings die Designfreiheitsgrade der zu synthetisierenden Antennen im Vorhinein eingeschränkt. Der Vorteil dieser Art der Abtastung ist aber, dass aus der resultierenden $\underline{\mathbf{U}}^*$- und $\underline{\mathbf{V}}$-Matrix direkt die Anregungskoeffizienten der Antennen bestimmt werden können und damit der reale Aufbau beziehungsweise die Realisierung der aus der Synthese stammenden Richtcharakteristiken anhand eines passiven Speisenetzwerks vereinfacht ermöglicht wird.

Dieser Ansatz macht allerdings nur für kleine Abtastvolumen und wenige Antennen Sinn, da ansonsten das Speisenetzwerk recht umfangreich und schwer zu realisieren ist. Ein mögliches Anwendungsszenario wäre der Einsatz sogenannter Mehrmodenantennen. Unter Mehrmodenantennen versteht man Antennen, die ähnliche Eigenschaften wie ein Antennenarray aufweisen. Durch unterschiedliche Speisungen oder Speisepunkte lassen sich mit einer solchen Antenne verschiedene Richtcharakteristiken realisieren [Sva02, WW04, LW07b, ABWZ09, YW09]. Neben der direkten Nutzung dieser Multimoden in einem Mehrantennensystem können diese dazu genutzt werden, optimierte Richtcharakteristiken für eine gegebene Anzahl an Systemeingängen und -ausgängen N_s zu synthetisieren. Die einzelnen Moden dienen hierbei als Abtastantennen. Jede Abtastrichtcharakteristik $\hat{\vec{C}}_m^{\mathrm{samp}}$ entspricht einer dieser Moden. Der Phasenterm in (3.9) und (3.10) ist als konstant anzunehmen $\Delta\varphi_m^{\mathrm{samp}} = 0$, sofern die gleichen Referenzpunkte für die Moden angenommen werden können. Abbildung 3.11 veranschaulicht dieses Prinzip. Ein Beispiel für eine solche Synthese wird in Kapitel 6 gegeben.

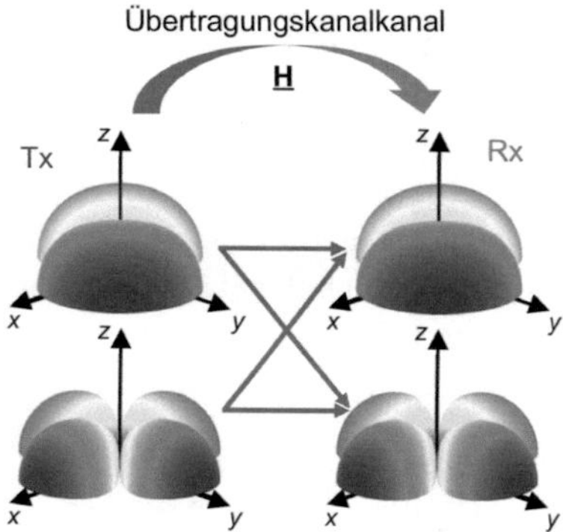

Abbildung 3.11: Das Konzept der Abtastung mit einer 2×2 Mehrmodenantenne. Sender und Empfänger besitzen mehrere Moden

3.3 Antennensynthese in zeit- und ortsvarianten Übertragungskanälen

Der in 3.1 vorgestellt Ansatz zur Bestimmung optimaler Richtcharakteristiken bezieht sich nur auf eine Momentaufnahme des Kanals. In aller Regel ist die Mehrwegeausbreitung und damit der Übertragungskanal $\underline{H}$ aber sowohl zeit-, orts- als auch szenarienabhängig. Abbildung 3.12 verdeutlicht dies anhand zweier synthetisierter Richtcharakteristiken zu den Zeitpunkte t_1 und t_2.

Da es für jede Momentaufnahme das Kanals eine eigene optimale Lösung gibt, ist es notwendig, für das Design fester Richtcharakteristiken über die Ergebnisse aller Lösungen zu mitteln. Diese Mittelung führ in aller Regel dazu, dass die Kanäle nicht mehr vollständig orthogonal sind.

In diesem Abschnitt wird zum einen die Mittelung der Richtcharakteristiken für die Subkanäle selbst beschrieben, zum anderen werden Gewichtungsfaktoren für die Momentanlösungen eingeführt. Diese Gewichtungsmethoden bewerten die Momentanlösung und steuern ihren Einfluss auf die Gesamtlösung.

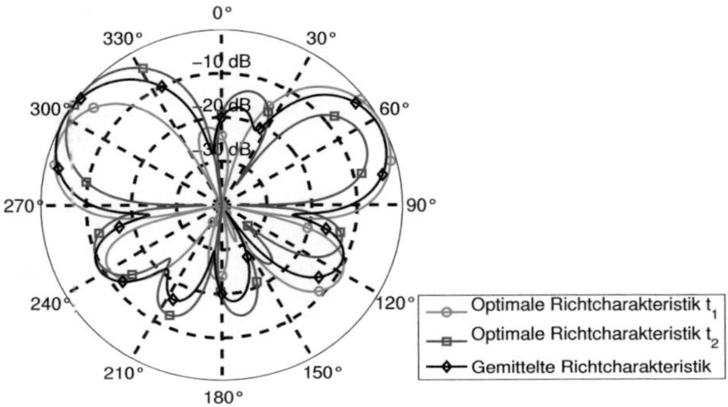

Abbildung 3.12: Beispielhafte Bestimmung optimaler Richtcharakteristiken für die Zeitpunkte t_1 und t_2, sowie einer gemittelten Lösung

3.3.1 Mittelungsansatz

Die synthetisierten Richtcharakteristiken für jeden Subkanal i sind durch die Anordnung der Abtastantennen und durch die Spaltenvektoren $\underline{\vec{v}}_i$ der $\underline{\mathbf{V}}$ Matrix auf der Senderseite und der Spaltenvektoren $\underline{\vec{u}}_i^*$ von $\underline{\mathbf{U}}^*$ auf der Empfängerseite gegeben. Für jede Kanalrealisierung n_{cr} existiert eine solche optimale Belegung $\underline{\vec{v}}_i(n_{cr})$ beziehungsweise $\underline{\vec{u}}_i^*(n_{cr})$ für den i-ten Subkanal. Die Mittelung der Richtcharakteristik basiert auf der Mittelung der Spaltenvektoren aller zur Synthese herangezognen Momentaufnahmen der Übertragungskanäle. Abhängig von der Anzahl der zu synthetisierenden Antennen N_s werden dabei nur die Vektoren $i = 1...N_s$ berücksichtigt. Das Ergebnis der Mittelung liefert die Belegungsvektoren $\underline{\bar{\vec{v}}}_i$ und $\underline{\bar{\vec{u}}}_i^*$ $(i = 1...N_s)$.

Im Folgenden wird die Mittelung am Beispiel der Sendebelegungsvektoren beschrieben, lässt sich aber analog auf die Empfangsbelegungsvektoren übertragen. Sollen die gleichen Richtcharakteristiken für das Senden und Empfangen genommen werden, so kann die Mittelung auch über $\underline{\vec{v}}_i$ und $\underline{\vec{u}}_i^*$ erfolgen. Die gemittelten, synthetisierten Richtdiagramme $\underline{\vec{C}}_i^{\,\text{synth}}(\theta, \psi)$ lassen sich nach (3.9) bestimmen. Diese Gleichung kann folglich umgeschrieben werden zu

$$\underline{\vec{C}}_i^{\,\text{synth}}(\theta, \psi) = c_{\text{norm}_i} \sum_{m=1}^{M} \underline{\bar{v}}_{mi}\,\underline{\hat{\vec{C}}}_m^{\,\text{samp}}(\theta, \psi)e^{j\beta\Delta\varphi_m^{\text{samp}}}. \tag{3.11}$$

$\underline{\bar{v}}_{mi}$ bezeichnet dabei den gemittelten Belegungskoeffizienten für jede Abtastantenne und $\hat{\underline{C}}_m^{\mathrm{samp}}(\theta, \psi)$ die Richtcharakteristik der Abtastantennen. Der einfachste Weg zu einer gemittelten Lösung ist die Anwendung der einfachen Mittelung SM (engl. *Simple Mean*) nach

$$\underline{\bar{\vec{v}}}_i = \frac{\sum\limits_{n_{cr}=1}^{N_{cr}} \vec{\underline{v}}_i(n_{cr})}{N_{cr}}. \tag{3.12}$$

Mit N_{cr} der Gesamtanzahl der betrachteten Momentaufnahmen. Mit dem Ansatz in (3.12) gehen alle Momentanlösungen mit gleicher Gewichtung ein. Alternativ kann eine Mittelung nach

$$\underline{\bar{\vec{v}}}_i = \frac{\sum\limits_{n_{cr}=1}^{N_{cr}} w(n_{cr}) \vec{\underline{v}}_i(n_{cr})}{\sum\limits_{n_{cr}=1}^{N_{cr}} w(n_{cr})} \tag{3.13}$$

erfolgen. Dabei entspricht $w(n_{cr})$ der Gewichtung der n_{cr}-ten Kanalrealisierung. Im Fall der gewichteten Mittelung werden demnach Belegungsvektoren bestimmter Momentaufnahmen bevorzugt. Mögliche Gewichtungsfunktionen sind dabei:

- die Frobenius-Norm (FRO) der Kanalmatrix $\underline{\mathbf{H}}$

$$w(n_{cr}) = \|\underline{\mathbf{H}}(n_{cr})\|_F = \sqrt{\sum_{n=1}^{N} \sum_{n=1}^{M} \left|\underline{h}_{n,m}(n_{cr})\right|^2}. \tag{3.14}$$

Sie beschreibt in guter Näherung die mittlere Dämpfung des MIMO-Übertragungskanals zum Zeitpunkt n_{cr}. Daher werden bei Anwendung dieser Gewichtung in (3.14) starke Kanäle, primär solche mit starker LOS-Komponente, höher bevorzugt.

- die Leistung der einzelnen Übertragungskoeffizienten ($h_{1,1}$)

$$w(n_{cr}) = \left|\underline{h}_{1,1}(n_{cr})\right|^2. \tag{3.15}$$

Ähnlich wie bei der Gewichtung nach der Frobenius-Norm werden hierbei starke Subkanäle höher gewichtet, allerdings wird hier jeder erste Subkanal separat betrachtet.

- die Verteilung der Eigenwerte (engl. *Eigenvalue Dispersion* EVD) [Pon10]

$$
w(n_{cr}) = \frac{\left(\prod_{i=1}^{N_s} \lambda_i(n_{cr})\right)^{\frac{1}{N_s}}}{\frac{1}{N_s}\sum_{i=1}^{N_s} \lambda_i(n_{cr})}.
\tag{3.16}
$$

Die EVD beschreibt das Verhältnis von geometrischen und arithmetischen Mittelwerten der Eigenwerte λ_i, wobei nur die ersten $i = 1...N_s$ Eigenwerte berücksichtigt werden. Bewertet wird somit der relativen Leistungsunterschiede der resultierenden Subkanäle und damit ihre Verteilung charakterisiert [SSV$^+$08]. Die EVD nimmt Werte zwischen null und eins an. Eine eins bedeutet dabei, dass alle berücksichtigten Subkanäle über die gleiche Leistung verfügen. Dies begünstigt das *Multiplexing* und führt zu hohen Kapazitäten.

3.3.2 Belegungsvektorenzuordnung

Für $N_s \geq 2$ resultieren aus der Synthese kanalorthogonalisierende Richtcharakteristiken. Bei der Mittelung, wie sie bisher durch (3.12) und (3.13) beschrieben wurde, kann es aber passieren, dass diese orthogonalisierende Eigenschaft verloren geht. So kann es vorkommen, dass zwar die Belegungsvektoren $\underline{\vec{v}}_1(n_1)$ und $\underline{\vec{v}}_2(n_1)$ und damit die Richtcharakteristiken der ersten Momentaufnahme orthogonal sind, in der darauffolgenden Momentaufnahme aber der zweite Subkanal $\underline{\vec{v}}_2(n_2)$ die gleichen Raumrichtungen wie die erste Richtcharakteristik in der ersten Momentaufnahme abdeckt. In diesem Fall wäre es geschickter, $\underline{\vec{v}}_1(n_1)$ mit $\underline{\vec{v}}_2(n_2)$ sowie $\underline{\vec{v}}_2(n_1)$ mit $\underline{\vec{v}}_1(n_2)$ zu mitteln.

Um dies zu berücksichtigen, wird beispielsweise bei einer $N_s = 2$ Synthese nicht mehr über die ersten und zweiten Subkanäle steif gemittelt. Es erfolgt vielmehr eine Zuordnung bezüglich der Ähnlichkeit der Belegungsvektoren. Mathematisch kann die Ähnlichkeit zweier Vektoren $\vec{a}$ und $\vec{b}$ über das Standardskalarprodukt dieser bewertet werden. Für das gilt

$$\langle \vec{a}, \vec{b} \rangle = \sum_{i=1}^{N_s} a_i b_i^*. \tag{3.17}$$

Für orthogonale Vektoren resultiert der Wert 0, für parallele der Wert 1 sofern $\vec{a}$ und $\vec{b}$ die Norm eins besitzen. Je höher der Wert also ist, desto ähnlicher sind sich die Vektoren. Gleichung (3.13) kann nun um die Zuordnung erweitert werden. Die Mittelung konsekutiver Kanalrealisierungen erfolgt durch

$$\bar{\vec{v}}_i (N_{cr}) = \frac{\sum\limits_{n_{cr}=1}^{N_{cr}} w(n_{cr}) \vec{\underline{v}}_{sub_i(n_{cr})}(n_{cr})}{\sum\limits_{n_{cr}=1}^{N_{cr}} w(n_{cr})}. \tag{3.18}$$

Für den Fall der einfachen Mittelung gilt an dieser Stelle $w(n_{cr}) = 1$. Der Index $sub_i(n_{cr})$ bezeichnet dabei den Subkanal der n_{cr}-ten Momentaufnahme und ist gegeben durch

$$sub_i(n_{cr}) = \begin{cases} i & \text{for } n_{cr} = 1 \\ j : 1 \le j \le N_s, \ \left| \langle \vec{\underline{v}}_j(n_{cr}) \bar{\vec{v}}_i(n_{cr} - 1) \rangle \right| = \text{max!} & \text{for } n_{cr} \neq 1 \end{cases} \tag{3.19}$$

Für jede Momentaufnahme $n_{cr} \ge 2$ wird das Skalarprodukt zwischen den N_s Belegungsvektoren der aktuellen Momentaufnahme und der bisher gemittelten Belegung $\bar{\vec{v}}_i(n_{cr} - 1)$ bestimmt. Der Vektor $\vec{\underline{v}}_j(n_{cr})$, der den Betrag des Skalarproduktes maximiert, wird für die weitere Mittelung ausgewählt.

Im zeit- und ortsinvarianten Fall führt eine große Apertur bei der Synthese zu sehr direktiven Richtcharakteristiken. Die Mittelung führt aber, je nach Kanalvarianz, wieder zu weniger direktiven Richtcharakteristiken. Es kann also in Fällen der Mittelung vorkommen, das die resultierenden Richtcharakteristiken mit einer kleineren als der zur Abtastung genutzten Apertur realisiert werden können. Dementsprechend existiert gegebenenfalls eine optimale Aperturgröße für die betrachteten Szenarien.

3.3.3 Phasenkorrektur

Vernachlässigt wurde bisher, dass es sich bei den Belegungen um komplexe Vektoren handelt. Die Strahlformung ist allein von den relativen Phasenunterschieden zwischen den Anregungskoeffizienten abhängig, so können die gleichen Hauptstrahlrichtungen durch unterschiedliche Belegungsvektoren erzielt werden. Dies ist in (3.19) über die Betragsbildung des Skalarproduktes berücksichtigt. Die soweit unberücksichtigte Phase beschreibt die relative Phasendifferenz zwischen den Strahlformungsrichtcharakteristiken. Da die Mittelung kohärent erfolgt, kann es bei gegenphasigen Vektoren zu einer Auslöschung kommen. Um dies zu vermeiden, wird eine Phasenanpassung für jeden neuen Belegungsvektor der Mittelung durchgeführt. Gleichung (3.18) wird so erweitert zu

$$
\vec{\underline{v}}_i(N_{cr}) = \frac{\displaystyle\sum_{n_{cr}=1}^{N_{cr}} w(n_{cr})\vec{\underline{v}}_{sub_i(n_{cr})}(n_{cr})e^{j\Delta\Phi_i(n_{cr})}}{\displaystyle\sum_{n_{cr}=1}^{N_{cr}} w(n_{cr})} \tag{3.20}
$$

mit dem Phasenkorrekturterm $\Delta\Phi_i(n_{cr})$, der sich über

$$
\Delta\Phi_i(n_{cr}) = \begin{cases} 0 & \text{for } n_{cr} = 1 \\ \arg\left\{\langle \vec{\underline{v}}_{sub_i(n_{cr})}(n_{cr}), \vec{\underline{v}}_i(n_{cr}-1)\rangle\right\} & \text{for } n_{cr} \neq 1. \end{cases} \tag{3.21}
$$

bestimmt.

3.3.4 Schwellwertentscheidungen über die Anzahl der relevanten Subkanäle

Bisher wurde die Anzahl der zur Synthese von N_s Richtcharakteristiken betrachteten Subkanäle mit N_s fest gewählt. Eine alternative Variante ist die Festlegung eines absoluten Schwellwertes T_{abs} oder relativen Schwellwertes T_{rel} für die Leistung der Subkanäle. T_{rel} bezieht sich dabei auf die Differenz zum stärksten (ersten) Subkanal, T_{abs} auf die Eigenwerte λ_i. Bei der Schwellwertentscheidung ist die Anzahl der zur Mittelung in Betracht gezogenen Belegungsvektoren variabel.

Dies kann den Vorteil haben, dass schwache Subkanäle einiger Momentaufnahmen nicht in die Mittelung eingehen oder dass in Kanälen, in denen die Anzahl relevanter Subkanäle größer ist, mehr Belegungsvektoren betrachtet werden und diese für die Mittelung am günstigsten erwählt werden.

3.4 Berücksichtigung unterschiedlicher Freiheitsgrade bei der Antennensynthese

In Abschnitt 1.1.3 wurden die Prinzipien der Mehrantennensysteme sowie die Begriffe *Diversity* und *Multiplexing* kurz eingeführt. Traditionell werden bei *Diversity* mehrere Kopien einer Information gesendet und/oder empfangen, um das SNR im Empfänger zu erhöhen [JW04]. Notwendig für einen *Diversity*-Gewinn sind dabei möglichst dekorrelierte Empfangssignale. Gelingt es bei einem MIMO-System die Übertragungsmatrix zu diagonalisieren, so kann auf mehreren orthogonalen Subkanälen übertragen werden. Werden nun über diese Subkanäle unterschiedliche Datenströme übertragen (*Multiplexing*), so können der Datendurchsatz und die spektrale Effizienz maximiert werden. Da die Synthese auf der SVD basiert, ist sie in der Lage, die beide Prinzipien *Diversity* und *Multiplexing* dadurch zu unterstützen, in dem sie Richtcharakteristiken synthetisiert, die möglichst starke, dekorrelierte Subkanäle erzeugen. Dabei wird von der Synthese, wie sie bisher vorgestellt wurde, der Freiheitsgrad der Richtcharakteristik ausgenutzt. Die Anzahl der Designfreiheitsgrade lässt sich weiter erhöhen, in dem zusätzlich die Polarisation und/oder die Anordnung der Antennen im Raums in der Synthetisierung eines Mehrantennensystems Anwendung findet. Wie viele und welche dieser Freiheitsgrade letztendlich berücksichtigt werden können, hängt von den Designbeschränkungen des zu entwerfenden Antennensystems ab. Dieser Abschnitt behandelt die unterschiedlichen Freiheitsgrade in ihre Einbindung in die Synthese.

3.4.1 Freiheitsgrad der Richtcharakteristik

Haben die Antennen in einem MIMO-System unterschiedliche Richtcharakteristiken wie in Abb. 3.13 gezeigt, so spricht man von Diversität bezüglich der Richtcharakteristik (engl. *Pattern Diversity*). Realisieren lässt sich dies beispielsweise mittels einer Mehrmodenantenne. Hohe Kapazitäten lassen sich dabei erreichen, wenn die Richtcharakteristiken möglichst orthogonal sind und zudem den Übertragungskanal orthogonalisieren [JW04]. Bisher hat sich die vorgesellte Synthese auf diese Art von Diversität konzentriert.

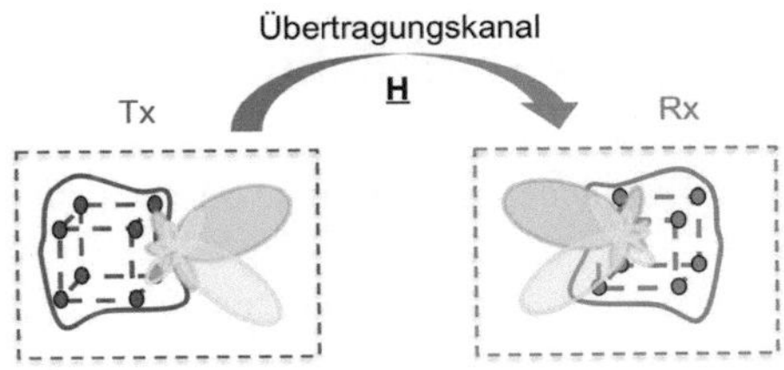

Abbildung 3.13: Prinzip von *Pattern Diversity*

Hierbei werden durch die Singulärwertzerlegung der Kanalmatrix **H** Belegungskoeffizienten für die Abtastantennen bestimmt, welche eine Orthogonalität zwischen den Subkanälen garantieren. Handelt es sich um ein zeit- und/oder ortsvariantes Antennensystem, so lässt sich nur eine gemittelte Lösung bestimmen (siehe Abschnitt 3.3). Das Ergebnis dieser Mittelung sind folglich kanalorthogonalisierende Richtcharakteristiken. Eine Alternative zu einem System bestehend aus mehreren synthetisierten Richtcharakteristiken, die parallel betrieben werden wie in dem Blockschaltbild in Abb. 3.7(b) gezeigt ergibt sich an dieser Stelle durch den Einsatz rekonfigurierbarer Antennen. Ein Blockschaltbild für einen solchen Aufbau ist in Abb. 3.14 gegeben.

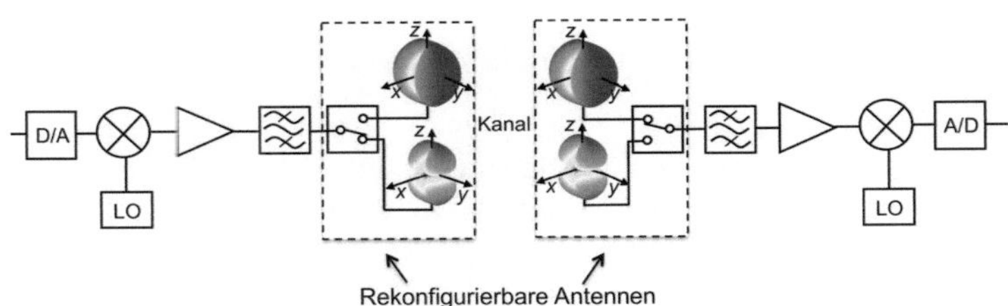

Abbildung 3.14: Blockschaltbild eines synthetisierten Antennensystems mit rekonfigurierbaren Antennen

Ausgegangen wird an dieser Stelle von einer Rekonfigurierbarkeit bezüglich der

Richtcharakteristiken. Die Richtcharakteristiken könnten dann die Ergebnisse von Synthesen in unterschiedlicher Kanäle darstellen, so dass das Antennensystem in der Lage ist, sich an die Umgebung anzupassen.

3.4.2 Freiheitsgrad der räumlichen Trennung

Eine weit verbreitete und einfache Lösung für das Antennendesign eines MIMO-Systems ist es, identische, gleichorientierte Antennenelemente zu nehmen und diese räumlich zu trennen. Abbildung 3.15 veranschaulicht das *Space Diversity* Prinzip für ein 2×2 System. Der *Diversity*-Gewinn wird hierbei nicht durch kanalorthogonalisierende Richtcharakteristiken erzeugt, sondern durch die räumliche Trennung der Antennen und das ortsvariante Verhalten des Kanals (siehe Abschnitt 2.1.3).

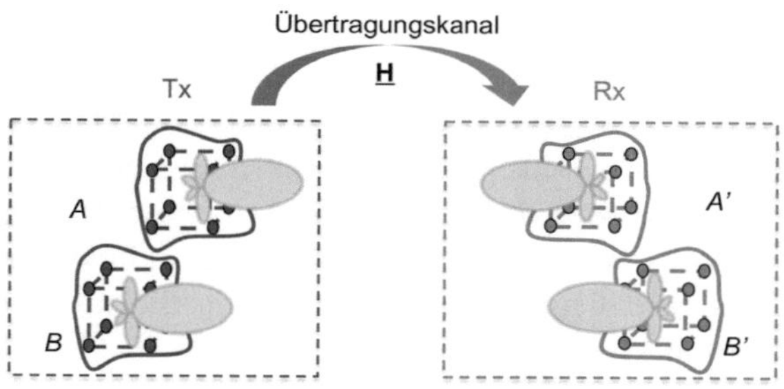

Abbildung 3.15: Prinzip von *Space Diversity*

Stehen für das Antennendesign auf Sender- und/oder Empfängerseite mehrere Volumen für die Integration von Antennen zu Verfügung, so kann eine Mehrortsynthese genutzt werden, um kapazitätsmaximierende Richtcharakteristiken zu bestimmen. Im Folgenden wird davon ausgegangen, dass dem System sowohl auf der Sender- als auch auf der Empfängerseite zwei Standorte (A und B für Tx beziehungsweise A' und B' für Rx) zur Verfügung stehen, bezogen auf Kraftfahrzeuge und die C2C Kommunikation könnte es sich dabei beispielsweise um die beiden Seitenspiegel handeln. Die diesem System zugehörige Übertragungsmatrix ergibt sich zu

$$\underline{\mathbf{H}} = \begin{pmatrix} \underline{\mathbf{H}}_{A'm,An} & \underline{\mathbf{H}}_{A'm,Bn} \\ \underline{\mathbf{H}}_{B'm,An} & \underline{\mathbf{H}}_{B'm,Bn} \end{pmatrix}. \tag{3.22}$$

Die im Weiteren vorgestellten Prinzipien lassen sich aber auf eine beliebige Anzahl an Antennenstandorten erweitern.

Ist die Zielvorgabe der Synthese, für beide Standorte eine Richtcharakteristik zu bestimmen, so werden nur die Teilmatrizen $\underline{\mathbf{H}}_{A'm,An}$ und $\underline{\mathbf{H}}_{B'm,Bn}$ betrachtet. Über die SVD lassen sich aus diesen dann die Belegungskoeffizienten für den jeweils stärksten Subkanal beziehungsweise im Falle einer Schwellwertbetrachtung, die stärksten Subkanäle bestimmen. Die resultierenden Belegungsvektoren können anschließend gemäß Abschnitt 3.3 gewichtet oder ungewichtet zu einem Belegungsvektor gemittelt werden. Anzumerken sei an dieser Stelle, dass die Mittelung über beide Standorte nur dann sinnvoll ist, wenn beide über ein gleich großes und gleich orientiertes Volumen verfügen. Ist dies nicht der Fall, so ergeben sich eventuell Richtcharakteristiken, die für die gegebenen Aperturen physikalisch nicht zu realisieren sind. Um dies zu verhindern, sollte das in die Synthese eingehende Antennenvolumen durch die jeweils kleinste Apertur der beiden Standorte in jede Raumrichtung beschränkt werden.

3.4.3 Freiheitsgrade der räumlichen Trennung und der Richtcharakteristik

Im vorherigen Unterabschnitt wird der *Diversity*-Gewinn allein durch das ortsvariante Verhalten des Kanals erzielt. Im Allgemeinen lassen sich bessere Ergebnisse erzielen, wenn die Richtcharakteristiken an den räumlich voneinander getrennten Standorten unterschiedlich sind, wie in Abb. 3.16 gezeigt. Neben der Möglichkeit durch den zusätzlichen Freiheitsgrad der Richtcharakteristik beim Antennendesign unkorreliertere Kanäle zu erzeugen, bietet sich so auch die Option gerade bei ungleich großen und gearteten Volumen die Antennen an die spezifischen Standortvorgaben anzupassen.

Für die Mehrortsynthese ergeben sich an dieser Stelle unterschiedliche Ansätze die dabei verfolgt werden können:

- Der einfachste Ansatz ist, (siehe Unterabschnitt 3.4.2) nur die Teilmatrizen $\mathbf{H}_{A'm,An}$ und $\mathbf{H}_{B'm,Bn}$ zu betrachten und für jeden Standort getrennt ei-

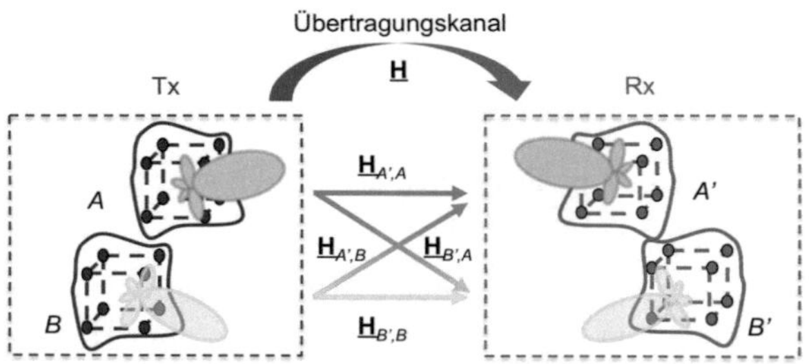

Abbildung 3.16: Prinzip von *Space Diversity* kombiniert mit *Pattern Diversity*

ne Richtcharakteristik zu synthetisieren. Dieser Ansatz lässt sich leicht an spezifischere Designziele, wie beispielsweise der Dekorrelation der Kanäle $A'A$ und $B'B$, adaptieren. Durch die Betrachtung mehrerer Subkanäle für jeden Standort lassen sich so Belegungsvektoren bestimmen, die die Kreuzmatrizen $\underline{H}_{A'm,Bn}$ und $\underline{H}_{B'm,An}$ minimieren.

- Ein weiterer Ansatz für den Fall, dass beide Antennen die gleichen Informationen senden, ergibt sich, wenn die Synthese anhand der folgenden Matrizen

$$\begin{pmatrix} \underline{H}_{A'm,An} \\ \underline{H}_{B'm,An} \end{pmatrix}, \begin{pmatrix} \underline{H}_{A'm,Bn} \\ \underline{H}_{B'm,Bn} \end{pmatrix}, \begin{pmatrix} \underline{H}_{A'm,An} \\ \underline{H}_{A'm,Bn} \end{pmatrix}, \begin{pmatrix} \underline{H}_{B'm,Am} \\ \underline{H}_{B'm,Bn} \end{pmatrix} \tag{3.23}$$

für die Standorte A' (Empfänger), A (Sender), B' (Empfänger) und B (Sender) durchgeführt wird. Hierbei wird für jeden Sendestandort eine SIMO- und für jeden Empfängerstandort eine MISO-Synthese durchgeführt. Sollen Sender und Empfänger letztendlich über die gleichen Antennen verfügen, so muss anschließend noch eine Mittelung über die Sende- und Empfängerbelegungen erfolgen.

- Alternativ kann an dieser Stelle auch die Synthese anhand der kompletten Matrix $\underline{H}$ aus (3.22) erfolgen. Aus den resultierenden Spaltenvektoren der $\underline{V}$- und $\underline{U}^*$-Matrizen

$$\underline{\mathbf{V}} = \begin{pmatrix} \underline{v}_{A\,11} & \cdots & \underline{v}_{A\,1M} \\ \vdots & \ddots & \vdots \\ \underline{v}_{A\,M1} & \cdots & \underline{v}_{A\,MM} \\ \underline{v}_{B\,11} & \cdots & \underline{v}_{B\,1M} \\ \vdots & \ddots & \vdots \\ \underline{v}_{B\,M1} & \cdots & \underline{v}_{B\,MM} \end{pmatrix}, \quad \underline{\mathbf{U}}^* = \begin{pmatrix} \underline{u}_{A\,11}{}^* & \cdots & \underline{u}_{A\,1N}{}^* \\ \vdots & \ddots & \vdots \\ \underline{u}_{A\,N1}{}^* & \cdots & \underline{u}_{A\,NN}{}^* \\ \underline{u}_{B\,11}{}^* & \cdots & \underline{u}_{B\,1N}{}^* \\ \vdots & \ddots & \vdots \\ \underline{u}_{B\,N1}{}^* & \cdots & \underline{u}_{B\,NN}{}^* \end{pmatrix} \tag{3.24}$$

können anschließend die Belegungskoeffizienten für die einzelnen Standorte direkt abgelesen werden. Die ersten $A\ M$ Werte des zum stärksten Subkanal gehörenden Sendevektors $\vec{\underline{v}}_1$ gehören zum Standort A, die folgenden $B\ M$ Werte zum Standort B. Die orthogonalen Subkanale entstehen so durch das Zusammenwirken der Richtcharakteristiken der beiden Standorte.

3.4.4 Freiheitsgrade der Polarisation und der Richtcharakteristik

Besitzen die Antennen unterschiedliche Polarisationen um unkorrelierte Kanäle zu erzeugen oder zu empfangen so wird dies als *Polarization Diversity* bezeichnet. Dieses Prinzip in Kombination mit unterschiedlichen Richtcharakteristiken ist in Abb. 3.17 skizziert.

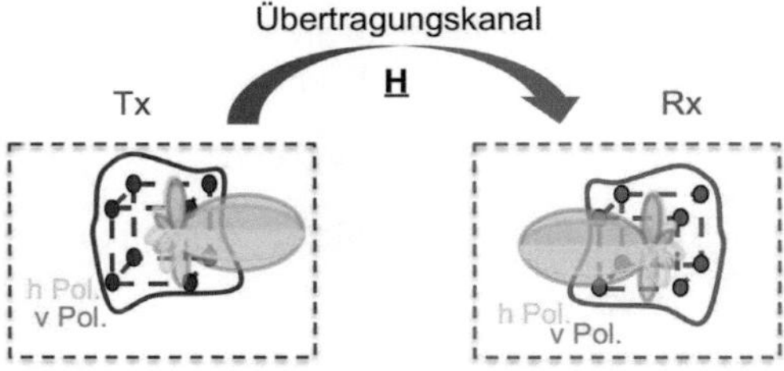

Abbildung 3.17: Das Prinzip von *Polarization Diversity* (horizontale h-Pol und vertikale v-Pol) in kombination mit *Pattern Diversity*

In der Synthese lässt sich der Freiheitsgrad der Polarisation berücksichtigen indem die Abtastelemente das zur Verfügung stehende Volumen vollpolarimetrisch abtasten. Ähnlich zu (3.22) ergibt sich so folgende Beschreibung der Übertragungsmatrix $\underline{\mathbf{H}}$

$$\underline{\mathbf{H}} = \left(\begin{array}{cc} \underline{\mathbf{H}}_{\psi m, \psi n} & \underline{\mathbf{H}}_{\psi m, \theta n} \\ \underline{\mathbf{H}}_{\theta m, \psi n} & \underline{\mathbf{H}}_{\theta m, \theta n} \end{array} \right). \tag{3.25}$$

Die Indizes ψ und θ bezeichnen an dieser Stelle zwei orthogonale Polarisationen, bezogen auf das zur Beschreibung der Antennen verwendete Kugelkoordinatensystem aus Abb. 2.2. Auf diese Art der Synthese lassen sich alle im Unterabschnitt 3.4.3 vorgestellten Ansätze anwenden. Zudem ist eine Kombination zwischen allen vorgestellten Freiheitsgraden und *Diversity*-Prinzipien möglich.

3.5 Bewertungskriterien

Der letzte Schritt für den erweiterten Synthesealgorithmus ist eine Leistungsfähigkeitsanalyse. In ihr werden die synthetisierten Systeme, falls nicht anders beschrieben, hinsichtlich ihrer Kapazität bewertet, da diese sowohl vom SNR als auch von der Dekorrelation zwischen den Antennen beziehungsweise der Empfangssignale abhängig ist. Beides zu maximieren ist ein wichtiges Kriterium beim Mehrantennendesign, wenn Diversitätsgewinn erzielt werden soll. Die Kapazität wird über eine erneute Simulation der betrachteten Szenarien mit den synthetisierten Antennen bestimmt. In dieser Arbeit wird der Begriff Kapazität informell an Stelle der Transinformation benutzt, um unterschiedliche Systeme unter folgenden Einschränkungen zu vergleichen:

- Es liegt dem Sender keine Kanalkenntnis vor

- Die Leistung wird gleichmäßig auf alle Sender/Eigenmoden verteilt (UPD, siehe Abschnitt 2.2)

- Es wird ein EIRP berücksichtigt (Abschnitt 2.3.4), welches bezogen ist auf die gesamte vom System abgestrahlte Leistung.

Der daraus resultierende Wert entspricht somit nicht zwangsläufig der informationstheoretischen Definition der Kapazität. Da für jede Momentaufnahme eines Kanals ein unterschiedlicher Kapazitätswert resultieren kann, werden die Verteilungsfunktionen (eng. *Cumulative Distribution Function*, CDF) der Systeme bewertet. Abbildung 3.18 zeigt solche Verteilungsfunktionen. Sie gibt an, in wie viel Prozent der Fälle ein bestimmter Wert der Kapazität unterschritten wird.

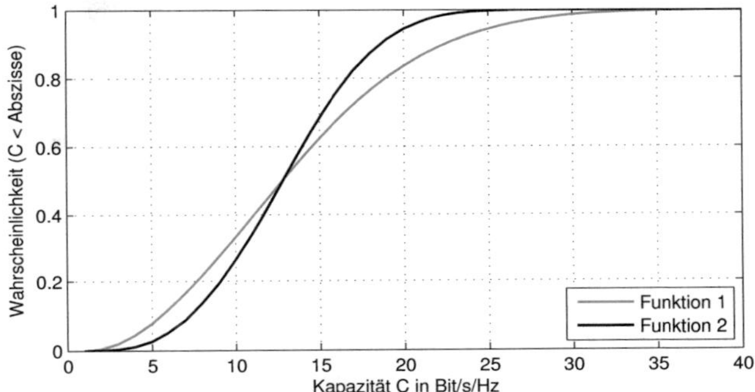

Abbildung 3.18: Beispielverteilungsfunktionen

Für die C2C Kommunikation ist nicht die maximal erreichbare Kapazität von Interesse, da derzeit nicht zu erwarten ist, dass das Datenvolumen sehr hoch ist, welches zwischen zwei Fahrzeugen ausgetauscht wird. Vielmehr ist von Interesse, welche Kapazität in den meisten Fällen erreicht wird. Das bedeutet, dass dafür der untere Verlauf der CDF-Kurven optimiert werden muss. Bezogen auf Abb. 3.18 bedeutet dies, dass das System der Funktion 2 dem System der Funktion 1 vorzuziehen ist.

3.6 Alternative Optimierungskriterien

Bei gegebenem Kommunikationsstandard kann es vorkommen, das dieser nicht richtig an die Kanalcharakteristiken angepasst ist. So kann, beispielsweise, wenn der Subträgerabstand einer OFDM-Übertragung zu gering gewählt wird, eine hohe Doppler-Verbreiterung zu Störungen der benachbarten Träger führen (engl. *Inter-carrier Interference* ICI) [KVKD[+]11]. In diesem Fall können gerichtete Antennen dazu genutzt werden, die Doppler-Verbreiterung effektiv zu reduzieren [Chi04, KRKDZ09]. Bei geschickter Wahl der Richtcharakteristiken wird das Winkelspektrum so aufgeteilt, das möglichst gleiche Dopplerkomponenten in eine der Subkanalcharakteristiken fallen. Wird nun ein Gewichtungsfaktor für (3.13) definiert, der die Richtcharakteristiken, die zu geringeren Doppler-Verbreiterungen führt, höher gewichtet, so lässt sich eine Kompromisslösung zwischen kapazitätsoptimierenden und Doppler-verbreiterungsminimierenden Antennen bestimmen.

Das gleiche Vorgehen lässt sich ebenfalls zur Reduktion der Impulsverbreiterung anwenden, um beispielsweise Intersymbolinterferenz (engl. *Inter-symbol Interference* ISI) zu vermeiden. Da das in dieser Arbeit verwendete Kanalmodell bei der Simulation der Wellenausbreitung die Frequenzselektivität sowie die Zeit- als auch Ortsvarianz inhärent berücksichtigt, lässt sich durch den Ansatz der gewichteten Mittelung die Synthese hinsichtlich alternativer Optimierungskriteria bezüglich der Übertragungskanaleigenschaften adaptieren.

3.7 Zusammenfassung und Fazit

Die Grundidee hinter der Synthese ist es, Antennensysteme auf der Basis von Kanalwissen zu optimieren. Das Blockdiagramm in Abb. 3.19 veranschaulicht den Ablauf des Algorithmus. Eingangsparameter sind die Informationen über das zu entwerfende Antennensystem (zum Beispiel Größe der Apertur, Polarisation, Standorte und Anzahl der Ein- und Ausgänge) sowie die Umgebungsszenarien. Über Kanalsimulationen wird die auf ein Volumen bezogene Übertragungsmatrix $\mathbf{H}$ bestimmt und durch die Singulärwertzerlegung die Belegungskoeffizienten für die einzelnen Subkanäle jeder Kanalrealisierung.

Über einen Mittelungsansatz werden anschließend kanalorthogonalisierende Richtcharakteristiken ermittelt. Über die Art der Mittelung können dabei spezifische Eigenschaften des Gesamtsystems geltend gemacht werden. Durch eine erneute Simulation der Kanäle mit den synthetisierten Richtcharakteristiken wird die Kapazität des synthetisierten Systems bestimmt. Der Vergleich der Verteilungsfunktionen erlaubt unter Berücksichtigung einer EIRP-limitierten Sendeleistung eine faire Bewertung, sofern unterschiedliche Systeme in den gleichen Szenarien betrachtet und bewertet werden sollen.

Die vorgestellte Methodik bietet so die Möglichkeit, für gegebene Ausbreitungsszenarien und Einschränkungen des Antennendesigns kapazitätsoptimierende Richtcharakteristiken zu bestimmen und unterschiedliche Systeme fair und reproduzierbar zu vergleichen. Die wichtigsten Erkenntnisse, die in diesem Kapitel

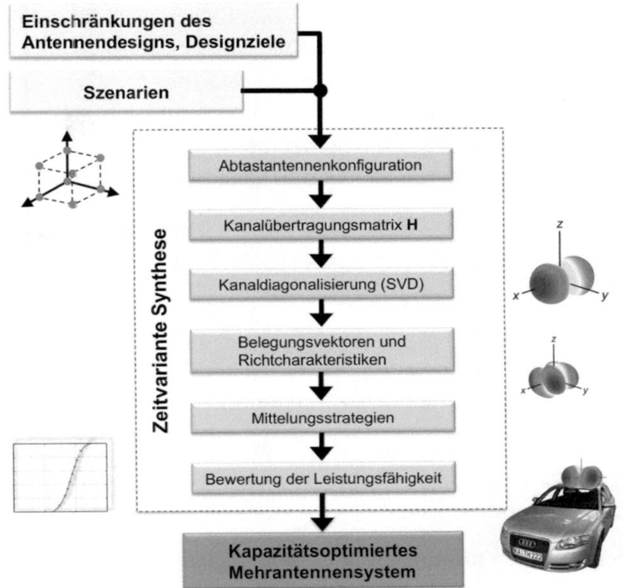

Abbildung 3.19: Blockdiagramm der orts- und zeitvarianten Synthese

erarbeitet wurden sind:

- Die Kapazität eines Übertragungssystems, dem ein beschränktes Volumen und damit eine endliche Apertur zur Verfügung steht, ist begrenzt und sättigt in der sogenannten intrinsischen oder räumlichen Kapazität.

- Bei räumlicher Abtastung dieses Volumens mit idealen Feldsensoren wird die intrinsische Kapazität bei einem Abtastabstand von $\lambda/2$, beziehungsweise bei sehr kleinem Volumen bei etwas unter $\lambda/2$ erreicht, wie in Abschnitt 3.1.1 gezeigt wird.

- Über die aus der Singulärwertzerlegung resultierenden Belegungskoeffizienten lassen sich kapazitätsoptimierende Richtcharakteristiken für das betrachtete Volumen bestimmen.

- Durch den Einsatz dieser synthetisierten Antennen kann die Anzahl der Antennenelemente bei gleichbleibender Kapazität, wie in Abschnitt 3.1.4 gezeigt, reduziert werden.

- Die Kanalabtastung kann neben der räumlichen auch über eine winkelbasierte oder über eine mehrmodenbasierte Abtastung erfolgen (siehe Abschnitt 3.2). Jedoch schränkt dies die aus der Synthese resultierenden Richtcharakteristiken von vornherein ein. Somit ist zumeist ein Erreichen der intrinsischen Kapazität nicht mehr möglich, zeigt aber die Möglichkeit einer auf gemessenen Kanälen beruhenden Synthese auf.

- Über einen Mittelungsansatz lässt sich die Synthese wie in Abschnitt 3.3 beschrieben auf zeit- orts- und szenarienvariante Szenarien erweitern und anwenden.

- Über verschiedene Gewichtungsfaktoren bei dieser Mittelung lassen sich spezielle Eigenschaften eines MIMO-Systems erzielen (beispielsweise eine Reduzierung der Dopplerverbreiterung).

- Bei Anwendung einer Mittelung kann Direktivität verloren gehen. Resultierend kann für die betrachteten Szenarien gegebenfalls eine optimale Apertur bestimmt werden.

- Bei der Synthese lassen sich die Freiheitsgrade der räumlichen Trennung und der Polarisation berücksichtigen. Gezeigt ist dies im Abschnitt 3.4). Somit lässt sich die Synthese für das Design von *Pattern Diversity*, *Space Diversity* und *Polarization Diversity*, sowie für Kombination dieser *Diversity*-Prinzipien einsetzen.

4 Messtechnische Verifizierung in zeitinvarianten Kanälen

Bestandteil dieses Kapitels ist die messtechnische Verifikation der im vorhergegangenen Kapitel vorgestellten Methodik der Antennensynthese. In Kapitel 3 wurde gezeigt, wie mit Hilfe der räumlichen Abtastung und der Singulärwertzerlegung kapazitätsmaximierende Richtcharakteristiken synthetisiert werden können. Ziel ist es nun, ein Messsystem zu konzipieren and anhand dessen das Synthesekonzept zu verifizieren. Die Abtastung des Kanals erfolgt dabei räumlich (siehe Abschnitt 3.2.1). Um dies zu realisieren, werden alle Übertragungskoeffizienten der **H**-Matrix seriell gemessen. Dies impliziert, dass die Messungen nur im zeitinvarianten Kanal durchgeführt werden können, da sich der Kanal über die Messdauer nicht ändern darf. Von dem her beschränken sich die durchgeführten Messungen auf Räume.

Im Folgenden werden zuerst das Messsystem sowie die an dieses System gestellten Anforderungen beschrieben. Da durch die Messung mit einer realen Antenne bei der Abtastung Fehler gemacht werden, erfolgt anschließend ihre Beschreibung. Abschließend werden die Messszenarien und Messreihen vorgestellt sowie die Auswertung der erzielten Messergebnisse diskutiert.

4.1 Messaufbau und Messantenne

Um die vorgestellte Methodik der Antennensynthese überprüfen zu können, ist die Kenntnis der vollständigen Kanalmatrix **H** notwendig. Die Abtastung des Raumes an diskreten Punkten erfordert einen Messaufbau, der die Messantenne entlang der drei Achsen (x, y und z) im Raum mit ausreichender Geschwindigkeit und Genauigkeit positionieren kann. Dafür notwendig sind zwei Messtische, einer zur Abtastung des Sende- und einer zur Abtastung des Empfangsvolumens.

Abbildung 4.1 fasst den Messaufbau, wie er zur Verifikation der Synthese notwendig ist, schematisch zusammen.

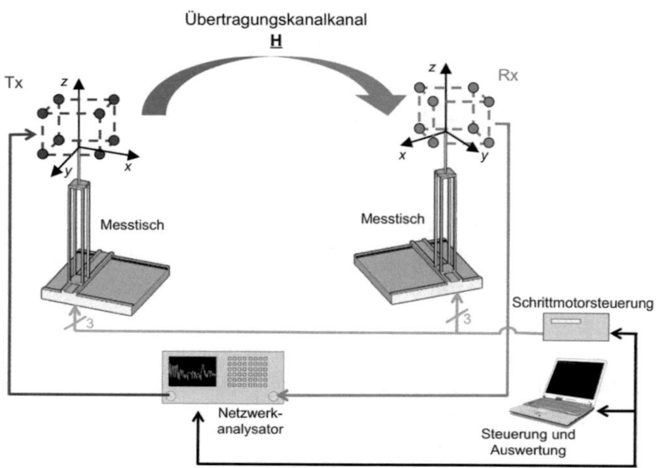

Abbildung 4.1: Schematischer Aufbau des Messsystems

Das System muss in der Lage sein, ein Volumen von mehreren λ-Kantenlänge in jede Raumrichtung anfahren zu können. Die Messfrequenz beträgt dabei 5,9 GHz und entspricht damit der Mittenfrequenz des dritten C2C Kommunikationskanals [sIp10]. Dementsprechend ist $\lambda_0 = 5{,}08$ cm. Die Geschwindigkeit, mit welcher die Abtastantennen verschoben werden können, unterliegt keinen speziellen Anforderungen. Sie sollte jedoch ausreichend groß sein, um die hohe Zahl an resultierenden Messpunkten in akzeptabler Zeit abfahren zu können. Beispielsweise werden für einen Würfel mit fünf Messpunkten je Achse für sowohl Rx als auch Tx $5^3 5^3 = 15625$ Messpunkte angefahren, um die vollständige Kanalmatrix zu erhalten. An jedem Messpunkt soll bei stillstehender Antenne der Übertragungskoeffizient $S_{2,1}$ durch einen Netzwerkanalysator bestimmt werden.

Abbildung 4.2 zeigt den rechnergestützten Entwurf sowie eine Fotografie des umgesetzten Messtisches. Eine detaillierte Beschreibung des mechanischen sowie das elektrischen Aufbaus des Meßsystems ist in Anhang A.1 und A.2 zu finden.

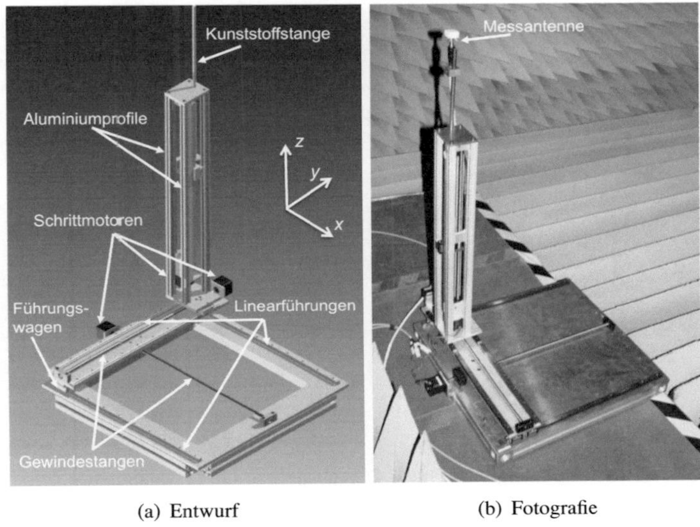

(a) Entwurf　　　　　(b) Fotografie

Abbildung 4.2: Dreidimensionaler Entwurf (links) und Fotografie (rechts) des Messtisches

Die Abtastung des Raumes erfolgt für die Antennensynthese in der Theorie mit idealen Feldsensoren ohne räumliche Ausdehnung, um bei der Abtastung alle einfallenden Wellen zu berücksichtigen. In der realen Messung ist dies nicht möglich und es muss als Kompromiss auf Antennen mit möglichst omnidirektionaler Abstrahlung, beispielsweise Dipole oder Monopole, zurückgegriffen werden. Die Verwendung einer realen Antenne bedeutet zudem, dass die Messung nicht mehr vollpolarimetrisch erfolgt. Soll eine vollpolarimetrische $\mathbf{H}$-Matrix aufgenommen werden, so muss die Messung für beide Ko- und Kreuzpolarisationen getrennt durchgeführt werden. Für die Messung wurden zwei identische $\lambda/4$-Monopole entworfen und an die Messfrequenz von 5,9 GHz angepasst. Der Entwurf und die Optimierung erfolgte mit CST Mikrowave Studio [CST12]. Die Massefläche wird dabei durch mehrere um 45° nach unten abgewinkelte Metallstäbe gebildet, wie in Abb 4.3(b) gezeigt. Dies ermöglicht die Anpassung der Antenne an 50 Ω und die direkte Speisung mit Koaxialkabeln.

Die Vermessung der Monopole zeigt eine gute Übereinstimmung mit der Simulation und bestätigt eine gleichmäßige Feldverteilung über alle Raumwinkel. Die gemessene (qualitative) dreidimensionale Richtcharakteristik ist in Abb.

4.3(a) zu finden. Im Anhang A.3 findet sich eine quantitative Darstellung. Abbildung 4.3(c) zeigt eine Fotografie der aufgebauten Antennen. Der Monopol wurde zur mechanischen Stabilisierung und für eine leichtere Handhabung in einen Schaumstoffblock, der bei 5,9 GHz annähernd die Eigenschaften von Luft besitzt, eingebettet.

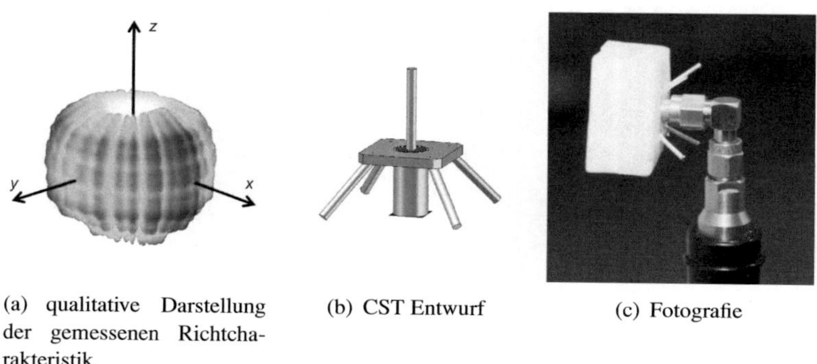

(a) qualitative Darstellung der gemessenen Richtcharakteristik

(b) CST Entwurf

(c) Fotografie

Abbildung 4.3: Richtcharakteristik (links), CST-Entwurf (mitte) und Fotografie der Messantenne (rechts)

4.2 Fehlerbeschreibung der Messungen

In diesem Abschnitt werden die wichtigsten Fehlerquellen, welche sich bei einer messtechnisch durchgeführten Synthese ergeben, zusammengefasst.

4.2.1 Fehler durch Messung mit einer realen Antenne

Die Synthese beruht auf dem Grundgedanken der intrinsischen Kapazität als obere Schranke der Kanalkapazität unabhängig von der genauen Realisierung der Antennen. Also der Kapazität, welche mit optimal an diesen Kanal angepassten Richtcharakteristiken erreicht werden könnte. Um diese Richtcharakteristiken zu bestimmen, muss das Volumen mit idealen Feldsensoren abgetastet werden. Messtechnisch kann die intrinsische Kapazität demnach nicht ermittelt werden, da eine reale Antenne aufgrund ihrer Größe auf das elektromagnetische Feld rückwirkt und dieses verändert [Keu05].

Veranschaulicht wird dies in Abb. 4.4. Sobald eine Antenne dem Wellenfeld eine signifikante Leistung entnimmt, tritt eine starke Rückwirkung auf das umgebende Feld auf. Schematisch gezeigt ist hier die Messantenne und die Feldlinien des Leistungsflussvektors. Der Monopol ist entlang der z-Achse ausgerichtet. Das einfallende Wellenfeld breitet sich in x-Richtung aus und ist in z-Richtung polarisiert. Die roten Feldlinien markieren den Leistungsfluss, der in die Antennen reinströmt. Erkennbar ist der große Einflussbereich der Antennen auf das einfallende Wellenfeld, welcher deutlich über die geometrische Größe des Dipols hinausgeht. Dieser Effekt wird durch die Definition der Antennenwirkfläche A_W veranschaulicht [Bal89]. Sie ist durch das Verhältnis der an den Anschlüssen der Empfangsantennen zur Verfügung stehenden Leistung zur Leistungsflussdichte einer an der Antenne eintreffenden, ko-polarisierten Welle definiert.

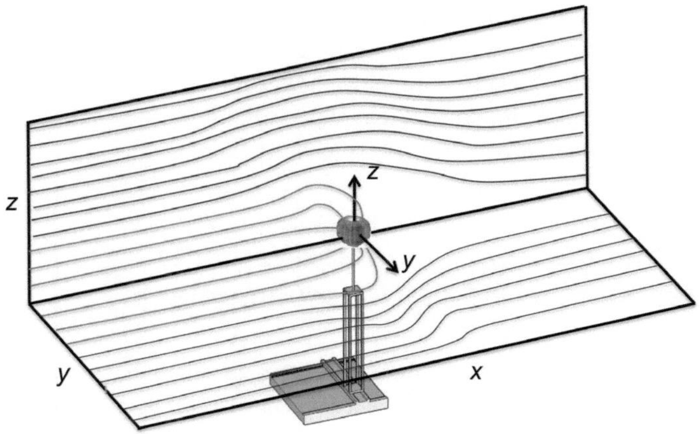

Abbildung 4.4: Veranschaulichung der Antennenwirkfläche durch die Feldlinien des Leistungsflussvektors

Bei großen Antennenarrays kann die maximale Antennenwirkfläche in Beziehung zur Apertur der Antenne gesetzt werden. Bei Drahtantennen, Mono- und Dipolen ist dies jedoch auf anschaulichem Wege nicht möglich. Hier lässt sich die maximale Antennenwirkfläche durch den Gewinn G abschätzen [Bal89]. Danach ergibt sich

$$A_{W,max} = \frac{\lambda^2}{4\pi} G. \qquad (4.1)$$

Die Antennenwirkfläche ist eine skalare Rechengröße ohne Berücksichtigung der Polarisation, was sie somit als Bezugsgröße an Stelle des Volumens ausscheiden lässt. Sobald eine reale Antenne zur Abtastung eines Volumens eingesetzt wird, ändert sich dessen Größe durch die Rückwirkung der Antenne auf das elektromagnetische Feld. Eine fehlerfreie Bestimmung der intrinsischen Kanalkapazität ist demnach nicht möglich, wohl aber eine vergleichende Bewertung verschiedener Antennenkonfigurationen bezüglich ihrer geometrischen Größe.

Eine weitere Fehlerquelle ergibt sich dadurch, dass reale Antennen nicht isotrop sind und damit nicht alle Raumrichtungen gleichmäßig abdeckten. Die als Messantennen verwendeten Monopole weisen, wie in Abb. 4.4 dargestellt, eine Nullstelle in $\pm z$-Richtung auf. Wird die Antenne für eine vollpolarimetrische Messung in x-Richtung um 90° gedreht, so liegen diese Nullstellen entlang der y-Achse. Das bedeutet also, dass durch eine Drehung der Messantennen (Drehung der Polarisation) gegebenenfalls Mehrwegepfade aus bestimmten Raumrichtungen durch die gedrehte Richtcharakteristik anders gewichtet werden. In Abschnitt 4.3.2 wird dies an einem Beispiel verdeutlicht.

4.2.2 Fehler durch zeitvariantes Verhalten des Kanals und des Messequipments

Um die für die Synthese vollständige **H**-Matrix zu erhalten, muss jeder Übertragungskoeffizient einzeln gemessen werden. Dies ist mit dem realisierten Messtisch nur seriell möglich. Aus diesem Grund darf sich die Ausbreitungsumgebung während einer Messung nicht ändern. Eine Messung eines C2C Kanals scheidet aus diesem Grund aus. Um näherungsweise Zeitinvarianz zu gewährleisten, wurde innerhalb von Räumen gemessen.

Während einer Messung befanden sich keine Personen und abgesehen von den Messtischen selbst, keine bewegten Objekte im Raum. Die Fenster wurden mit Aluminiumfolie abgeklebt, um einen Einfluss von außen auf den Kanal zu minimieren. Trotz dieser Maßnahmen kann das zeitvariante Verhalten nicht vollständig eliminiert werden.

Dies liegt zum einen daran, dass Umgebungsänderungen beispielsweise durch Temperaturschwankungen oder Witterungseinflüsse zu einem langsamen Schwund (siehe Abschnitt 2.1.1) führen können. Insbesondere die auf den Fenstern aufgebrachte Aluminiumfolie erwies sich als sehr sensitiv gegenüber Luftzirkulationen durch thermische Einflüsse. Da teilweise einzelne Messreihen über mehr als 21 h durchgeführt wurden, lässt sich solch ein langsames Schwundverhalten des Kanals nicht ganz ausschließen. Zum anderen kann das verwendete Messequipment selbst zu einem zeitvarianten Verhalten beitragen, da es über die Lange Messdauer hinweg zu einem temperaturabhängigen Drift kommen kann und eine Kalibration nur am Anfang einer Messung durchgeführt wird. Vergleichende Messungen mit längerem zeitlichen Abstand ergaben aber keine signifikanten Änderungen in den Syntheseergebnissen, so dass im Allgemeinen, vor allem bei kürzeren Messreihen, von einem quasi zeitinvarianten Verhalten der Messgeräte und des Übertragungskanals ausgegangen werden kann.

Um den Einfluss der Messtische auf die Messergebnisse zu verringern, wurde wie in Abschnitt 4.1 beschrieben, die Antenne an einen 60 cm langen Kunststoffstab montiert. Zudem weist die Messantenne bei Montage in vertikaler Polarisation in Richtung des Messtisches eine Nullstelle auf, sodass zumindest hier kein signifikanter Einfluss zu erwarten ist. Durch die Montage der Antenne an der Kunststoffstange kann es, da diese nur an einer Stelle geführt wird (siehe Abbildung 4.2), nach dem Anfahren eines neuen Messpunktes zu leichten Nachschwingungen der Antenne kommen. Um einen dadurch verursachten Einfluss auf die Messung ausschließen zu können, wurde nach dem Anfahren eines Messpunktes mehrere Sekunden bis zur Messung gewartet.

4.3 Messungen

Ziel der Messung ist die Bestätigung des Antennensynthesekonzepts. Dafür werden in verschiedenen Räumen Antennendiagramme synthetisiert und analysiert. Das Reflexions- und Streuverhalten einzelner Umgebungen unterscheiden sich, weshalb auch die Fähigkeit eines MIMO-Systems zu räumlichem *Multiplexing* unterschiedlich ist. Die betrachteten Räume haben demnach direkte Auswirkungen auf die Art der synthetisierten Antennencharakteristiken. Um aussagekräftige Messergebnisse zu erhalten, muss die Messumgebung zwei Hauptkriterien genügen:

- **statisch**: Während einer Messung dürfen sich die Eigenschaften des Raumes möglichst nicht ändern. Die hohe Zahl der Messpunkte bedingt eine Dauer der Messung von mehreren Stunden. In dieser Zeit muss sichergestellt sein, dass keine signifikanten Veränderungen der Messumgebung auftreten.

- **mehrwegefähig**: Orthogonale Richtcharakteristiken können nur synthetisiert werden, wenn es im Messraum ausreichend starke Reflexionen zur Ausbildung von Mehrwegepfaden gibt

Unter Berücksichtigung dieser Anforderungen werden Messungen in drei verschiedenen Räumen durchgeführt.

- **Antennenmesskammer:** Die Antennenmesskammer bietet den Vorteil einer reflexionsarmen Umgebung. Durch Einbringen von deterministischen Streuern ergibt sich so eine gut beeinflussbare Umgebung.

- **Besprechungszimmer:** Ein leer geräumtes Besprechungszimmer bietet mehr Interaktionsmöglichkeiten der abgestrahlten Welle verglichen mit der Antennenmesskammer. Durch die wenigen Objekte, welche sich im Raum befinden, ist dies aber als ein einfaches Szenario anzusehen.

- **Garage.** Die Garage beinhaltet eine Vielzahl an Objekten und bietet damit deutlich mehr Interaktionsmöglichkeiten für die Mehrwegeausbreitung als die beiden anderen Szenarien.

Im Folgenden werden die Messumgebungen, die Messreihen und ihre Ergebnisse zusammengefasst. Jede Messreihe wird als Momentaufnahme des Kanals aufgefasst. Es wird für die weitere Verarbeitung der Daten davon ausgegangen, dass während der Messungen der Kanal unverändert bleibt. Alle Einflüsse, welche den Kanal über die Dauer einer Messung hinweg beeinflussen, werden vernachlässigt und gehen als Fehler in die Messung ein.

4.3.1 Antennenmesskammer

Um sowohl die Richtungen der Hauptkeulen der synthetisierten Richtcharakteristiken als auch die Anzahl der auszubildenden Subkanäle in der Messung verifizieren zu können, wurden verschiedene Messreihen in einer Antennenmesskammer des IHE durchgeführt.

Abbildung 4.5 zeigt eine Fotografie und eine Skizze des Messszenarios.

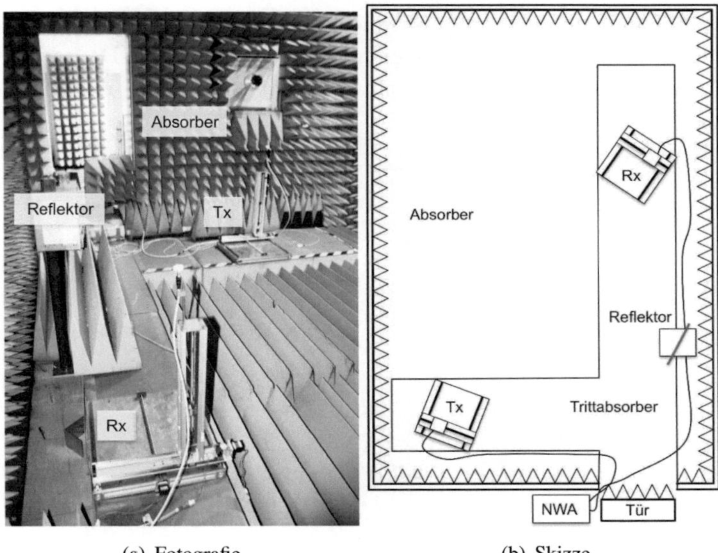

(a) Fotografie   (b) Skizze

Abbildung 4.5: Fotografie und Skizze des Szenarios „Antennenmesskammer"

Die Antennenmesskammer selbst ist mit Absorbern verkleidet, um Mehrwegeausbreitung weitmöglichst zu unterdrücken, sodass nur ein relevanter Ausbreitungspfad, der Sichtpfad, existiert. Sie stellt so eine sehr kontrollierbare Umgebung dar. Ein zweiter Pfad wurde durch Aufstellen eines Reflektors deterministisch generiert. Die Distanz zwischen den beiden Messtischen beträgt etwa 5 m.
Die Motorsteuerung, der NWA sowie ein zur Steuerung der Messung genutz-
ter Laptop befinden sich außerhalb der Kammer, wie in Abb. 4.5(b) skizziert. Es
werden zwei Messreihen aufgenommen, welche sich dahingehend unterscheiden,
dass einmal mit und einmal ohne Reflektor gemessen wird. Abgetastet wird dabei
mit $\lambda/2$ Abstand eine $0\times2\times2\,\lambda$ (x, y, z) große Fläche für Sender und Empfänger.
Daraus ergeben sich 25 Tx und 25 Rx Positionen. Die Abtastung einer ebenen
Fläche und die anschließende Antennensynthese mit den ungerichteten Einzel-
elementen bilden Richtcharakteristiken aus, welche spiegelsymmetrisch zur Abtastfläche sind. Für die Messungen werden die Messtische grob aufeinander ausgerichtet.

Abbildung 4.6 illustriert die synthetisierten Richtcharakteristiken für die ersten beiden Subkanäle für den Fall, dass sich kein Reflektor im Szenario befindet. Erwartungsgemäß nutzt der erste Subkanal den LOS-Pfad, wohingegen sich für den zweiten Subkanal keine Vorzugsrichtung ausmachen lässt. Die resultierende Richtcharakteristik für diesen Subkanal, gezeigt in Abb. 4.6(b), ist nahezu omnidirektional.

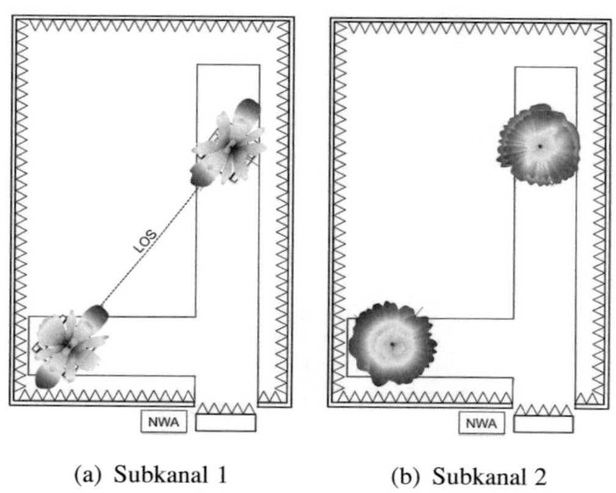

(a) Subkanal 1   (b) Subkanal 2

Abbildung 4.6: Normierte Richtcharakteristiken für das Szenario „Antennenmesskammer ohne Reflektor"

Die quantitative Darstellung der synthetisierten Richtcharakteristiken im Anhang in den Abbildungen A.2 verdeutlichen die Orthogonalität. Hier ist zu sehen, dass die Richtcharakteristiken des zweiten Subkanals Nullstellen in Richtung der Hauptkeulen der Richtcharakteristiken für den ersten Subkanal aufweisen.

In der zweiten Messung wird ein Reflektor in das Szenario eingebracht. Bei dem Reflektor handelt es sich um eine glatte Metallplatte, welche mittels eines Lasers ausgerichtet wird. Die Richtcharakteristiken des ersten Subkanals (Abb. 4.7(a)) sind denen im Fall ohne Reflektor des vorherigen Szenarios (Abb. 4.6(a)) sehr ähnlich. Die leichte Verkippung der Hauptkeulen in azimutaler Richtung ist auf die genaue Ausrichtung der Messtische im Szenario, wie sie zum Einstellen der zusätzlichen Reflexion notwendig ist, zurückzuführen. Ein deutlicher Unterschied existiert bei Betrachtung des zweiten Subkanals, gezeigt in Abb. 4.7(b) beziehungsweise in Abb. 4.6(b). Der Vollständigkeit halber zeigt Abb. 4.7(c) den dritten Subkanal. Da kein weiterer starker Mehrweg existiert, sind die synthetisierten Richtcharakteristiken wieder recht ungerichtet. Betrachtet man die Richtcharakteristiken im Dreidimensionalen, so fällt auf, dass für den dritten Subkanal die Richtcharakteristiken für Sender und Empfänger bei $\theta = 90°$ ein Minimum besitzen, um die Orthogonalität zu den anderen Subkanälen zu gewährleisten.

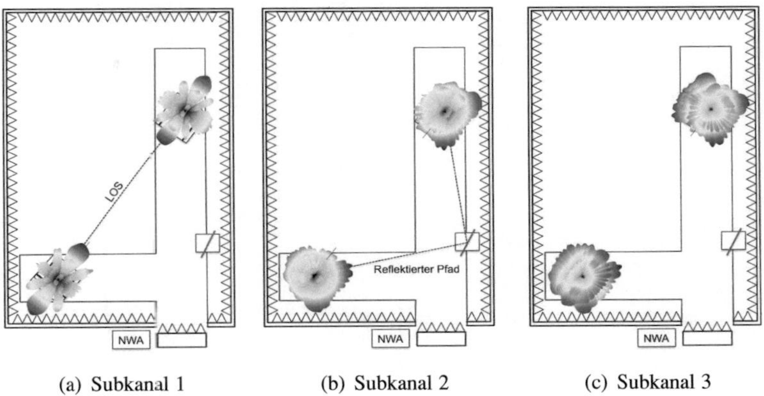

(a) Subkanal 1   (b) Subkanal 2   (c) Subkanal 3

Abbildung 4.7: Normierte Richtcharakteristiken für das Szenario „Antennenmesskammer mit Reflektor"

Da die Richtcharakteristiken in den Abb. 4.6 und Abb. 4.7 nur qualitativ gezeigt sind, sind die vollen dreidimensionalen Richtcharakteristiken aller zehn synthetisierten Antennen im Anhang A.4 aufgeführt. Eine Kapazität lässt sich so für diese Systeme nicht bestimmen, da dafür die Übertragungsmatrix mit den synthetisierten Charakteristiken gemessen werden müsste.

4.3.2 Besprechungszimmer

Die zweite Messumgebung stellt ein realeres Szenario nach. Gemessen wurde in einem Raum des Institutsgebäudes, welcher als Besprechungszimmer genutzt wird. Der Raum wurde für die Messung geleert, sodass eindeutige Ausbreitungspfade zu erwarten sind. Abbildung 4.8(a) zeigt eine Fotografie des Raumes. Die Fenster des Besprechungsraumes sind, wie im Bild ersichtlich, zur Abschirmung vor Umwelteinflüssen mit Aluminiumfolie abgehängt. Die Skizze in Abb. 4.8(b) verdeutlicht den Messaufbau. Die Messungen wurden an unterschiedlichen Standorten markiert durch A und B für Tx und durch A' und B' für Rx durchgeführt. Ein abgeschirmter Bedienplatz nahe der Eingangstür ermöglicht die Überprüfung der laufenden Messung.

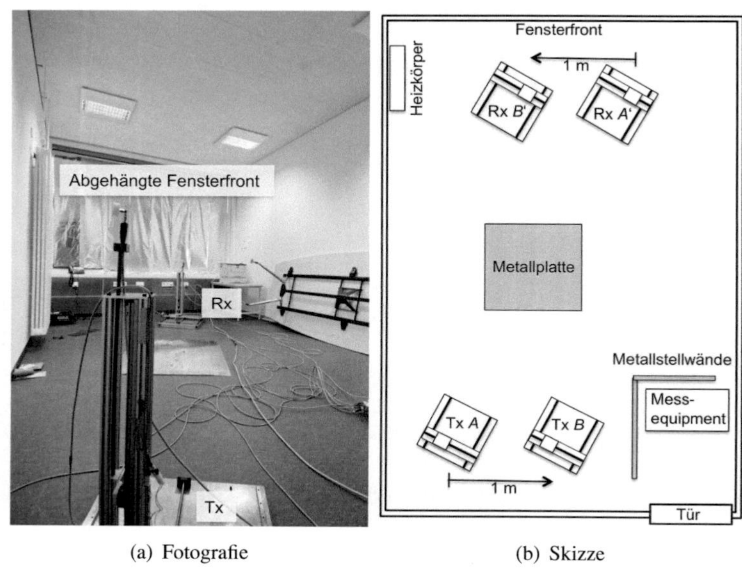

(a) Fotografie   (b) Skizze

Abbildung 4.8: Fotografie und Skizze des Szenarios „Besprechungszimmer"

Für die Dauer der Kampagne ist die Tür des Zimmers geschlossen. Zusätzlich werden die Messungen von außen gestartet und kontrolliert. Dadurch sollen mögliche Störungen und Fehlereinflüsse minimiert werden. Eine Metallplatte auf dem Fußboden zwischen den beiden Messtischen schafft einen starken Mehrwegepfad zur Überprüfung der Antennensynthese. Die Messungen werden, wie in Abb. 4.8(b) ersichtlich, an zwei unterschiedlichen Positionen im Raum durchgeführt.

Im Szenario Besprechungszimmer werden die in der folgenden Tab. 4.1 zusammengefassten Messreihen durchgeführt. Variiert wurde dabei neben den Standorten die Polarisation der Abtastantenne und das Abtastvolumen. Gut nachvollziehbare Ergebnisse liefert eine räumliche, dreidimensionale Abtastung. Die resultierenden Antennenrichtcharakteristiken sind eindeutig hinsichtlich ihrer Hauptstrahlrichtung. Ein Nachteil der dreidimensionalen Abtastung ist die lange

Dauer eines Messdurchlaufs, bedingt durch die hohe Anzahl an Messpunkten, sodass diese Messungen nur begrenzt durchgeführt werden können. Die Abtastung einer Ebene (yz-Ebene) liefet wie schon im letzten Abschnitt (Abschnitt 4.3.1) gezeigt, Richtcharakteristiken welche spiegelsymmetrisch zur Abtastfläche sind.

Abtast-dimension	Abtastvolumen in $(x{\times}y{\times}z)\lambda$	Abtast-abstand	Polarisation	Standort
3D	1×1×1	$\lambda/3$	vertikal	$AA', BA',$ AB', BB'
	1×1×1	$\lambda/3$	horizontal	AA'
2D	0×2×2	λ	vertikal	AA'
	0×2×2	$\lambda/3$	horizontal	AA'
	0×2×2	$\lambda/3$	vertikal	AA'
	0×2×2	$\lambda/3$	vertikal	BB'
	0×2×2	$\lambda/4$	horizontal	AA'
	0×2×2	$\lambda/4$	vertikal	AA'
	0×2×2	$\lambda/5$	vertikal	AA'
1D	0×5×0	λ	vertikal	AA'
	0×5×0	$\lambda/2$	vertikal	AA'
	0×5×0	$\lambda/3$	vertikal	AA'
	0×5×0	$\lambda/4$	vertikal	AA'
	0×5×0	$\lambda/5$	vertikal	AA'

Tabelle 4.1: Messreihen im Szenario „Besprechungszimmer"

Die deutlich geringere Anzahl an Messpunkten, welche für eine zweidimensionale Abtastung notwendig ist und die dadurch kürzere Messdauer ermöglicht die Durchführung mehrerer Messungen mit unterschiedlichen Parametern. So werden für den zweidimensionalen Fall Messungen mit unterschiedlichen Abtastabständen durchgeführt, um einen qualitativen Vergleich der synthetisierten Richtcharakteristiken und damit die Verifikation des Abtastabstandes zu erlauben. Gestützt werden diese Ergebnisse zusätzlich durch die einer eindimensionalen Abtastung (in y-Richtung). Da hierfür nur relativ wenige Punkte zu messen sind, kann eine recht große Apertur von 5λ abgefahren werden.

4.3.2.1 Auswertung unterschiedlicher Abtastauflösungen

Da die intrinsische Kapazität selbst, wie in Abschnitt 5.2 beschrieben, nicht gemessen werden kann, wird durch die Wahl unterschiedlicher Abtastabstände analysiert, ab wann die synthetisierten Richtcharakteristiken konvergieren und sich ihre Hauptstrahlrichtung und Form nicht mehr signifikant ändert. Dafür wird im „Besprechungszimmer" Szenario eine eindimensionale (in y-Richtung) sowie eine zweidimensionale (in der yz-Ebene) Abtastung mit Abtastabständen zwischen λ und $\lambda/5$ vorgenommen. Abbildung 4.9 zeigt die resultierenden Richtdiagramme des Empfängers für die ersten beiden Subkanäle im eindimensionalen Fall.

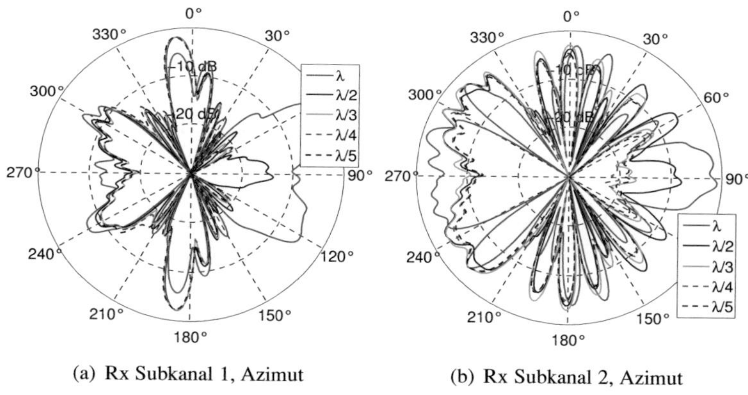

(a) Rx Subkanal 1, Azimut (b) Rx Subkanal 2, Azimut

Abbildung 4.9: Vergleich resultierender Richtdiagramme unterschiedlicher Abtastabstände bei eindimensionaler Abtastung

Durch die Anordnung der Antennen entlang der y-Achse ist nur in der azimutalen Ebene ($\theta = 90°$) eine Strahlformung möglich. Der erste Subkanal fokussiert den LOS-Pfad, welcher in etwa bei $\psi=-10°$ liegt. Das Richtdiagram des zweiten Subkanals weist eine breite Hauptkeule zwischen etwa $\psi=270°$ und $\psi=330°$ auf. Deutlich zu erkennen ist, dass sich die Diagramme, welche aus der Abtastung mit λ herrühren noch stark von den anderen unterscheiden. Zwischen denen mit $\lambda/2$ und $\lambda/3$ Abtastung sind nur noch in den Nebenkeulen (z.B. im Bereich um $\psi=90°$) größere Abweichungen sichtbar. Eine weitere Erhöhung der Auflösung führt zu keinen weiteren signifikanten Änderungen.

Selbiges wird durch die Ergebnisse des zweidimensionalen Falls bestätigt. Abbil-

Selbiges wird durch die Ergebnisse des zweidimensionalen Falls bestätigt. Abbildung 4.10 zeigt dies anhand der Empfangscharakteristik der ersten beiden Subkanäle. Durch den hinzugefügten Freiheitsgrad der zweiten Dimension ist das Abtastarray in der Lage, die Elevationsebene für die Stahlformung mitzunutzen und der Algorithmus trennt nun in dieser die ersten beiden Subkanäle. Subkanal zwei nutzt hier sowohl die Decken ($\theta = 50°$) als auch die Bodenreflexion ($\theta = 115°$). Auch hier zeigt sich, dass sich die Breite und Richtung der Hauptstrahlrichtungen ab etwa $\lambda/2$ nicht mehr stark ändern und dass das Hinzufügen von zusätzlichen Abtastelementen keine signifikanten neuen Kanal- beziehungsweise Richtungsinformationen für den Synthesealgorithmus mehr liefert. Die leichten Abweichungen, welche zwischen den hohen Abtastauflösungen noch verblieben sind, sind auf zeitvariante Einflüsse (siehe Abschnitt 5.2) zurückführbar.

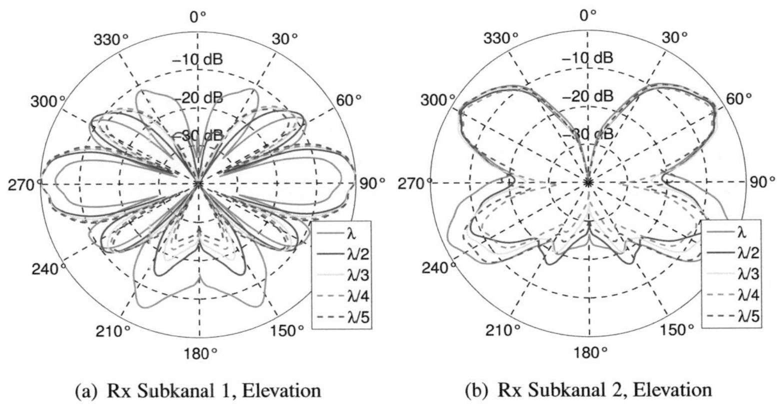

(a) Rx Subkanal 1, Elevation   (b) Rx Subkanal 2, Elevation

Abbildung 4.10: Vergleich resultierender Richtdiagramme unterschiedlicher Abtastabstände bei zweidimensionaler Abtastung

4.3.2.2 Auswertung des Einflusses der realen Abtastcharakteristik bei unterschiedlichen Polarisationen

Zum Vergleich der Antennensynthese für unterschiedliche Polarisationen werden würfelförmige Aperturen der Größe $1\times1\times1\,\lambda$ in einem Abtastabstand von $\lambda/3$ mit vertikal und horizontal orientierten Monopolen abgetastet. Wie in den vorherigen Beispielen zeigen dabei die Ergebnisse der Synthese (siehe Abb. 4.11) für den ersten Subkanal einen starken direkten Ausbreitungspfad in beiden Polarisationen auf. In Abb. 4.11(a) und 4.11(b) sind die jeweils sich ergebenden Richtcharakteristiken für den Sender gezeigt. Für den zweiten Subkanal (Tx2) ist bei beiden Polarisationen eine Ausbreitung erkennbar, welche sowohl über die Reflexion an der Decke als auch über die am Boden liegende Metallplatte stattfindet. Dass die Decke als guter Reflektor dient, liegt daran, dass diese nur abgehängt ist und sich darüber viele Versorgungsleitungen und Deckenheizungselemente befinden.

Der Einfluss der nichtisotropen Abtastantennen wird durch einen Anteil bei $\psi = 60°$ der Diagramme der vertikalen Polarisation für beide Subkanäle erkennbar. Bei der horizontalen Polarisation wird dieser aufgrund der Lage der Nullstelle der Richtcharakteristik unterdrückt (vergleiche Abb. A.1 entsprechend der Dämpfung für $\theta < 45°$). Deutlich größere Unterschiede ergeben sich bei der Betrachtung des dritten Subkanals. Während die vertikale Polarisation die Azimutebene und hier die Reflexionen über die Seitenwände nutzt, bildet die horizontale Polarisation in der Elevationsebene die Hauptstrahlrichtungen aus und nutzt so Mehrfachreflexionen über Decke und Boden. Die Reflexionen an den Seitenwänden werden im vierten Subkanal der horizontalen Polarisation genutzt. Die Richtcharakteristiken hierzu finden sich im Anhang A.3.

4.3.2.3 Verifikation der synthetisierten Richtcharakteristiken im Raum

Zum Vergleich sind in den Abbildungen 4.12, 4.13 und 4.14 sind die normierten, qualitativen Richtcharakteristiken für die ersten drei Subkanäle bei horizontaler Polarisation in einem Modell des Szenarios „Besprechungszimmer" gezeigt. Eine quantitative Darstellung der Sendecharakteristiken wurde schon in den Abb. 4.11(a), Abb. 4.11(c) und Abb. 4.11(e) gegeben. Der erste Subkanal nutzt dabei die Sichtverbindung, der zweite die Boden- und Deckenreflexion.

Anschaulich ist die gute Übereinstimmung der gemessen Abstrahlwinkel der Richtcharakteristiken mit diesen Pfaden erkennbar. Auf der Empfängerseite wird ein weiterer Pfad zu einer Seitenwand des Raumes verwendet. Ein Vergleich mit der Aufnahme des Messraumes in Abb. 4.8 lässt Reflexionen am Heizkörper in der rechten hinteren Raumecke als Verursacher dieses Pfades plausibel erscheinen. Der dritte Subkanal nutzt vermutlich Mehrfachreflexionen.

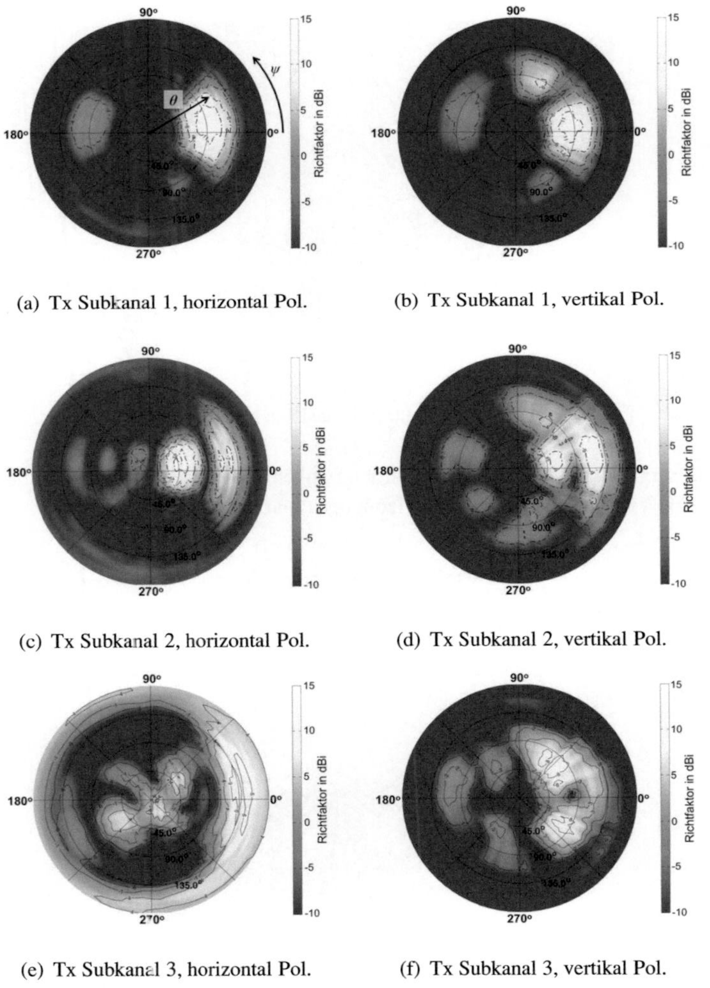

(a) Tx Subkanal 1, horizontal Pol.

(b) Tx Subkanal 1, vertikal Pol.

(c) Tx Subkanal 2, horizontal Pol.

(d) Tx Subkanal 2, vertikal Pol.

(e) Tx Subkanal 3, horizontal Pol.

(f) Tx Subkanal 3, vertikal Pol.

Abbildung 4.11: Einfluss der realen Messantennenrichtcharakteristik bei der Abtastung mit unterschiedlichen Polarisationen auf die synthetisierten Senderichtcharakterisitken für Subkanal 1, 2 und 3

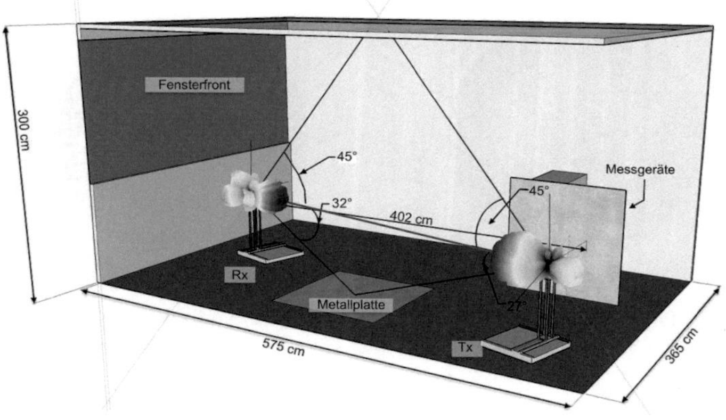

(a) Subkanal 1

Abbildung 4.12: Normierte Richtcharakteristiken des ersten Subkanals für das Szenario „Besprechungszimmer bei horizontaler Polarisation"

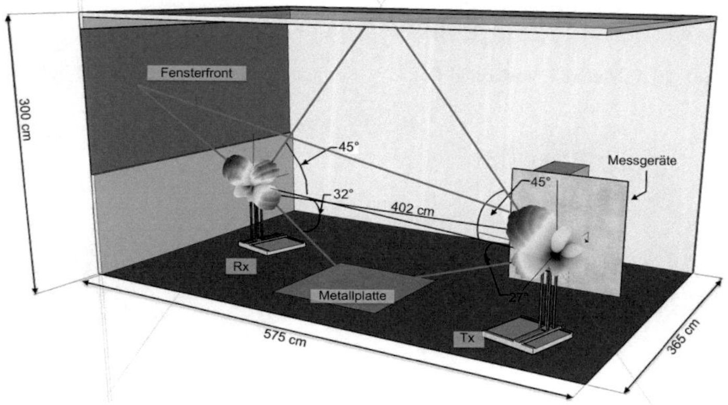

(a) Subkanal 1

Abbildung 4.13: Normierte Richtcharakteristiken des zweiten Subkanals für das Szenario „Besprechungszimmer bei horizontaler Polarisation"

Ausgehend von den Hauptstrahlrichtungen der synthetisierten Richtcharakteristiken sind mögliche Pfade in Abb. 4.14 skizziert.

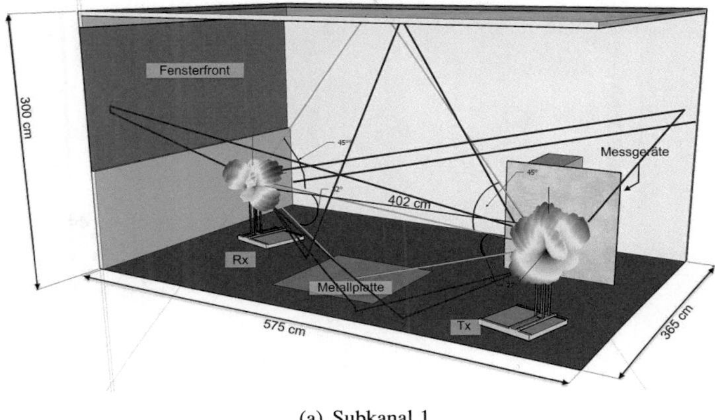

(a) Subkanal 1

Abbildung 4.14: Normierte Richtcharakteristiken des dritten Subkanals für das Szenario „Besprechungszimmer bei horizontaler Polarisation"

Die Annahmen bezüglich der Mehrwegepfade, die getroffen wurden, werden durch eine Kanalsimulation in einem maßstabsgetreuen Modell des Szenarios bestätigt. In Abb. 4.15 sind die stärksten Pfade visualisiert. Für die Simulation wurde das strahlenoptische Kanalmodell aus Abschnitt 2.4 genutzt.

Gezeigt ist in Abb. 4.15 nur ein Ausschnitt der stärksten Pfade. Mehrwegepfade, welche den Ein- und Austrittswinkeln der Subkanalcharakteristiken entsprechen und damit von diesen genutzt werden, sind gesondert markiert. In der Simulation ist es möglich, das Volumen mit idealen Feldsonden abzutasten. Abbildung 4.16 zeigt die resultierenden Sendecharakteristiken für die ersten beiden Subkanäle. Die gewählten Syntheseparameter entsprechen in Volumen, Abtastabstand und Polarisation denen der Messung. Die Gegenüberstellung der Richtcharakteristiken erlaubt somit einen Vergleich zwischen dem simulativen Ansatz, mit dem es möglich ist, die Richtcharakteristiken zu bestimmen, mit denen die intrinsische Kapazität erlangt werden kann und dem messtechnischen Ansatz.

Die Gegenüberstellung (Abb. 4.11 und Abb. 4.16) zeigt dabei, dass die Hauptstrahlrichtungen übereinstimmen. Für die Nebenkeulen ergibt sich lediglich für den zweiten Subkanal ein Unterschied. Die synthetisierte Richtcharakteristik des simulierten Kanals weist im Gegensatz zu der des gemessenen Kanals eine brei-

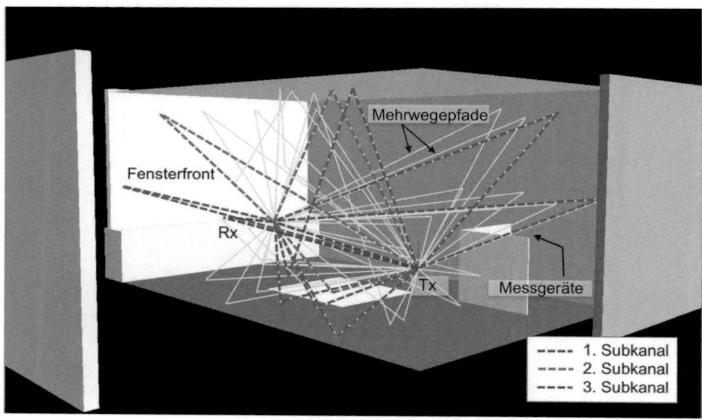

Abbildung 4.15: Darstellung der simulierten Mehrwegeausbreitung in dem Szenario „Besprechungszimmer"

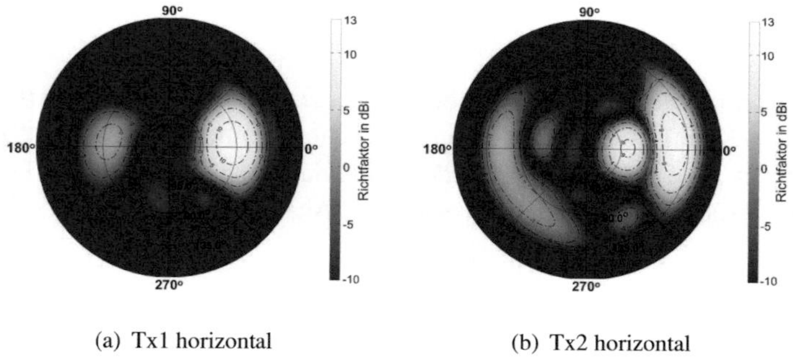

(a) Tx1 horizontal   (b) Tx2 horizontal

Abbildung 4.16: Synthetisierte Sendecharakteristiken für Subkanal 1 und 2 für den simulierten Kanal im Szenario „Besprechungszimmer". Abtastung mit idealen Feldsonden.

te, schwache Nebenkeule in den rückwärtigen Raum, zwischen etwa $\psi = 150°$ und $230°$ auf. Die Richtcharakteristiken für den dritten und vierten Subkanal des Senders finden sich im Anhang in Abb. A.5. Die des vierten Subkanals (die gemessene ist in Abb. A.4(a) gezeigt) weisen erneut einen hohen Grad an Übereinstimmung auf. Für die des dritten Kanals (siehe Abb. 4.11(e)) ergeben sich hingegen größere Abweichungen. Da aus der Simulation hervorgeht, dass hierbei hauptsächlich gestreute Pfade genutzt werden und Verifikationsmessungen in [Jan11] ergeben haben, dass das strahlenoptische Kanalmodell diese unterschätzt, sind die Abweichungen damit zu erklären.

Da die synthetisierte Richtcharakteristik für den gemessenen Kanal den Bereich vor der Antenne ($\psi = 0°$ zwischen $\theta = 120°$ und $120°$) deutlich höher gewichtet, ist zu vermuten, dass vor allem die Streuung am Boden ungenau nachgebildet wird. Für die Simulation wurde hier vereinfacht angenommen, dass es sich um einen Betonboden mit einer Oberflächenrauhigkeit von 1 mm handelt. In der Messung war der Raum hingegen mit einem Teppich ausgelegt. Da aber allgemein ein hoher Grad an Übereinstimmung zwischen dem rein simulativen und dem messtechnischen Ansatz zu verzeichnen ist, kann somit gefolgert werden, dass anhand des Messsetups die Richtcharakteristiken, mit denen die intrinsische Kapazität erreicht werden kann, zumindest angenähert bestimmt werden können.

4.3.2.4 Analyse der örtlichen Varianz

In Abschnitt 3.3 wurden Lösungen für eine zeit- und ortsvariante Synthese durch Mittelung der Belegungsvektoren vorgeschlagen. Durch eine Verschiebung des Sende- und Empfangsvolumens in der Messung soll nun eine Analyse erfolgen, in wie weit sich die synthetisierten Richtcharakteristiken unterscheiden. Dafür wurden beide Messtische, wie in Abb. 4.8(b) gezeigt, um je einen Meter verschoben. Abgetastet wurde dabei ein Volumen der Größe $1\times1\times1\,\lambda$ mit einem Abtastabstand von $\lambda/3$ in der vertikalen Polarisation. Die Vergleichscharakteristiken für die Standortsynthese $A A'$ sind in Abb. 4.11 gegeben.

Abbildung 4.17 zeigt die resultierenden Richtcharakteristiken des Senders für die ersten drei Subkanäle. Durch die Verschiebung der Messtische verlässt der Sichtpfad, welcher im ersten Subkanal genutzt wird den Sender etwa bei $\psi = 30°$ in der Azimutalebene. Der zweite Subkanal bildet sich nun anders als in Abb. 4.11(d) (Richtcharakteristik des zweiten Subkanals bei den Standorten $A A'$) über eine Reflexion auf der rechten Seite ($\psi = 90°$) aus. Ein Vergleich mit Abb. 4.8(b) zeigt, dass sich dort eine metallische Stellwand befindet, welche den Messplatz und die Messgeräte abdeckt. Der dritte Kanal (Abb. 4.17(c)) nutzt, wie der Zweite im Fall $A A'$ (Abb. 4.11(d)) die Decken- und Bodenreflexionen. Für beide Standorte ähneln sich somit die Richtcharakteristiken, wenn auch die Reihenfolge der Subkanäle verändert wird. Es zeigt sich daher, dass eine Zuordnung der Belegungsvektoren anhand ihrer Ähnlichkeit und nicht anhand der Stärke der Subkanäle als sinnvoll zu erachten ist.

In [SRL$^+$12] wird mit diesen Ansätzen eine Mittelung für über 1800 unterschiedliche (simulierte) Sender- und Empfängerkombinationen durchgeführt. Die Ergebnisse ähneln denen aus dieser Messung. Auch hier liegt die erste gemittelte, gemeinsame Richtcharakteristik für Sender und Empfänger in der Azimutalebene; die für den zweiten Subkanal bildet zwei Hauptstrahlrichtungen aus und nutzt damit Reflexionen über Decke und Boden.

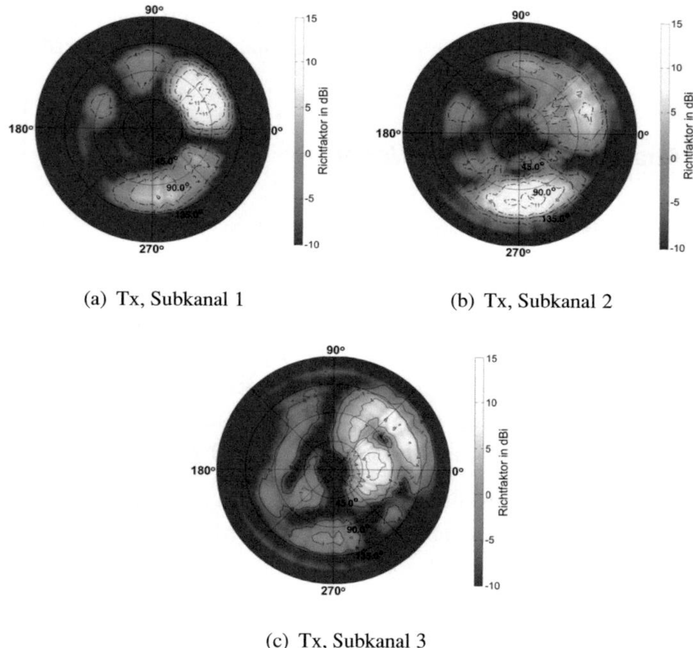

(a) Tx, Subkanal 1   (b) Tx, Subkanal 2

(c) Tx, Subkanal 3

Abbildung 4.17: Analyse der Ortsvarianz, Richtcharakteristik des Senders für den Standort B sowie für den Empfänger ebenfalls Standort B; vertikale Polarisation

4.3.2.5 Durchführen und Interpretieren einer Mehrortsynthese

Durch das zusätzliche Messen der Kreuzkanäle (Standort B zu A' und Standort A zu B') lassen sich die verschiedenen Ansätze der Mehrortsynthese, wie in Abschnitt 3.4.3 beschrieben, anwenden und gegeneinander vergleichen. Wird die Synthese nur anhand der Teilmatrizen $\underline{H}_{A'm,An}$ und $\underline{H}_{B'm,Bn}$ durchgeführt (Ansatz 1, Abschnitt 3.4.3), resultieren für den jeweils ersten Subkanal die Richtcharakteristiken, wie sie in Abb. 4.18(a) gezeigt sind. Mit den gestrichelten Linien sei an dieser Stelle die Sichtverbindung zwischen den einzelnen Standorten visualisiert. Deutlich zu erkennen ist, dass die Synthese diese für den ersten Subkanal nutzt. Werden alle vier Teilmatrizen zu einer gemeinsamen Kanalmatrix $\underline{H}_{gesamt}$ (siehe (3.22)) zusammengefasst und diese anschließend (in Teilen [1]) oder Gesamt der Singulärwertzerlegung zugeführt (Ansatz drei), so ergeben sich die Richtcharakteristiken aus Abb. 4.18(b). Für die ersten Subkanäle, beziehungsweise den ersten Subkanal des räumlich getrennten 2×2 Sende- und Empfangsarrays werden nun die kürzeren Sichtverbindungen zwischen den Sende- und Empfangsantennen genutzt. Die gestrichelten Linien, siehe Abb. 4.18, verdeutlichen dies erneut. Ausgehend davon, dass die Wegstrecke dieser Sichtverbindungen kürzer ist, ist zu erwarten, dass die Übertragungskoeffizienten für das zweite System höher sind als die des ersten Systems. Dieses Vorgehen führt somit zu einem höheren SNR und damit zu höheren Kapazitäten.

4.3.3 Garage

Bei der Garage handelt sich um einen Raum mit rechteckigem Grundriss, welcher auf einer Seite mit einem Aluminiumrolltor abschließt. Zusätzlich befinden sich Regale, Werkzeuge und eine Reihe weiterer metallischer Gegenstände im Raum, welche viele Interaktionsmöglichkeiten für die Wellenausbreitung bieten und damit eine hohe Anzahl an Mehrwegepfaden schaffen. Um äußere Einflüsse auf die Messungen durch Umgebungsveränderungen zu unterdrücken, werden die Fensterflächen des Rolltors großflächig mit Aluminiumfolie abgeklebt. An einer Wand der Garage wird zusätzlich eine Metallplatte als Reflektor angebracht, um dort einen starken Mehrwegepfad zu provozieren. Zwei weitere Platten werden an der Decke über dem Empfänger und im Winkel von 45° in der Nähe des Senders angebracht. Computer und Arbeitsplatz sind durch mit Aluminiumfolie

---

[1] erfolgt also eine Synthese in vier Schritten gemäß dem zweiten Ansatz aus 3.4.3

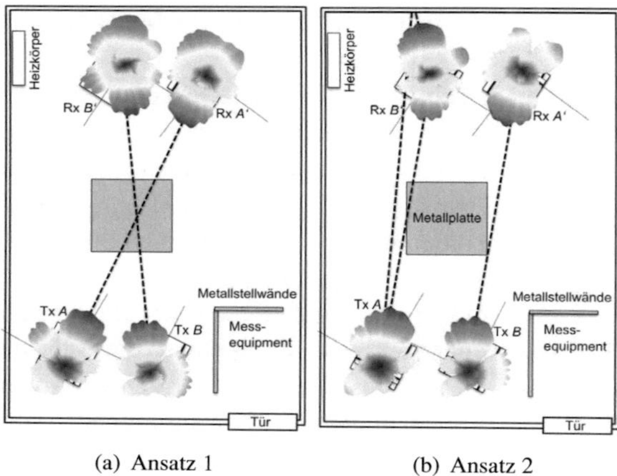

(a) Ansatz 1   (b) Ansatz 2

Abbildung 4.18: Synthetisierte Richtcharakteristiken der ersten Subkanäle verschiedener Ansätze der Mehrortsynthese

bespannte Stellwände abgeschirmt. Dadurch wird eine Kontrolle des Fortschritts der Messung auch bei laufender Messung möglich, ohne die Messergebnisse zu beeinflussen. Ein großes metallisches Objekt, eine alte Drehbank, steht in der Mitte des Raumes nahe der direkten Sichtverbindung der beiden Tische. Abbildung 4.19 zeigt eine Fotografie der Garage und des Messaufbaus.

In der Garage wird ein $2\times2\times2\,\lambda$ großes Sender- und Empfangsvolumen mit $\lambda/2$ Abtastabstand in der vertikalen Polarisation vermessen. Es ergeben sich somit für Sende- wie Empfangsseite 125 Abtastpunkte und damit 15625 zu vermessende Kanalkoeffizienten. Bei einer Messdauer von etwa 5 s pro Messpunkt ergibt sich hier eine Messdauer von etwas über 21 h für alle Punkte. Für die anschließende Weiterverarbeitung der Messdaten wird aber, wie bereits erwähnt, davon ausgegangen, dass der Kanal über die gesamte Messdauer hinweg unverändert bleibt. Die Ergebnisse der Antennensynthese zeigen einen stark ausgeprägten ersten Subkanal für die direkte Sichtverbindung der beiden Abtastvolumina (Abb. 4.20).

Die Winkel der Hauptstrahlrichtungen stimmen gut mit der Positionierung der Messtische zueinander überein. Deutlich zu erkennen ist der reflektierende Einfluss des Garagentors, welcher für eine zusätzliche Hauptstrahlrichtung in Richtung des Tors auf der Senderseite führt.

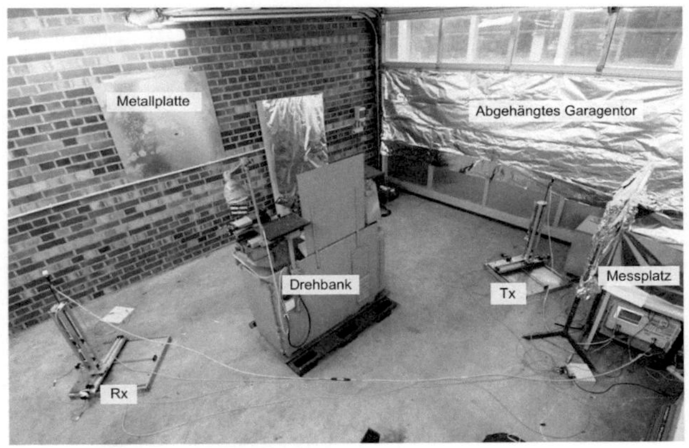

Abbildung 4.19: Fotografie des Szenarios „Garage"

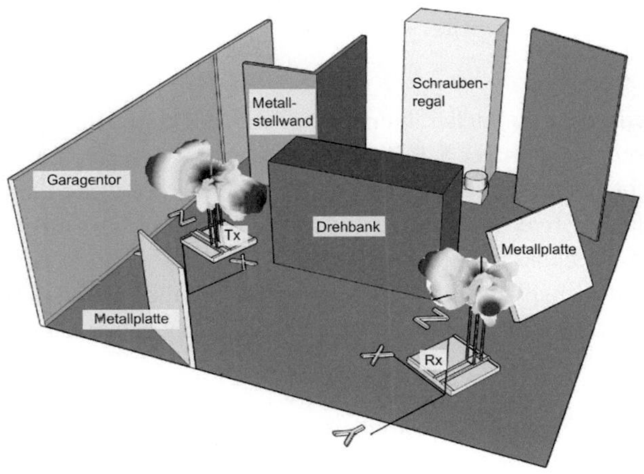

Abbildung 4.20: Normierte Richtcharakteristiken des ersten Subkanals für das Szenario „Garage" bei vertikaler Polarisation

tung des Tors auf der Senderseite führt.

Abbildung 4.21 zeigt den zweiten Subkanal. Dieser setzt sich vorwiegend aus über dem Garagentor und an der Wand beziehungsweise den dort über die aufgestellten Reflektoren verlaufenden Pfaden zusammen. Die für den dritten Sub-

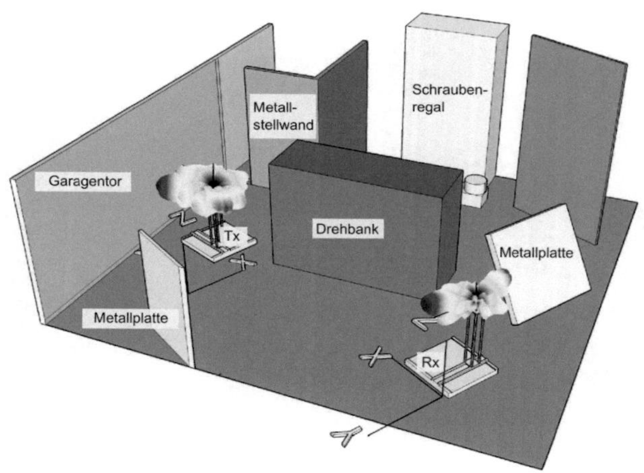

Abbildung 4.21: Normierte Richtcharakteristiken des zweiten Subkanals für das Szenario „Garage" bei vertikaler Polarisation

kanal synthetisierten Richtcharakteristiken berücksichtigen im Szenario weitere Reflexionskomponenten der Wände und der Decke. Die kompletten dreidimensionalen Richtcharakteristiken dieser zwei, sowie die des dritten Subkanals finden sich in quantitativer Darstellung in Anhang A.6. Die Messungen in der Garage bestätigen die Funktionalität der Synthese, zeigen aber auch, dass bei großer Apertur in einer Umgebung starker Mehrwegeausbreitung recht komplexe Richtcharakteristiken resultieren können. Eine Nachbildung dieser kann sich als sehr herausfordernd gestalten.

4.4 Zusammenfassung und Fazit

In diesem Kapitel wurde ein Messaufbau zur Verifikation der Synthesemethode zum Entwurf optimierter Antennen für Mehrantennensysteme entwickelt und damit die Methodik anhand von Beispielen untersucht. Grundlage der Antennensynthese bildet das Konzept der Abtastung des Kanals an diskreten Punkten. Vor dem Hintergrund einer maximalen räumlichen Kapazität kann davon ausgegangen werden, dass bei ausreichend dichter Abtastung alle verfügbaren Informationen über einen auf ein Sende- und Empfangsvolumen beschränkten Kanal vorliegen. Ziel der Messung der Kanalmatrix ist die praktische Bestätigung des Antennenentwurfkonzepts. Die lange Dauer eines vollständigen Messdurchgangs und die serielle Abtastung lassen dies nur in zeitinvarianter Umgebung zu. Die Messungen wurden daher in drei verschiedenen zeitinvarianten Umgebungen durchgeführt. Die Ergebnisse lassen sich wie folgt zusammenfassen.

- Die an einem Beispiel durchgeführte Mehrortsynthese verifiziert die unterschiedlichen Ansätze. Durch die Nutzung der gemeinsamen Übertragungsmatrix kann mehr Kanalinformation ausgewertet und zur Synthese der Richtcharakteristiken genutzt werden.

- Die Ergebnisse aus den Messungen in den drei Szenarien bestätigen das Synthesekonzept somit in vollem Umfang und belegen die Durchführbarkeit der räumlichen Abtastung auch mit nichtidealen Antennen.

- Aufgrund der Verwendung einer realen Antenne mit physikalischer und effektiver Ausdehnung ist eine Messung der intrinsischen Kapazität und damit die Ermittlung der optimalen Richtcharakteristiken nicht möglich. Sie erlaubt aber eine vergleichende Bewertung verschiedener Antennenkonfigurationen und eine Optimierung der Richtcharakteristiken hinsichtlich der realen Abtastung.

- Die resultierenden Hauptstrahlrichtungen werden nachvollziehbar ermittelt. Dies konnte zum einen durch Messungen in der kontrollierbaren Umgebung einer Antennenmesskammer, durch das Hinzufügen deterministischer Reflektoren und zum anderen durch den Vergleich mit einer Simulationen der Wellenausbreitung in dem Szenario „Besprechungszimmer" gezeigt werden.

- Ab einem Abtastabstand von $\lambda/2$, beziehungsweise von $\lambda/3$ bei kleinen Abtastvolumen, ändern sich die aus der Synthese ergebenden Charakteristiken nicht mehr signifikant. Somit kann davon ausgegangen werden, dass der Abtastung alle verfügbaren Information über den Kanal vorliegen. Für die messtechnische Abtastung ist also ein Abtastabstand zwischen $\lambda/2$ und $\lambda/3$ zu empfehlen.

- Der Einfluss der Abtastrichtcharakteristik auf die Ergebnischarakteristiken, beispielsweise bei der Polarisationsdrehung, ist merklich und nachvollziehbar. Deshalb ist bei einer Synthese die auf Messungen beruht darauf zu achten, dass die Nullstellen der Abtastantenne nicht in die Raumrichtung zeigen aus denen mit relevanter Mehrwegeausbreitung zu rechnen ist.

- Messungen an verschiedenen Orten bestätigen durch die Ähnlichkeit der Ergebnisse die Möglichkeit einer Mittelung und damit auch den Ansatz, die Synthese in zeit-, orts- und szenarienvarianten Funkkanälen einzusetzen.

5 Antennensynthese für die Fahrzeug-zu-Fahrzeug Kommunikation

Dieses Kapitel beschäftigt sich mit der Anwendung des in Abschnitt 2.4 vorgestellten Simulators und der Algorithmik zur Ermittlung kapazitätsoptimierter Richtcharakteristiken für die C2C Kommunikation. Nach einer Einführung der betrachteten Antennenstandorte sowie den damit verbundenen Restriktionen wie beispielsweise die maximale Größe oder dem Sichtbereich der Antenne, werden die C2C Kommunikationsszenarien vorgestellt, welche bei der Synthese Berücksichtigung finden. Ausgehend von hauptsächlich sicherheitskritischen Anwendungen werden hier spezielle Szenarien betrachtet, in denen sich Sender und Empfänger nicht sehen. Die Kanalabtastung findet dabei anhand von Simulationen statt.

Basierend auf allen Szenarien werden unterschiedliche Antennensysteme entworfen, mit dem Ziel, eine möglichst hohe Verlässlichkeit zu erzielen. Betrachtet wird dabei der Einfluss unterschiedlicher Syntheseparameter sowie verschiedene Antennen- und Mehrantennenkonzepte im Vergleich. Die Bewertung findet anhand von Verteilungsfunktionen der Kapazität statt.

5.1 Antennenpositionen

Das Fahrzeugdesign sowie die hohe Fahrzeugvarianz machen es notwendig, im Antennendesign flexibel zu agieren und alternative Standorte in Betracht zu ziehen. Abbildung 5.1 zeigt die Verteilung der 16 berücksichtigten Antennenpositionen bei der Synthese in diesem Kapitel.

Die Wahl dieser Standorte richtet sich zum einen nach den aktuell verfügbaren und genutzten Positionen (Abb. 1.2) und zum anderen nach dem Bestreben der

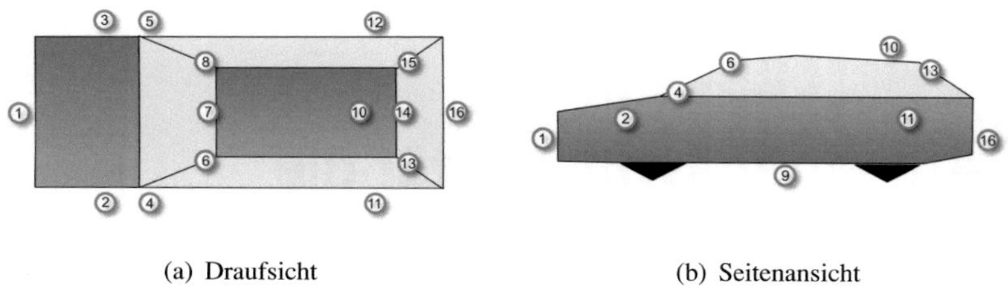

(a) Draufsicht

(b) Seitenansicht

Abbildung 5.1: Quantitative Darstellung der berücksichtigten Antennenpositionen

Hersteller alternative Antennenstandorte zu finden. So gibt es derzeit bei einigen Fahrzeugherstellern Bestrebungen, alle Antennen aus den sichtbaren und damit klassischen Bereichen wie den Scheiben oder die auf die Karosserie aufgesetzten Elemente wie zum Beispiel die Dachantenne zu entfernen. Alternativ bieten sich hier Bereiche an, in denen zukünftig mehr Verbundmaterialien wie Glas- und Kohlefaser Anwendung finden. Dieser Schritt würde die Integration von Antennen in Bereiche wie Kotflügel, Kofferraumdeckel oder der A- und D-Säule ermöglichen. Denkbar wären zudem Antennen in den Stoßfängern, die so beispielsweise die Kombination von Radar und Kommunikationsanwendungen ermöglichen [Stu11, RSGZ12] sowie Antennen in den Seitenspiegeln [KSS$^+$10] oder unter dem Fahrzeug [RFZ09].

Ausgehend vom jeweiligem Standort ergeben sich Limitierungen bezüglich des Volumens, welches von der finalen Antenne genutzt werden kann und welches dementsprechend für die Synthese abgetastet werden muss. So lässt sich bei den Antennen grundsätzlich zwischen planaren und dreidimensionalen Strukturen unterscheiden. Den Standorten Kotflügel, Stoßfänger, A-Säule, D-Säule und Scheiben wird eine planare Struktur der Größe $\lambda \times \lambda$ zugeordnet, den Positionen Seitenspiegel, Dach und Unterboden ein Volumen der Größe $\lambda \times \lambda/2 \times \lambda$ beziehungsweise $\lambda \times \lambda \times \lambda/2$. Die jeweilige Größe wurde dabei heuristisch bestimmt. Die Anordnung des Abtastvolumens im Raum ist über die Fahrzeugstruktur gegeben und wird über die Abbildungen des jeweiligen Abtastsystems in den Tabellen in B.1 veranschaulicht. Für die Abtastung wird ein Abstand von $\lambda/2 = 2,54\,\text{cm}$ gewählt.

Die Tabellen im Anhang B.1 fassen die Parameter zusammen, welche bei der Synthese für die unterschiedlichen Standorte angenommen werden. Neben einer genauen Bezeichnung des Standorts sind dort die kartesischen Koordinaten des SISO-Abtastpunktes in Bezug auf das Koordinatensystem des Fahrzeuges in Abb. B.1 gegeben. Eine Grafik zeigt die Anordnung der Abtastantennen, welche für den jeweiligen Standort genommen wird und eine weitere den Sichtbereich, welcher sich aus der Fahrzeuggeometrie ergibt. Über den Sichtbereich bestimmt sich nach (2.32) zudem der Richtfaktor des Abtastsystems. Es wird also davon ausgegangen, dass eine Einschränkung des Sichtbereichs gezielt dazu genutzt werden kann, den Gewinn beziehungsweise Richtfaktor in eine bestimmte Richtung zu erhöhen. Beispielsweise kann die große Metallfläche des Fahrzeugdachs dazu genutzt werden, dass über das Spiegelungsprinzip [Bal89] der Richtfaktor in der sichtbaren Hemisphäre erhöht wird. Nicht berücksichtigt wird, dass der Rauschlevel am Fahrzeug standortabhängig ist. So weisen Antennen, die nahe am Motor, der Abgasanlage, der Heizung (Scheiben, Spiegeln) oder zum Beispiel elektrischer Anlagen im Armaturenbrett (je nach Frequenz) einen höheren Rauschlevel auf, als Antennen in der A-, D- Säule oder den hinteren Kotflügeln [Sch06]. Da aber hierfür keine Messwerte vorliegen und dies sehr fahrzeugspezifische Parameter sind, findet für die Kapazitätsbestimmung keine Anpassung des Rauschlevels statt.

Die Abtastung erfolgt vollpolarimetrisch mit idealen Feldsonden. Die Abtastantennen befinden sich dabei am Fahrzeug, um beispielsweise Beugung an Fahrzeugkanten zu berücksichtigen. Der Raytracingalgorithmus der bei der Berechnung der Wellenausbreitung Anwendung findet, setzt voraus, dass die Antennen einen Minderstabstand [Mau05] zum nächstgelegenen Polygon aufweisen. Dieser Abstand führt unter Umständen zu fehlerhaften Mehrwegen. Skizziert ist dies in Abb. 5.2. So kann es durch den Abstand zu einer Reflexion des Mehrwegepfades B kommen. Zudem findet hier der vorher definierte Sichtbereich erneut Anwendung, um die so fehlerhaft berechneten Mehrwegepfade verwerfen zu können. In dem Beispiel aus Abb. 5.2 würde der sichtbare Bereich der oberen Halbebene entsprechen. Mehrwegepfade, die nicht in diesem eintreffen, werden nachträglich gelöscht.

Das Abtastfahrzeug entspricht sowohl auf der Sender- als auch auf der Empfangsseite dem in Abb. 5.1, beziehungsweise mit Bemaßung dem in Abb. B.1. Die Maße orientieren sich an einem Audi A4 Avant. Die Polygongrößen der Abstrahierung sind dabei so gewählt, dass sie einem Vielfachen der Wellenlänge von $\lambda_0 = 5,08\,\mathrm{cm}$ entsprechen und somit die Bedingungen der GO [Mau05] erfüllen.

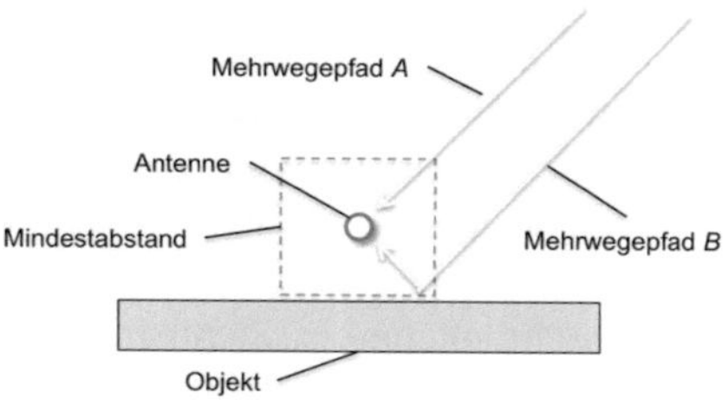

Abbildung 5.2: Fehlerhafte Mehrwege durch den vorgelagerten Abtastpunkt

5.2 Szenarien

Die betrachteten Szenarien richten sich nach den sicherheitsrelevanten Anwendungsfällen der C2C Kommunikation zur Kollisionsvermeidung, wie sie in [ETS09] definiert sind. In diesen Szenarien haben die Fahrer und meistens damit einhergehend auch die Antennen keine Sichtverbindung (NLOS) untereinander. Diese ist entweder durch den Verkehr, durch Gebäude oder durch die Umgebung verdeckt. Eine Kurzübersicht über die betrachteten Szenarien wird in Tabelle 5.1 gegeben. Die Szenarien lassen sich dabei in drei Umgebungsklassen urban, ländlich oder Autobahn unterteilen.

Szenario	Umgebung
Kreuzung	urban
Krankenwagen	urban
T-Kreuzung	urban
Überholvorgang	ländlich
Kreuzung	ländlich
Stau	Autobahn
Auffahrt	Autobahn
Hochgeschwindigkeit	Autobahn

Tabelle 5.1: Betrachtete Szenarien

Städtische Kreuzung

Das Szenario in Abb. 5.3(a) ist einem städtischen Kreuzungsszenario nachempfunden. Die Umgebung bestimmt sich dabei aus Gebäuden, parkenden Fahrzeugen und vereinzelt stehenden Bäumen. Die Fahrzeuge nähern sich der Kreuzung aus unterschiedlichen Richtungen und haben dementsprechend keine Sichtverbindung untereinander. Da die Straßen in verschiedenen Winkeln auf die Kreuzung münden, werden insgesamt vier verschiedene Kreuzungssituationen betrachtet. Die Straßen in Abb. 5.3(a) tragen die Bezeichnung A, B, C und D; gezeigt wird hier die Kreuzungssituation AB. Die Trajektorien der Fahrzeuge sind dabei durch die Pfeile verdeutlicht. Die weiteren Kombinationen ergeben sich, wenn sich die Fahrzeuge aus den Richtungen BC, CD und AD der Kreuzung nähern.

Städtisches Krankenwagenszenario

In diesem Szenario fährt ein Einsatzfahrzeug, beispielsweise ein Krankenwagen (Tx), mit erhöhter Geschwindigkeit auf einer vierspurigen, innerstädtischen Straße (siehe Abb. 5.3(b)). Das Verkehrsaufkommen des ruhenden und fahrenden Verkehrs ist dabei hoch. Das Empfangsfahrzeug befindet sich vor dem Einsatzwagen. Durch die Bewegung der Verkehrsteilnehmer ergeben sich somit über die Simulationsdauer Situationen mit und ohne Sichtverbindung (LOS und NLOS).

Städtische T-Kreuzung

Abbildung 5.3(c) veranschaulicht die Situation in diesem Szenario. Zwei Fahrzeuge nähern sich dabei auf relativ kleinen Straßen einer T-Kreuzung. Die Umgebung besteht hier neben den Gebäuden aus parkenden Fahrzeugen und vereinzelten Bäumen.

Ländlicher Überholvorgang

Das Szenario beschreibt eine Landstrasse mit einer Kurve (siehe Abb. 5.3(d)). Vegetation und vereinzelt stehende Häuser verhindern, dass die Straße hinter der Kurve einsehbar ist. Die Landstrasse wird mäßig befahren. Das Sender- und das Empfängerfahrzeug nähern sich der Kurvensituation aus unterschiedlichen Richtungen.

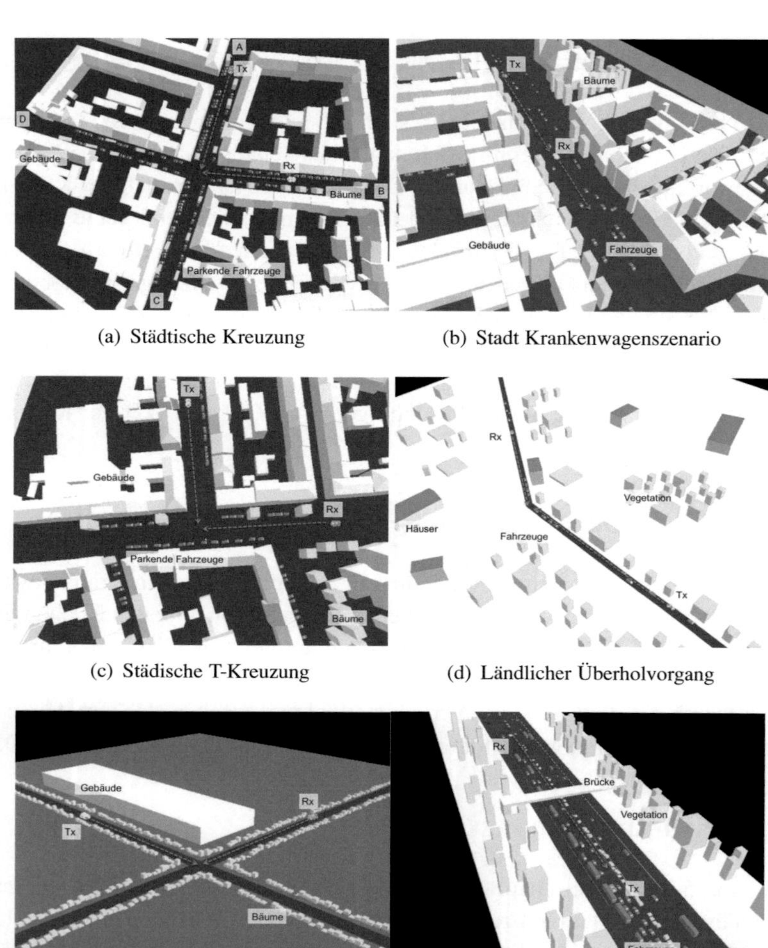

(a) Städtische Kreuzung

(b) Stadt Krankenwagenszenario

(c) Städische T-Kreuzung

(d) Ländlicher Überholvorgang

(e) Ländliche Kreuzung

(f) Autobahn Stauszenario

Abbildung 5.3: Berücksichtigte Szenarien für die Antennensynthese

Ländliche Kreuzung

Beschrieben wird hierbei eine ländliche Kreuzung. Das Szenario ist in Abb.
5.3(e) gezeigt. Die beiden sich kreuzenden Straßen werden von Bäumen und anderer Vegetation eingerahmt. Eine große Lagerhalle blockiert zudem die Sicht-
verbindungslinie.

Autobahn Stauszenario

Das Stauszenario (siehe Abb. 5.3(f)) beschreibt eine sechsspurige Autobahn welche von Bäumen umgeben ist. Das Senderfahrzeug befindet sich in stockendem
Verkehr. Das Empfängerfahrzeug nähert sich dieser Stausituation mit hoher Geschwindigkeit.

Autobahn Auffahrtszenario

In diesem Autobahnszenario wird eine Autobahnauffahrt beschrieben. Das Senderfahrzeug fährt dabei über die Auffahrt auf den Beschleunigungsstreifen. Das
Empfängerfahrzeug befindet sich auf der rechten von drei Spuren. Die Sichtverbindung zwischen den Fahrzeugen wird durch Vegetation sowie eine Brücke
beeinträchtigt.

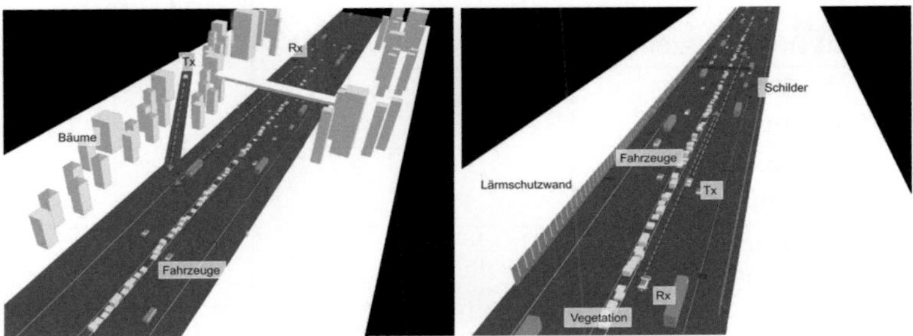

(a) Autobahn Auffahrtszenario   (b) Autobahn Hochgeschwindigkeitsfahrt

Abbildung 5.4: Berücksichtigte Szenarien für die Antennensynthese

Autobahn Hochgeschwindigkeitsfahrt

In diesem Autobahnszenario fahren Sender und Empfänger mit sehr hoher Geschwindigkeit hintereinander her. Die Umgebung besteht aus einer sechsspurigen Autobahn mit mäßigem Verkehr. Des Weiteren beinhaltet das Umfeld Schilder, Schilderbrücken, Leitplanken, Vegetation auf dem Mittelstreifen sowie metallische Lärmschutzwände auf beiden Seiten. Abbildung 5.4(b) veranschaulicht die Situation.

Tabelle 5.2 stellt die Simulationsparameter der einzelnen Szenarien zusammen. Sie enthält dabei die Simulationsdauer T_{sim}, die Anzahl der Momentaufnahmen N_{cr}, die Geschwindigkeit des Sender- (v_{Tx}) und Empfängerfahrzeugs (v_{Rx}) und, falls bestimmbar, den Bremsweg s_{B}. Die Materialparameter der Umgebungsobjekte sind im Anhang in Tabelle B.7 zusammengefasst.

Szenario	T_{sim} in s	N_{cr}	v_{Tx} in km/h	v_{Rx} in km/h	s_{B} in m
Städtische Kreuzung	5	125	42	47	22,8/ 26,7
Ländliche Kreuzung	5	125	80	80	58,4
Städtische T-Kreuzung	5	125	45	45	25
Ländlicher Überholvorgang	5	125	72	72	50
Städtisches Krankenwagenszenario	10	250	75	53	-
Autobahn Stauszenario	10	250	31	187	240 (Tx)
Autobahn Auffahrtszenario	5	125	112	82	60,8 (Rx)
Autobahn Hochgeschwindigkeitsfahrt	2	200	200	200	-

Tabelle 5.2: Simulationsparameter der Szenarien

Viele der beschriebenen Szenarien sind so konzipiert, dass es unweigerlich zu einem Unfall kommen würde. Die Aufgabe der C2C Kommunikation ist es dies durch eine Informationsübertragung zu verhindern. Für die einzelnen Szenarien wird dafür der Zeitpunkt bestimmt, bis zu dem diese Übertragung stattgefunden haben muss. Dementsprechend werden die Kanäle nur bis zu diesem Zeitpunkt simuliert. Berechnet wird dies über den Bremsweg s_B mit

$$s_B = v_0 t_V + \frac{v_0{}^2}{2a_{\text{brems}}}. \tag{5.1}$$

Die Vorbremszeit t_V bezeichnet dabei die Zeitspanne zwischen der Reaktion des Fahrers und dem Einsetzen der Bremswirkung. Sie wird nach [Zie10] mit 1,2 s angenommen. Der Wert für die Bremsverzögerung a_{brems} stammt ebenfalls aus [Zie10]. Für sie wird ein Wert von 7,75 m/s^2 angesetzt, was dem Mittelwert der Bremsverzögerung für trockenen Asphaltboden entspricht. Die Geschwindigkeit v_0 entspricht der Geschwindigkeit direkt vor dem Bremsvorgang.

5.3 Untersuchung verschiedener Syntheseparameter

Im folgenden Abschnitt werden unterschiedliche Parameter und ihr Einfluss auf die Syntheseergebnisse an konkreten Beispielen untersucht. Bewertet wird dabei der Verlauf der Verteilungsfunktionen der Kapazität. Maßgeblich ist dabei der untere Bereich (kleiner 50 %) der Verteilungsfunktionen, da es das Ziel der anschließend durchgeführten Synthese ist, möglichst verlässliche Systeme für die C2C Kommunikation zu bestimmen. Die Syntheseparameter sind, falls nicht anders beschrieben, wie folgt gewählt.

- Die Synthese findet für den Standort der Dachantenne statt. Das Abtastvolumen ist dabei zu $\lambda \times \lambda \times \lambda/2$ und der Abtastabstand zu $\lambda/2$ gewählt.

- Es wird für Sender und Empfänger eine gemeinsame Lösung bestimmt. Das bedeutet, dass nicht nur eine Mittelung über die Momentaufnahmen der Kanäle stattfindet, sondern auch eine über die Sende- und Empfangsrichtcharakteristiken. Es sollen also universelle Richtcharakteristiken synthetisiert werden.

- Das Rauschlevel wird über kTB, mit der Boltzmann-Konstanten k, einer mittleren Umgebungstemperatur T von 293 K und der Bandbreite B von 10 MHz zu -104 dBm bestimmt.

- Das EIRP beträgt 33 dBm [IEE12].

- Die Leistung wird auf alle Senderantennen gleichmäßig aufgeteilt (engl. *Uniform Power Distribution*, UPD).

- Es wird kein Schwellwert (T_{rel}, $T_{\mathrm{abs}} = 0$ dB) gewählt.

- Die Mittelung erfolgt nach der einfachen Mittelung SM (siehe Abschnitt 3.3.1).

- Die Synthese erfolgt jeweils für die vertikale Polarisation.

5.3.1 Einfluss unterschiedlicher Mittelungen

Der Vergleich der unterschiedlichen Mittelungsansätze aus Abschnitt 3.3.1 für die Synthese zweier Richtcharakteristiken ist in Abb. 5.5 anhand der Kapazitäten für das städtische Kreuzungsszenario BC gezeigt. Die besten Ergebnisse im Beispiel liefern die SM- und die EVD-Mittelung. SM gewichtet dabei die Lösungen aller Momentaufnahmen gleich.

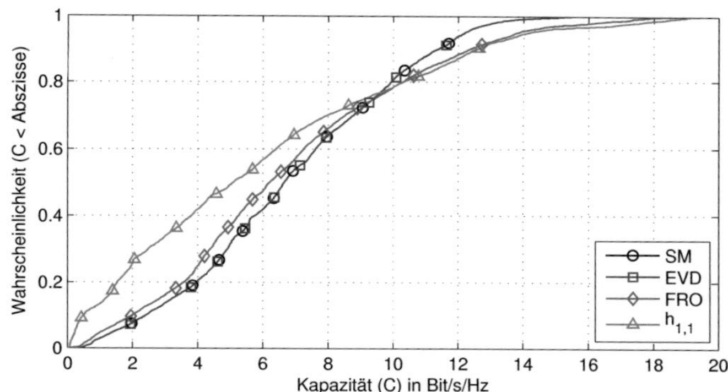

Abbildung 5.5: Unterschreitungswahrscheinlichkeit der Kapazität für das städtische Kreuzungsszenario BC. Vergleich der Auswirkung der unterschiedlichen Mittelungsstrategien für die Synthese einer Dachantenne mit zwei Richtcharakteristiken

Die EVD-Mittelung gewichtet hingegen diejenigen Momentaufnahmen höher, welche gute räumliche *Multiplexing*-Eigenschaften aufweisen. Da diese Gewichtung im oberen Verlauf der Unterschreitungswahrscheinlichkeitsfunktion nie besser als die einfache Mittelung ist, lässt sich vermuten, dass die Verteilung der Eigenwerte über die Simulationsdauer in diesem Szenario recht konstant ist. Die Mittelung nach FRO und $h_{1,1}$ bevorzugen Momentaufnahmen, in denen der Kanal beziehungsweise nur der erste Subkanal viel Leistung beinhaltet. Im betrachteten Szenario verringert sich der Abstand zwischen den Fahrzeugen über die Simulationszeit. Dementsprechend nimmt auch die mittlere verfügbare Leistung im Kanal zu. Dies führt dazu, dass beide Mittelungen die Lösungen der letzten betrachteten Momentaufnahmen sehr stark gewichten. Sichtbar ist dies im Verlauf der Verteilungsfunktionen. Im oberen Bereich sind die Kapazitätswerte höher als für die Ansätze SM und EVD. Im weiteren Verlauf sinken diese jedoch und liefern im unteren Bereich zum Teil deutlich schlechtere Werte. Dies lässt darauf schließen, dass sich die Lösungen für starke und schwache Kanäle deutlich unterscheiden und die FRO- und $h_{1,1}$-Mittelungen nicht geeignet sind, um ein Antennensystem zu synthetisieren, dessen Ziel eine optimale Verlässlichkeit ist.

5.3.2 Einfluss unterschiedlicher Schwellwerte

Ein anderer Parameter, der die Syntheseergebnisse beeinflusst, ist die Wahl eines relativen oder absoluten Schwellwertes zur Auswahl relevanter Belegungsvektoren für die Mittelung (siehe Abschnitt 3.3.4). Durch ihn wird bestimmt, welche und wie viele Belegungsvektoren bei der Bestimmung eines gemittelten Vektors berücksichtigt werden. Wird er zu Null gesetzt, werden nur die stärksten N_s Subkanäle für die Synthese genutzt. Abbildung 5.6 zeigt die Verteilungsfunktionen der synthetisierten Antennensysteme unter Berücksichtigung unterschiedlicher, relativer Schwellwerte T_{rel} für SISO- (1×1) und MIMO-Systeme (2×2 und 3×3).

Die Kurven zeigen, dass die Berücksichtigung eines Schwellwertes in diesem Beispiel fast keine Auswirkungen auf das SISO-System (siehe Abb. 5.6(a)) hat. Dies kann zum einen daran liegen, dass die höheren Subkanäle zumeist deutlich schwächer sind als der erste und somit selbst mit einem Schwellwert von 25 dB noch keine Berücksichtigung finden. Eine andere Erklärung kann durch den sogenannten Canyon-Effekt gegeben werden. Abbildung 5.7 zeigt das Azimutwinkelspektrum für dieses Szenario. Auffallend und recht typisch für die C2C Kommunikation ist, dass ein Großteil der Mehrwegepfade innerhalb der Strasse wie in einem Wellenleiter geführt werden. Die Pfade in diesem Szena-

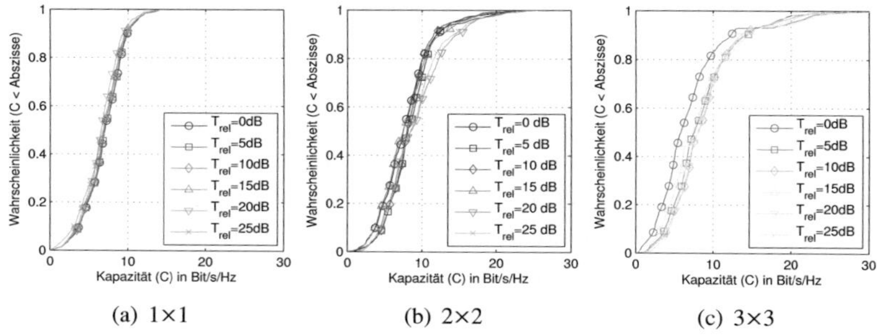

(a) 1×1   (b) 2×2   (c) 3×3

Abbildung 5.6: Unterschreitungswahrscheinlichkeit der Kapazität für das städtische T-Kreuzungsszenario. Vergleich der Auswirkung unterschiedlicher Schwellwerte bei der Synthese einer Dachantenne mit einer, zwei oder drei Richtcharakteristiken

rio verlassen den Sender (engl. *Angle of Departure* AOD) recht häufig nahe der Fahrtrichtung ($\psi = 0°$) und erreichen den Empfänger (engl. *Angle of Arrival* AOA) ebenfalls meist von vorne. Dies legt also Nahe, dass der erste Subkanal in die Fahrtrichtung fokussiert. Da die Zuordnung über die Ähnlichkeit der Belegungsvektoren bestimmt wird, ist es also sehr unwahrscheinlich, dass ein Belegungsvektor ausgewählt wird, bei dem die Hauptkeule der Richtcharakteristik in eine andere Richtung gerichtet ist.

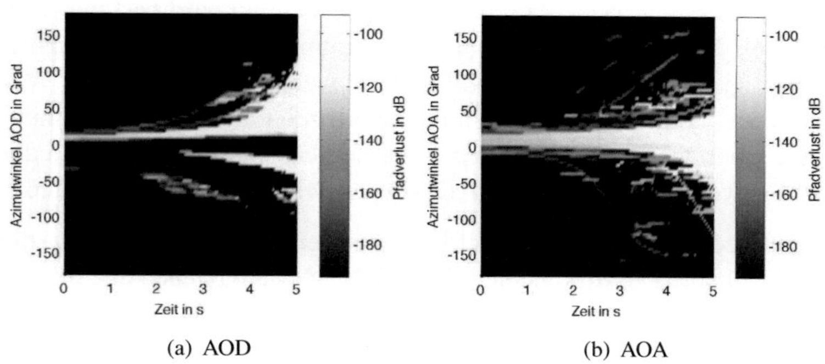

(a) AOD   (b) AOA

Abbildung 5.7: Azimutwinkelspektren für das städtische T-Kreuzungsszenario

Die Betrachtung der Kapazitätskurven für das 2×2- (Abb. 5.6(b)) und das 3×3-System zeigen, dass hier die Berücksichtigung schwächerer Subkanäle Vorteile bringen kann. Zudem wird aber auch ersichtlich, dass ein falsch bestimmter Schwellwert auch zu Nachteilen und damit zu geringeren Kapazitätswerten führen kann.

Der Vergleich aller drei Abbildungen zeigt, dass sich die Kapazitätswerte im unteren Bereich der Verteilungsfunktion ähneln. Dies lässt vermuten, dass es Momentaufnahmen im Szenario gibt, in denen kein signifikanter zweiter oder gar dritter Subkanal ausgebildet werden kann. Die Winkelspektren aus Abb. 5.7 unterstreichen diese Aussage, da gerade zu Beginn der Simulation die Winkelspreizung sehr gering ist. Erst gegen Ende, wenn sich die Fahrzeuge der Kreuzung annähern, weitet sich das Spektrum auf und erlaubt die Ausbildung zusätzlicher Subkanäle in Azimut. So sind die maximal erreichbaren Kapazitäten dieser Systeme im oberen Bereich der Verteilungsfunktionen deutlich höher als für den SISO-Fall.

Die Syntheseergebnisse dieser Simulationen und der Messungen in Kapitel 4 lassen vermuten, dass die Bestimmung eines Schwellwertes eher in solchen Szenarien Vorteile bringt, in welchen sich mehrere sehr starke Subkanäle ausbilden lassen. Dies kann beispielsweise in Räumen der Fall sein. Die Analyse unterschiedlicher C2C Kanäle ergab, dass der erste Subkanal oft sehr viel mehr Leistung beinhaltet als die höheren und dass sich eher selten mehr als zwei relevante Subkanäle ausbilden lassen.

5.3.3 Einfluss unterschiedlicher Abtastvolumen

Einen weit größeren Einfluss als die Wahl eines bestimmten Schwellwertes hat die Größe des Abtastvolumens. Abbildung 5.8 zeigt dies am Beispiel der Synthese einer Dachantenne für das T-Kreuzungsszenario.

Abgetastet wird hierbei mit dreidimensionalen Würfeln. Die Kantenlänge L variiert dabei zwischen 0,5 und 2λ. Eine Vergrößerung des Volumens hat zur Folge, dass direktivere Richtcharakteristiken resultieren können. Dies wiederum ermöglicht einen höheren Richtfaktor, welcher unter Berücksichtigung eines EIRPs zumindest auf der Empfängerseite ausgenutzt werden kann, um das SNR des Subkanals zu erhöhen. So ist es nicht verwunderlich, dass die Kapazitätswerte für größere Abtastvolumen im zeit- und ortsinvarianten Fall steigen. Die notwendige Mittelung über verschiedene Momentaufnahmen des Kanals führt in

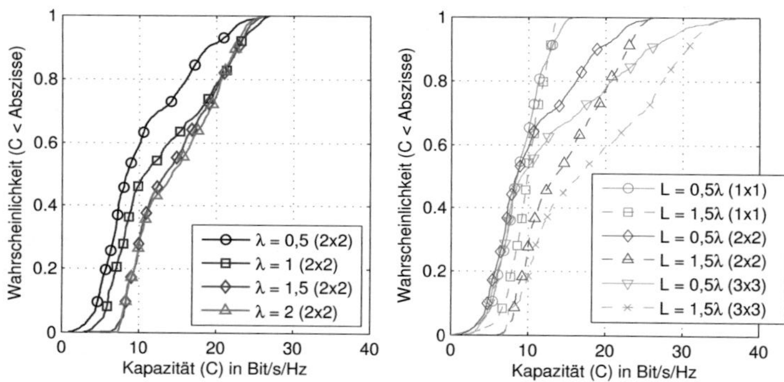

Abbildung 5.8: Unterschreitungswahrscheinlichkeit der Kapazität für das städtische T-Kreuzungsszenario. Vergleich der Auswirkung unterschiedlicher Abtastvolumen bei der Synthese einer Dachantenne mit zwei Richtcharakteristiken (links) und mit einer, zwei und drei Richtcharakteristiken im Vergleich (rechts)

diesen Fällen allerdings dazu, dass die synthetisierten Richtcharakteristiken weniger direktiv sind und die Kapazitätswerte für ein bestimmtes Abtastvolumen ein Maximum erreichen. In Abb. 5.8(a) ist dies für eine 2×2-Synthese im städtischen T-Kreuzungsszenario gezeigt. Ab einer Kantenlänge von 1,5 λ ist keine signifikante Änderung im Verlauf der Verteilungsfunktion mehr erkennbar. Direktivere Antennen bringen an dieser Stelle also keine weiteren Vorteile.

Ein weiterer Effekt lässt sich beobachten, wenn neben der Kantenlänge die Anzahl der zu synthetisierenden Antennen variiert wird. Abbildung 5.8(b) zeigt die Ergebnisse für ein SISO-System im Vergleich zu einem 2×2- und 3×3-MIMO-System. Kleine Volumen sind gleichbedeutend mit einer großen Hauptkeulenbreite und so fällt es schwerer kanalorthogonalisierende Richtcharakteristiken zu bestimmen. Ein MIMO-Gewinn stellt sich bei einer Kantenlänge von 0,5 λ des Abtastvolumens nur in weniger als 50 % der Momentaufnahmen ein. Wird das Abtastvolumen auf 1,5×1,5×1,5 λ vergrößert, so ist in jeder Momentaufnahme ein MIMO-Gewinn zu verzeichnen.

5.3.4 Synthese zur Reduzierung der Doppler-Verbreiterung

In Abschnitt 3.6 wurde darauf hingewiesen, dass die Synthese auch genutzt werden kann, die Doppler-Verbreiterung zu reduzieren. Das Beispiel aus Abb. 5.9 zeigt, dass in den meisten Fällen die kapazitätsoptimierende Synthese dies als Nebeneffekt schon vollbringt. Gezeigt ist in Abb. 5.9(a) die Kapazität einer synthetisierten SISO-Dachantenne im Vergleich zu der eines Antennensystems, welches die Richtcharakteristik der Abtastantenne besitzt. Die Abtastantenne leuchtet für die Dachantennenposition die obere Hemisphäre gleichmäßig aus.

In dem hier betrachteten Szenario fahren Sender- und Empfängerfahrzeug mit etwa 200 km/h auf einer Autobahn hintereinander her (siehe Abb. 5.4(b)). Da die Relativgeschwindigkeit zwischen den Fahrzeugen gering ist und LOS vorliegt, ist die mittlerer Doppler-Verschiebung mit -100 bis 400 Hz gering. Die reflexionsreiche Umgebung dieses Szenarios sorgt aber dafür, dass Mehrwegeinteraktionspunkte, welche vor den Fahrzeugen liegen, zu hohen positiven Doppler-Verschiebungen führen und Interaktionspunkte hinter den Fahrzeugen zu hohen negativen Verschiebungen. Zusammen führt dies zu einer hohen Doppler-Verbreiterung von bis zu 1600 Hz, wie in Abb. 5.9(b) gezeigt ist. Die Richtwirkung der Antenne, welche aus der Synthese herrührt, reicht aus, um dies um bis zu 400 Hz zu reduzieren.

Für die korrekte Abtastung des schnellen Schwundes wurden zusätzliche Abtastzeitpunkte zwischen den simulierten Momentaufnahmen des Kanals interpoliert [Mau05]. Die resultierende Abtastfrequenz beträgt 4000 Hz und die maximal im Szenario auftretenden Dopplerfrequenzen etwa 1700 Hz.

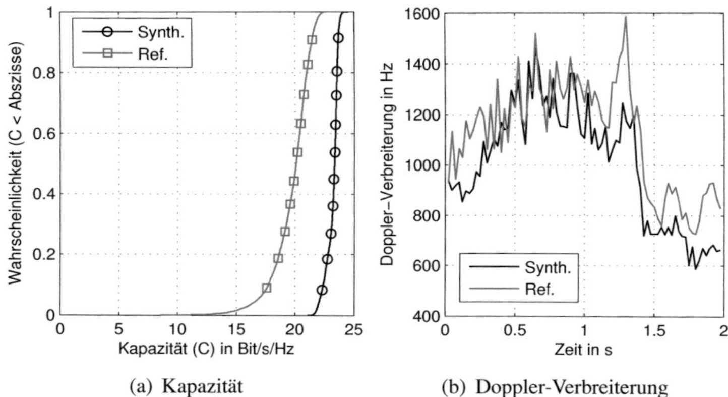

(a) Kapazität

(b) Doppler-Verbreiterung

Abbildung 5.9: Unterschreitungswahrscheinlichkeit der Kapazität für das Szenario „Autobahn Hochgeschwindigkeit". Vergleich der Auswirkung der Synthese auf die Doppler-Verbreiterung.

5.4 Auswertung aller Szenarien

Im Folgenden wird die Synthese anhand aller betrachteten Szenarien vollzogen. Die vorgegebenen Parameter entsprechen, falls nicht anders beschrieben, denen aus Abschnitt 5.3. Betrachtet und ausgewertet werden dabei unterschiedliche Freiheitsrgrade des Antennendesigns wie beispielsweise die Richtcharakteristik, die Anzahl und Anordnung der Antennenelemente im Raum und die Polarisation.

5.4.1 Synthese eines SISO-Systems

Abbildung 5.10 fasst die Ergebnisse für die SISO-Synthese, also der Synthese einer Richtcharakteristik für jeden betrachteten Antennenstandort zusammen. Die Nummerierung der Antennenstandort in der Legende entspricht der aus Abb. 5.1. So bezeichnet beispielsweise A10 die Position auf dem Dach. In Tabelle 5.3 sind die Kapazitätswerte der 15 %, 50 % und 90 % Perzentile zusammengefasst.

Wie in der Einleitung beschrieben ist hier der untere Bereich der Verteilungsfunktionen von besonderem Interesse. Die Antennenstandorte lassen sich anhand der Ergebnisse in drei Gruppen aufteilen. Die Standorte, welche die schlechtesten

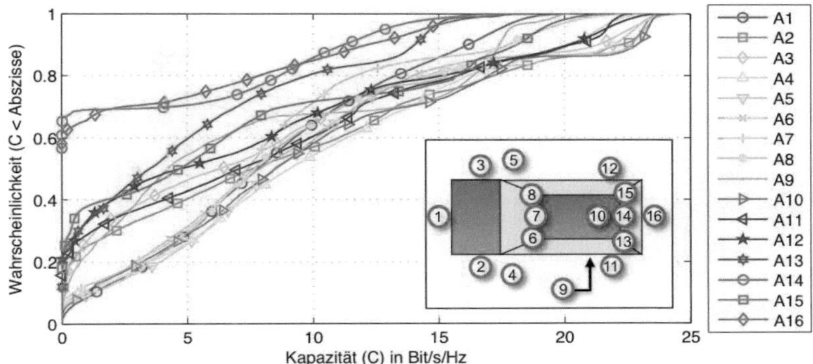

Abbildung 5.10: Vergleich der Kapazitäten aller betrachteter Szenarien und Antennenpositionen bei Synthese eines SISO-Systems

Ergebnisse (bezogen auf das 15 % Perzentil) liefern, haben einen Sichtbereich, der sich auf die Rückseite des Fahrzeugs beschränkt (A14 und A16). Die mittlere Gruppe setzt sich aus allen Antennenstandorten zusammen, die sich auf der Seite des Fahrzeugs befinden (A2, A3, A11 und A12), der Antenne unter dem Auto (A9) und denen in der C-Säule (A13 und A15). Die beste Gruppe beinhaltet alle Antennenpositionen mit freier Sicht nach vorne, also beide Seitenspiegel (A4 und A5), die Dachantenne (A10), sowie die beiden Antennenstandorte in der A-Säule (A6 und A8) und die im oberen Bereich der Windschutzscheibe (A7). Mit geringem Abstand vor der Dachantenne liefern die synthetisierten Antennen für die Seitenspiegel die höchsten Kapazitäten im unteren Bereich der Verteilungsfunktionen. Alle resultierenden Richtcharakteristiken der besten Antennenstandorte sind, mit Berücksichtigung des jeweiligen Sichtbereichs, in Abb. 5.11 zusammengefasst. Der Sichtbereich ergibt sich, wie in Abschnitt 5.1 beschrieben, aus den für die Antenne sichtbaren Raumrichtungen, beispielsweise beschränkt dieser den Arbeitsbereich für die Dachantennenposition auf die obere Hemisphäre ($\theta \leqslant 95°$).

Auffallend ist, das alle Hauptstrahlrichtungen in und gegen die Fahrtrichtung fokusieren. Die Hauptinteraktionsebene ist dabei, wie erwartet, die Azimutale. Der Richtfaktor bestimmt sich jeweils über (2.32) und ist damit abhängig vom Sichtbereich, von der Abtastkonfiguration und der Belegung.

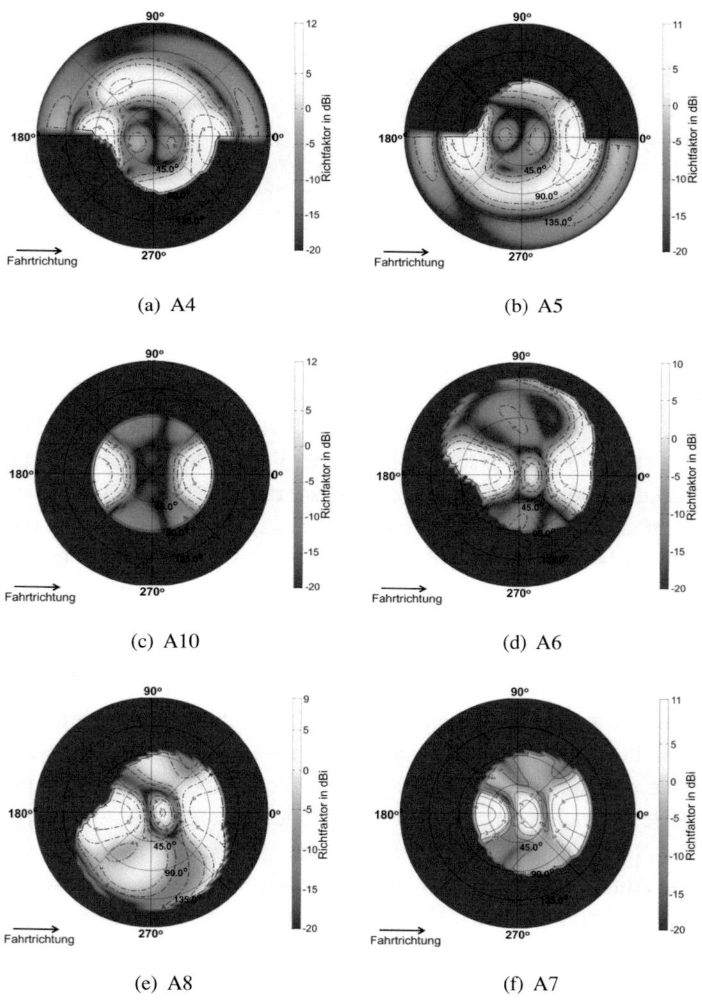

(a) A4   (b) A5

(c) A10   (d) A6

(e) A8   (f) A7

Abbildung 5.11: Richtcharakteristiken der sechs am besten funktionierenden synthetisierten SISO-Systeme

Position	A1	A2	A3	A4	A5	A6	A7	A8
15 % Perzentil	2,5	0,2	0,1	2,3	2,6	2,0	1,8	2,6
50 % Perzentil	7,8	7,7	8,5	9,1	8,6	7,9	7,4	7,7
90 % Perzentil	16,2	22,3	21,3	20,2	22,0	22,6	17,8	17,8
Position	A9	A10	A11	A12	A13	A14	A15	A16
15 % Perzentil	0	2,03	0	0	0	0	0	0
50 % Perzentil	4,2	8,5	7,1	4,7	3,7	0	4,7	0
90 %Perzentil	17,4	22,9	20,3	20,2	14,1	11,2	18,1	12,2

Tabelle 5.3: Auflistung der 15 %, 50 % und 90 % Perzentile der Verteilungsfunktionen der Kapazität. Angaben in Bit/s/Hz

Werden die Winkelspektren der Elevationsebene näher betrachtet, so wird deutlich, dass die Seitenspiegelpositionen gegenüber der Dachantennenposition davon profitieren, Mehrwegepfade aus dem Bereich der unteren Hemisphäre empfangen zu können. In Abb. 5.12 sind die Elevationsspektren für die Senderpositionen A5 und A10 des städtischen T-Kreuzungsszenarios gezeigt[1]. Der in Elevation relevante Bereich für die Dachantenne liegt zu Anfang der Simulation, wenn beide Fahrzeuge weit von der Kreuzung entfernt sind, etwa zwischen $\theta = 80°$ und $90°$. Nähern sich beide Fahrzeuge der Kreuzung, so vergrößert sich dieser Bereich auf etwa $\theta = 40°$ bis $90°$. Für die Seitenspiegelposition (siehe Abb. 5.12(a)) ist der relevante Bereich schon zu Anfang der Simulation größer. Neben einem Hauptausbreitungsbereich zwischen $\theta = 75°$ und $90°$ sind weitere Mehrwege bis zu einem Winkel von bis zu $110°$ zu erkennen. Gerade gegen Ende der Simulation bilden sich Interaktionspunkte für die Mehrwegeausbreitung in diesen Raumrichtungen aus. Das bessere Abschneiden der Seitenspiegelantennen ist also vornehmlich auf das breitere Winkelspektrum in der Elevationsebene zurückzuführen.

Einen Vergleich zwischen den Kapazitäten der synthetisierten Richtcharakteristiken und der von den Referenzantennen ist in Abb. 5.13 für die Antennen in den Seitenspiegeln und der Dachantenne gezeigt. Die Referenzantennen besitzen dabei die Richtcharakteristiken der jeweiligen Abtastantennen, für die Dachantennenposition bedeutet dies eine omnidirektionale Ausleuchtung der oberen

---

[1]Die gezeigten Winkelspektren zeigen eine Auswertung der Rohdaten. Fehlerhaft bestimmte Reflexionen werden in der weiteren Prozessierung durch den jeweiligen Sichtbereich der Antenne bereinigt. Für die Dachantennenposition betrifft dies beispielsweise alle Pfade mit $\theta > 95°$

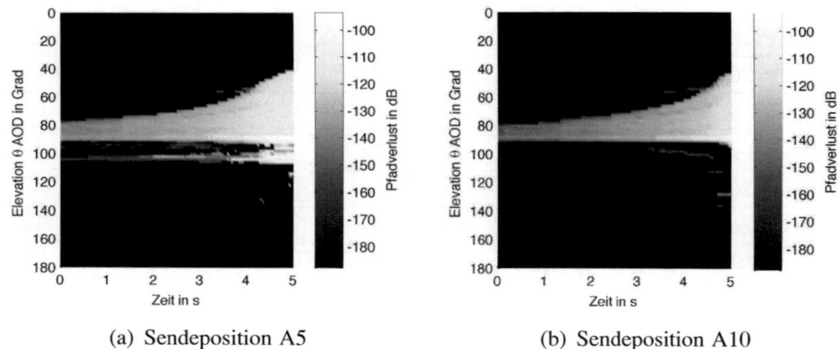

(a) Sendeposition A5   (b) Sendeposition A10

Abbildung 5.12: Winkelspektren der Elevationsebene für die Senderpositionen „rechter Seitenspiegel" (A5) und „Dach" (A10) für das Szenario „städtische T-Kreuzung"

Hemisphäre. Deutlich sichtbar ist hierbei der Kapazitätsgewinn für das Dachantennensystem. Durch die Festlegung des Dynamikbereiches fällt die Dachantenne mit einer gleichmäßigen Ausleuchtung der oberen Hemisphäre in annähernd 30 % aller betrachteten Fälle aus. Für die synthetisierte Antenne beträgt dieser Wert nur etwa 5 %. Dies zeigt, dass durch den Syntheseansatz die Ausfallwahrscheinlichkeiten reduziert und damit die Verlässlichkeit erhöht werden können.

Im Anhang B.2 befinden sich die Ergebnisse für die Auswertung der einzelnen Szenarien. Sie zeigen in welchen Szenarien bestimmte Antennenstandorte Vorteile bieten. So liefert die Position der Dachantenne sehr gute Ergebnisse, wenn Sender und Empfänger aufeinander zu (Szenario: ländlicher Überhohlvorgang, Abb. B.3(c)) oder hintereinander her (Szenario: Autobahn Stau, Abb. B.5(c) und Autobahn Hochgeschwindigkeit Abb. B.5(b)) bewegen. Da in diesen Szenarien der fließende Verkehr mitsimuliert wird, ergibt sich durch die hohe Position eine höhere Wahrscheinlichkeit für einen LOS-Pfad und somit für ein im Vergleich zu den anderen Antennenpositionen gutes SNR. Hingegen liefert die Dachposition nur mittelmäßige Ergebnisse in den städtischen Kreuzungsszenarien. Hier schneiden vor allem die Antennenpositionen gut ab, deren Sichtbereich es erlaubt, vor das Auto zu sehen und das auch im Bereich der unteren Hemisphäre. Zu nennen sind an dieser Stelle die Seitenspiegelpositionen (A4 und A5) sowie die Position vorne in der Stoßstange (A1). Diese Positionen weisen wiederum Schwächen in Szenarien mit vielen anderen Verkehrsteilnehmern auf, weil

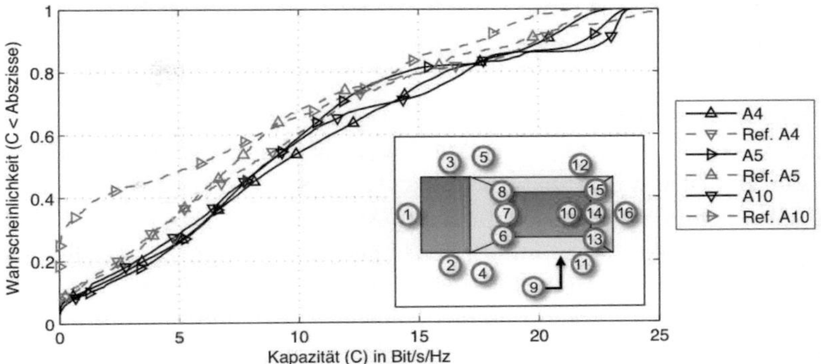

Abbildung 5.13: Vergleich der synthetisierten SISO-Antennen der Seitenspiegel und der Dachantenne mit Referenzsystemen, welche die Richtcharakteristiken der jeweiligen Abtastantennen besitzen.

vor allem für die Antenne in der Stoßstange die Wahrscheinlichkeit für NLOS erhöht wird. Das gute Abschneiden der Antennenposition unter dem Auto (A9) im Stauszenario kann dadurch erklärt werden, dass sich in einer Höhe von etwa 15 cm über der Strasse wenig Hindernisse befinden. So herrscht für diese Kombination über die ganze Simulationszeit LOS. Da sich zwischen Sender und Empfänger auch Fahrzeuge befinden können, die höher sind als diese und somit einen LOS-Pfad zwischen den Dachantennen (A10) abschatten können, sind die Ergebnisse für die Position A9 in diesem Szenario besser. Die Auswertung der ländlichen Szenarien zeigt die deutlich schwächsten Übertragungskanäle auf. Die Ausbreitungsumgebungen weisen hier viel weniger Interaktionsmöglichkeiten für mögliche Mehrwegepfade auf. So zeigt beispielsweise das Ergebnis des ländlichen Kreuzungsszenarios, dass nahezu alle Antennenstandorte kein ausreichendes SNR aufweisen. Allerdings ist zu vermuten, dass das verwendete Kanalmodell die Empfangsleistung in diesem speziellen Szenario unterschätzt, da im Kanalmodell keine Transmission, wie sie durch Vegetation auftreten würde, implementiert ist.

5.4.2 Synthese eines Systems mit Diversität bezüglich der Richtcharakteristik

Im Folgenden werden die Ergebnisse gezeigt und diskutiert, wenn ein Mehrantennensystem mit zwei Richtcharakteristiken an gleicher Stelle entworfen werden soll. Ziel ist an dieser Stelle die Kapazität vornehmlich die des 15 % Perzentil gegenüber dem SISO-System zu steigern. Abbildung 5.14 zeigt die Verteilungsfunktionen aller Positionen im Vergleich. Die Gruppenbildung, welche bei der SISO-Synthese (siehe Abschnitt 5.4.1) zu beobachten ist, bleibt weitestgehend erhalten. Allerdings können sich das Antennensysteme in dem linken Seitenspiegel und das auf dem Autodach gegenüber den anderen Positionen in ihrer Performanz etwas absetzen.

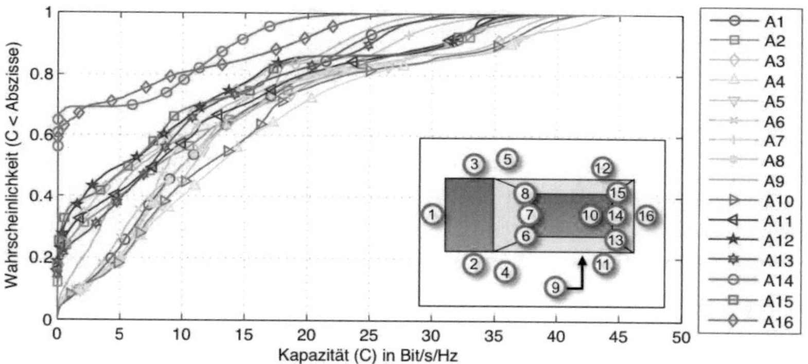

Abbildung 5.14: Vergleich der Kapazitäten aller betrachteter Szenarien und Antennenpositionen bei Synthese eines MIMO-Systems mit zwei Richtcharakteristiken an der selben Antennenposition

Die resultierenden Richtcharakteristiken für die Seitenspiegel und die Dachantennenposition sind in Abb. 5.15 zusammengestellt.

Der jeweils erste Subkanal fokussiert ähnlich den SISO-Charakteristiken in und gegen die Fahrtrichtung.

Die Zweiten je nach Sichtbereich nach schräg vorne links und rechts. Die der Dachantenne ist dabei in der Azimutebene annähernd symmetrisch und weist zwei Hautstrahlrichtungen in $\pm 55°$ auf. Zudem wird hier eine kleine Nebenkeule in die Fahrtrichtung mit einem Elevationswinkel von $\theta = 40°$ ausgebildet. Die

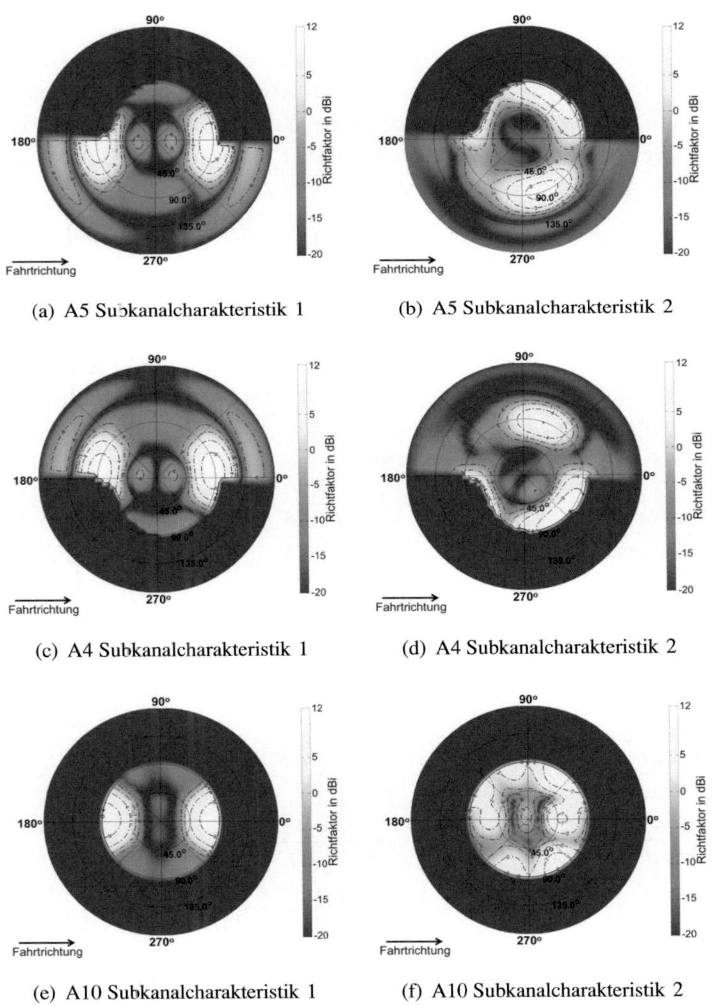

(a) A5 Subkanalcharakteristik 1

(b) A5 Subkanalcharakteristik 2

(c) A4 Subkanalcharakteristik 1

(d) A4 Subkanalcharakteristik 2

(e) A10 Subkanalcharakteristik 1

(f) A10 Subkanalcharakteristik 2

Abbildung 5.15: Richtcharakteristiken der Antennen in den Seitenspiegeln und der Antennen auf dem Dach bei Synthese eines MIMO-Systems mit zwei Richtcharakteristiken an dem selben Standort

Richtcharakteristiken für die zweiten Subkanäle der Seitenspiegelantennen sind hingegen unsymmetrisch. Es existiert jeweils eine Hauptstrahlrichtung, die sich in Richtung der Motorhaube, für die linke Seitenspiegelposition (A4) also in $\psi = -45°$ und für die rechte Seitenspiegelposition (A5) in $\psi = 45°$ ausbildet. Eine Zweite, etwas schmalerer leuchtet die andere Straßenseite im Bereich von $\psi = 70°$ beziehungsweise $\psi = -70°$ aus.

Die Tendenz, dass über den gesamten Verlauf der Verteilungsfunktion betrachtet die linke Seitenspiegelposition höhere Kapazitätswerte liefert als die rechte, ist auf den angenommenen Rechtsverkehr zurückzuführen. In Tabelle 5.3 sind die Kapazitätswerte der 15 %, 50 % und 90 % Perzentile sowie die jeweiligen Kapazitätsgewinne G_{MIMO} bezogen auf das synthetisierte SISO-System zusammengefasst. Auffallend ist dabei, dass bezogen auf das 15 % Perzentil hauptsächlich die Antennenpositionen ein Kapazitätsgewinn erzielen, sie schon bei der SISO-Synthese die besten Ergebnisse lieferten.

Position	A1	A2	A3	A4	A5	A6	A7	A8
15 % Perzentil	3,3	0,2	0,1	3,6	4,0	2,9	3,22	3,8
G_{MIMO}	0,8	0	0	1,3	1,4	0,9	1,5	1,2
50 % Perzentil	10,0	8	7,8	12,7	10,9	10,1	8,8	10,1
G_{MIMO}	2,2	0,3	0	3,6	2,3	2,2	1,4	2,4
90 % Perzentil	23,6	32,1	34,7	36,5	36	31,1	26,7	30,7
G_{MIMO}	7,5	9,8	13,3	16,4	14	8,5	9,0	12,7
Position	A9	A10	A11	A12	A13	A14	A15	A16
15 % Perzentil	1,3	4,0	0	0	0	0	0	0
G_{MIMO}	1,3	1,9	0	0	0	0	0	
50 % Perzentil	6,6	8,5	7,1	4,7	3,7	0	4,7	0
G_{MIMO}	2,4	3,3	0.6	0.4	3.7	0	0.9	0
90 %Perzentil	22,5	35,4	30,7	31,2	24,9	14,1	18,1	18,7
G_{MIMO}	5,1	12,5	10,4	11	10,8	3,9	0	6,5

Tabelle 5.4: Auflistung der 15 %, 50 % und 90 % Perzentile der Verteilungsfunktionen der Kapazität für ein 2×2 System zwei Richtcharakteristiken an dem selben Standort. Die Angaben von G_{MIMO} beziehen sich auf die SISO-Synthese. Angaben in Bit/s/Hz.

5.4.3 Synthese eines Systems mit Diversität bezüglich der Richtcharakteristik und der Polarisation

Dieser Unterabschnitt untersucht die vollpolarimetrische Synthese. Ausgehend von der Definition aus Abschnitt 2.3 wird diese für die Antennenpositionen A1, A4 bis A8 und A13 bis A16 analysiert. Die anderen Antennenpositionen werden aus heuristischen Gründen nicht betrachtet, beispielsweise wird die Annahme getroffen, dass für die Dachantennenposition aufgrund der großen Metallfläche eine horizontale Polarisation nicht zu realisieren ist. Bei der vollpolarimetrischen Synthese besitzt jede Abtastantenne zwei Polarisationskomponenten, eine vertikale und eine horizontale. Das Abtastvolumen ändert sich dabei nicht. In Abb. 5.16 sind die Ergebnisse dieser Synthese im Vergleich zu dem vertikal polarisierten 2×2-System für den linken Seitenspiegel (siehe Abschnitt 5.4.2) dargestellt.

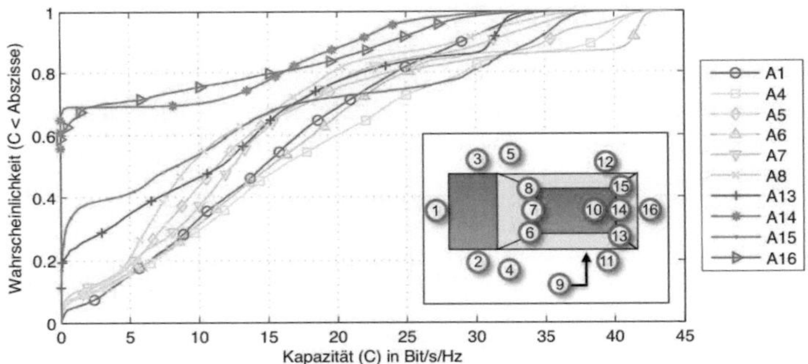

Abbildung 5.16: Vergleich der Kapazitäten der vollpolarimetrischen synthetisierten Systeme für 2×2-MIMO

Der zusätzliche Freiheitsgrad ermöglicht dabei eine deutliche Kapazitätssteigerung aller Antennenstandorte, die Perzentile sowie der Kapazitätsgewinn gegenüber der SISO-Synthese sind in Tabelle 5.5 aufgelistet. Durch ihn ist es möglich, für beide Antennen Richtcharakteristiken zu bestimmen, die starke und zugleich unkorrelierte Empfangssignale liefern.

In Abb. B.7 im Anhang finden sich beispielhaft die synthetisierten Richtcharakteristiken für den Standort A4. Die Hauptstrahlrichtungen beider Antennen zeigen dabei hauptsächlich in und gegen die Fahrtrichtung. Die orthogonalisierende Wirkung auf den Kanal wird dabei durch die Polarisation erzielt. So bevorzugt

Position	A1	A4	A5	A6	A7
15 % Perzentil	4.9	4,9	4	4,4	3,7
G_{MIMO}	2,4	2,6	2,4	2,4	1,9
50 % Perzentil	14,7	16	11,3	15,2	12,5
G_{MIMO}	6,9	6,9	2,7	7,3	5,1
90 % Perzentil	29	38,5	35,1	41,2	30,9
G_{MIMO}	12,8	12.8	13,1	18,6	13,1
Position	A8	A13	A14	A15	A16
15 % Perzentil	3.9	0	0	0	0
G_{MIMO}	1,3	0	0	0	0
50 % Perzentil	9,3	11,5	0	8,3	0
G_{MIMO}	1,7	7,8	0	3,6	0
90 % Perzentil	28,6	31,1	21,1	34,2	23,8
G_{MIMO}	10,8	17	9,9	16,1	11,6

Tabelle 5.5: Auflistung der 15 %, 50 % und 90 % Perzentile der Verteilungsfunktionen der Kapazität für ein vollpolarimetrisches 2×2 System zwei Richtcharakteristiken an dem selben Standort. Die Angaben von G_{MIMO} beziehen sich auf die SISO-Synthese. Angaben in Bit/s/Hz.

die erste Richtcharakteristik die vertikale und die zweite die horizontale Polarisation.

5.4.4 Untersuchung eines C2C Dachantennensystems mit Diversität bezüglich des Raumes

Der Funkkanal der C2C Kommunikation ist sowohl zeit- als auch ortsvariant. Ein Mehrantennensystem, welches das Prinzip von *Space Diversity* nutzt, beruht auf der räumlichen Trennung von Antennen, um so über die Ortsvarianz möglichst dekorrelierte Kanäle zu erzeugen. Im Folgenden werden verschiedene Anordnungen für ein 2×2-MIMO-System auf dem Fahrzeugdach untersucht. Variiert wird dabei zum einen die Positionierung der Antennen im Raum zueinander und zum anderen die Richtcharakteristiken der beiden Antennen. Gezeigt sind diese Setups in Abb. 5.17. Der Abstand der Antennen zueinander beträgt, um in ein typisches Dachantennengehäuse zu passen, jeweils 1,2 λ. Untersucht werden drei

Anordnungen. Fall A beschriebt die räumliche Trennung in x-Richtung, Fall B eine in xy- und C eine in y-Richtung.

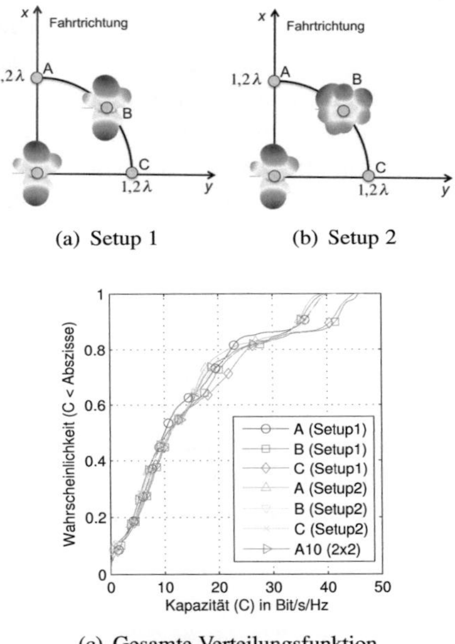

(a) Setup 1   (b) Setup 2

(c) Gesamte Verteilungsfunktion

Abbildung 5.17: Skizze der untersuchten räumlichen Anordnungen und Richtcharakteristiken für ein 2×2-System auf dem Fahrzeugdach (Setup 1 und 2) sowie der Vergleich der Kapazitäten der untersuchten Antennensysteme mit Diversität bezüglich des Raumes.

Die Setups 1 (siehe Abb. 5.17(a)) und 2 (Abb. 5.17(b)) unterscheiden sich in den jeweils verwendeten Richtcharakteristiken der Antennen. In Setup 1 besitzen beide Antennen die gleiche, in Setup 2 dementsprechend unterschiedliche Richtcharakteristiken. Die erste Antenne befindet sich im Koordinatenursprung und ist in allen Setups fest. Die zweite Antenne befindet sich an den Positionen A, B oder C. Gewählt wurden an dieser Stelle die beiden synthetisierten Richtcharakteristiken für die Dachantennenposition aus Abschnitt 5.4.2. Abbildung 5.17(c) zeigt die Verteilungsfunktionen der Kapazität der sechs untersuchten Fälle im Vergleich zu dem im vorherigen Abschnitt synthetisierten Antennensystems mit zwei Richtcharakteristiken am selben Standort.

Der Verlauf der Verteilungsfunktionen (siehe Abb. 5.17(c)) zeigt, dass die Kapazitätswerte alle recht ähnlich sind. Größere Abweichungen lassen sich nur im oberen Verlauf der Funktionen feststellen. Dort erzielen die Systeme mit gleicher Richtcharakteristik und Trennung in $x-$ beziehungsweise in xy- Richtung etwas höhere Kapazitätswerte. Dass die räumliche Trennung der beiden Antennen mit unterschiedlichen Richtcharakteristiken wenig Einfluss hat, lässt sich dadurch erklären, dass diese in schwachen Kanälen nur schwache Mehrwegepfade empfängt und die wichtigsten Richtungen über die erste Charakteristik abgedeckt werden. Der geringe Kapazitätsgewinn der drei Fälle für das erste Setup lässt darauf schließen, dass die räumliche Trennung der Antennenelemente zu gering gewählt wurde und sich dadurch die Empfangssignale zu ähnlich sind. Dies soll mit Abb. 5.18 verdeutlicht werden, sie zeigt den kohärenten Pfadverlust auf einem Streckenabschnitt einer vierspurigen, innerstädtischen Strasse. An den weißen Stellen, an denen der Pfadverlust nicht bestimmt werden konnte, befinden sich Fahrzeuge. Gut zu erkennen sind die Abschattungskegel hinter diesen Fahrzeugen. Ihre Größe hängt vom Abstand zum Sender und von der Größe der Fahrzeuge ab. Zwischen den Fahrzeugen, gerade im Bereich zwischen 60 und 80 m, zeigen sich Interferenzmuster entlang der Fahrtrichtung.

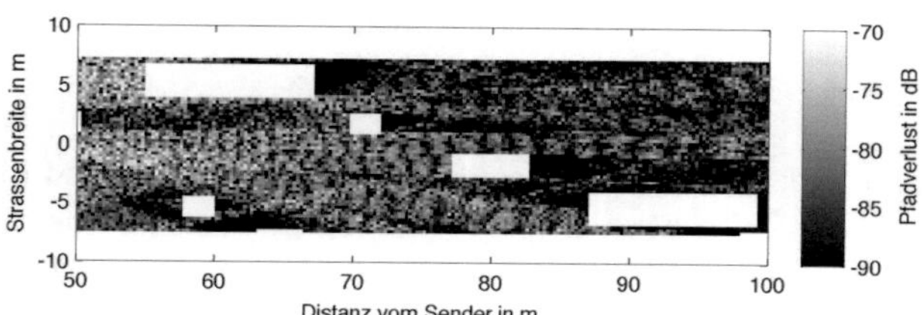

Abbildung 5.18: Flächig berechneter Pfadverlust für einen Streckenabschnitt einer vierspurigen, innerstädtischen Strasse. An den Stellen der weißen Kästen befinden sich Fahrzeuge.

Der Abstand zwischen einem Minimum und einem Maximum ist dabei deutlich größer als die gewählten 1,2 λ und vergrößert sich zudem mit wachsender Distanz zum Sender. Die Interferenzerscheinungen entlang der Fahrtrichtung bewirken, dass die Korrelationslänge des Kanals (siehe Abschnitt 2.1.3) in der x- und xy-Richtung typischerweise geringer ist als in die y-Richtung. Dies erklärt somit auch die etwas höheren Kapazitätswerte der Fälle A und B.

5.4.5 Untersuchung eines C2C Mehrantennensystems mit Diversität bezüglich der Standorte

Aus dem vorangegangenen Abschnitt wurde deutlich, dass es sich empfiehlt, die räumliche Trennung zwischen den Antennenelementen zu erhöhen. Im Folgenden werden daher 2×2-Systeme mit unterschiedlichen Kombinationen der 16 betrachteten Antennenstandorte am Fahrzeug untersucht. Um die Anzahl der Tupel einzuschränken, wird der zeitliche Verlauf der Kapazität betrachtet. Für jede Kombination wird dabei ermittelt, wie oft die Antennen unter einem bestimmten Kapazitätswert liegen. In Abb. 5.19 ist dies für den Grenzwert von 3 Bit/s/Hz verdeutlicht.

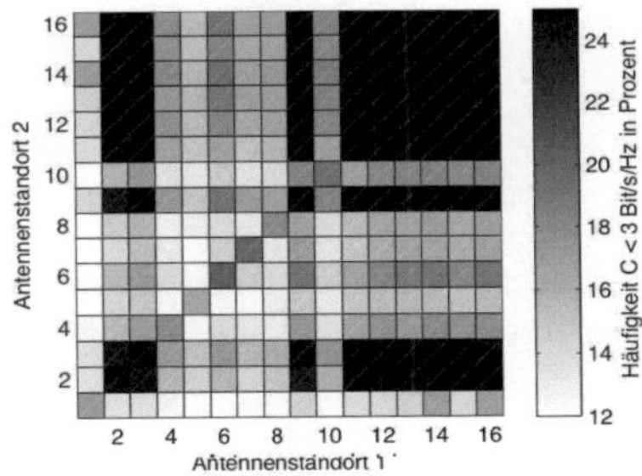

Abbildung 5.19: Ermittelte prozentuale Unterschreitung eines Grenzwertes der Kapazität für den Fall das beide Antennenpositionen zur gleichen Zeit unter diesem liegen

Dementsprechend werden so Antennenpaarungen gesucht, die in schwachen Übertragungskanälen und -situationen möglichst unkorreliert sind. Für die Richtcharakteristiken der jeweiligen Standorte fungieren hierfür die synthetisierten SISO-Charakteristiken aus Abschnitt 5.4.1. Alternativ könnte an dieser Stelle die Auswahl anhand der Korrelationseigenschaften (siehe Abschnitt 2.3) erfolgen. Da an dieser Stelle aber das Ziel verfolgt wird, die Verlässlichkeit des Systems zu erhöhen, wird der oben beschriebene Ansatz verfolgt. Aus Abb. 5.19 ergeben sich acht Kombinationen (A1xA2, A1xA4, A1xA5, A1xA8, A1xA10, A4xA5, A4xA7 sowie A4xA10), die im Folgendem näher untersucht werden. Abbildung 5.20 stellt die erzielten Ergebnisse der acht betrachteten Kombinationen im Vergleich zu dem synthetisierten 2×2-System der linken Seitenspiegelposition aus Abschnitt 5.4.2 grafisch dar. Die Nutzung unterschiedlicher Standorte mit den jeweils für diese Position synthetisierten Richtcharakteristiken zeigt dabei erhebliche Kapazitätssteigerungen. Von den Antennenpaarungen liefern die Kombinationen A1xA4 sowie A1xA5 im unteren Bereich der Verteilungsfunktionen (siehe Tabelle 5.6) die besten Ergebnisse, über den kompletten Bereich hinweg die Paarungen A4xA5 und A4xA10.

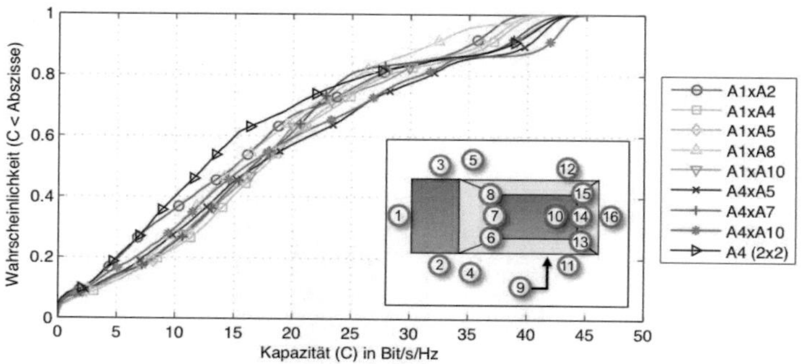

Abbildung 5.20: Vergleich der Kapazitäten unterschiedlicher 2×2 Kombinationen der 16 betrachteten Antennenstandorte

Orte	A1 ×A2	A1 ×A4	A1 ×A5	A1 ×A8	A1 ×A10	A4 ×A5	A4 ×A7	A4 ×A10
15 %	3,8	6,6	6,4	5,7	5,9	5,4	5,6	4,4
50 %	15,1	17,6	17,1	15,2	17,1	16,9	16,6	16,0
90 %	35	36,6	36	31,6	38,4	39,9	38,0	41,6

Tabelle 5.6: Auflistung der 15 %, 50 % und 90 % Perzentile der Verteilungsfunktionen der Kapazität für ein 2×2 System mit unterschiedlichen Antennenorten

5.4.6 Mehrortsynthese für die C2C Kommunikation

In diesem Abschnitt wird die Mehrortsynthese anhand der kompletten $\underline{H}$-Matrix durchgeführt (siehe Abschnitt 3.4.3). Dies bedeutet, dass der Kanal mit zwei voneinander getrennten Volumen auf der Sende- und Empfangsseite abgetastet wird. Die resultierenden Belegungskoeffizienten teilen sich anschließend auf beide Standorte auf. Die Subkanäle entstehen über das Zusammenwirken der standortbezogenen Richtcharakteristiken miteinander. Für ein SISO-System heißt das, dass die Signale beider Antennen direkt und ohne weitere Vorverarbeitung zu einem Übertragungskoeffizienten $\underline{h}$ zusammengeführt werden. Die Kapazitätsergebnisse einer solchen Mehrort-SISO-Synthese sind in Abb. 5.21 gezeigt und die Perzentile in Tabelle 5.7 zusammengefasst. Betrachtet werden dabei die Antennenpaarungen aus Abschnitt 5.4.5.

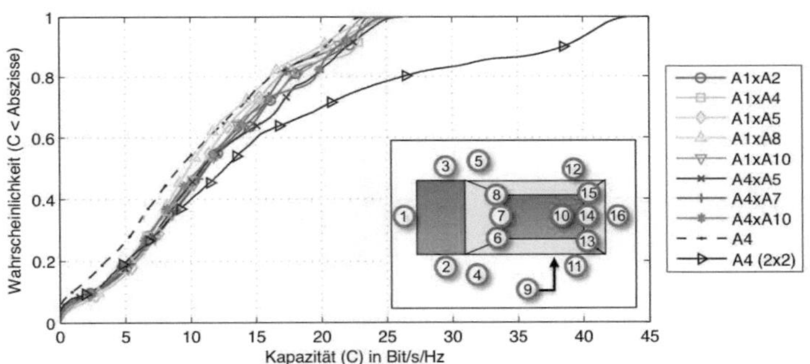

Abbildung 5.21: Vergleich der Kapazitäten der Mehrort-SISO-Synthese für unterschiedliche Standortkombinationen

Im unteren Bereich der Verteilungsfunktionen sind die erreichbaren Kapazitätswerte dieses SISO-Systems ähnlich denen des besten 2×2-MIMO-System mit zwei synthetisierten Richtcharakteristiken am selben Standort. Im oberen Verlauf der Kurve werden hingegen etwa die Werte erreicht, die den synthetisierten SISO-Systemen an einem Standort ähnlich sind.

Orte	A1 ×A2	A1 ×A4	A1 ×A5	A1 ×A8	A1 ×A10	A4 ×A5	A4 ×A7	A4 ×A10
15 %	4	4,2	4,8	4,5	4,4	4,3	4,3	4
50 %	11,0	10,9	10,8	9,8	11,1	10,8	11,2	10,7
90 %	21,9	22,6	20,5	19,8	21,2	21,9	21,2	21,2

Tabelle 5.7: Auflistung der 15 %, 50 % und 90 % Perzentile der Verteilungsfunktionen der Kapazität für ein SISO System einer Mehrortsynthese

Bei einer Mehrort-MIMO-Synthese ist das Prinzip analog. Beispielsweise resultieren für ein 2×2-System zwei Belegungsvektoren für Sender und Empfänger, die sich dann jeweils wieder auf beide Standorte aufteilen. Auf der Empfängerseite müssen die jeweiligen Signale für die beiden Subkanäle erst wieder zusammengeführt werden, um eine orthogonalisierende Wirkung auf den Kanal zu haben. Abbildung 5.22 und Tabelle 5.8 zeigen die Ergebnisse für diese Art der Synthese.

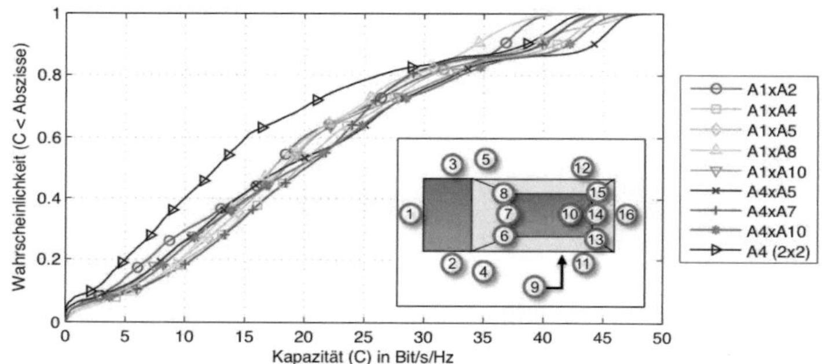

Abbildung 5.22: Vergleich der Kapazitäten der Mehrort-2×2-MIMO-Synthese für unterschiedliche Standortkombinationen

Die Kapazitätswerte im unteren Verlauf der Verteilungsfunktionen sind dabei deutlich höher als die des 2×2-Referenzsystems mit zwei Richtcharakteristiken am selben Standort. Die Maximalwerte hingegen weisen ähnliche Werte auf.

Orte	A1 ×A2	A1 ×A4	A1 ×A5	A1 ×A8	A1 ×A10	A4 ×A5	A4 ×A7	A4 ×A10
15 %	5,3	8,5	8	8,5	6,6	6,5	8,5	7,1
50 %	17,3	19,5	18,1	17,3	18,3	18,1	20	19,24
90 %	36,6	41,1	39	34,3	39,8	44,1	39,9	42,1

Tabelle 5.8: Auflistung der 15 %, 50 % und 90 % Perzentile der Verteilungsfunktionen der Kapazität für ein 2×2 System einer Mehrortsynthese

5.5 Fazit und Zusammenfassung

In diesem Kapitel wurde die in Kapitel 3 vorgestellte Synthese angewendet, um Antennen- und Mehrantennensysteme für die C2C Kommunikation zu entwerfen. Im Fokus standen dabei typische, sicherheitsrelevante Verkehrsszenarien, in welchen ein solches Kommunikationssystem genutzt werden könnte, um Gefahren zu erkennen und zu vermeiden. Gerade in solchen Szenarien stellt sich die Frage nach den optimalen Antennenpositionen und deren Richtcharakteristiken. Für die Synthese wurden zu diesem Zweck 16 verschiedene Antennenpositionen am Fahrzeug untersucht und standortrelevante Einschränkungen, wie beispielsweise das zur Verfügung stehende Volumen oder der Sichtbereich der Antenne, mit einbezogen. Die sich aus der Untersuchung der Syntheseparameter ergebenden wichtigsten Schlussfolgerungen lassen sich wie folgt zusammenfassen:

- Die Ergebnisse der Untersuchungen in diesem Kapitel belegen, dass durch die Synthese die Verlässlichkeit der Antennensysteme signifikant erhöht werden kann.

- Für die Synthese von C2C Antennensystemen erweisen sich die einfache Mittelung und die nach der EVD als am geeignetsten.

- Das Volumen beziehungsweise die Apertur einer Antenne bestimmt die mögliche Hauptkeulenbreite. Wird es/sie zu gering gewählt, so lassen sich nur schwer orthogonalisierende Richtcharakteristiken bestimmen. Somit wird bei sehr kleinen Volumen nur ein geringer Kapazitätsgewinn erreicht.

- Die Bestimmung einer gemittelten Lösung für orts- und zeitvariante Kanäle führt zu einem Verlust an Direktivität. Der MIMO-Kapazitätsgewinn kann, wie am Beispiel gezeigt, für ein bestimmtes Volumen ein Maximum erreichen. Eine weitere Vergrößerung bringt keinen weiteren Gewinn, da sich aufgrund der Mittelungen keine direktiveren Richtcharakteristiken bestimmen lassen.

- Eine aus der kapazitätssteigernden Synthese resultierende Richtcharakteristik hat oft ebenfalls eine reduzierende Wirkung auf die Doppler-Verbreiterung.

Für die Synthese von C2C Antennensystemen ergaben sich folgende wichtige Erkenntnisse:

- Die Auswertung verschiedener Azimutwinkelspektren zeigt, dass sich für weiter voneinander entfernte Fahrzeuge oft ein sogenannter Canyon-Effekt ergibt. Die Mehrwegepfade erreichen und verlassen den Sender dabei hauptsächlich in und gegen die Fahrtrichtung. Dies führt dazu, dass die Synthese diese Richtung für den ersten Subkanal als Vorzugsrichtung bestimmt. So wird der Antennengewinn genutzt, um gerade bei weit voneinander entfernten Fahrzeugen das SNR erhöhen zu können. Dementsprechend schneiden alle Antennenpositionen bei der Synthese eines SISO-Systems besonders gut ab, deren Sichtbereich diese Raumrichtungen abdecken.

- Umso näher sich die Fahrzeuge kommen, desto breiter werden die Winkelspektren und umso so leichter fällt es, einen Kapazitätsgewinn durch die Synthese einer zweiten Richtcharakteristik (am gleichen Standort) zu erhalten.

- Für ein *Diversity*-System bestehend aus zwei Antennen mit unterschiedlichen Richtcharakteristiken ist es von Vorteil, wenn der Sichtbereich der Antennenpositionen auch die untere Hemisphäre abdeckt. Durch eine Trennung der Hauptstrahlrichtungen in Azimut und Elevation kann so ein Kapazitätsgewinn gegenüber einem SISO-System auch für weiter voneinander entfernte Fahrzeuge erzielt werden. Die besten Ergebnisse für ein solches System lieferten die Positionen der Seitenspiegel und die auf dem Dach.

- Der Freiheitsgrad der Polarisation erlaubt es, für die C2C Kommunikation zwei Richtcharakteristiken an einem Standort auszubilden, mit denen zwei starke Subkanäle ausgebildet werden können. Die Synthese zeigt hier deutlich höhere Kapazitätsgewinne gegenüber der eines 2×2-System zwei Richtcharakteristiken an dem selben Standort.

- Die Untersuchungen bezüglich einer räumlichen Verschiebung der ersten und zweiten synthetisierten Richtcharakteristik für ein *Space Diversity*-System auf dem Fahrzeugdach zeigen, dass eine Verschiebung um $1{,}2\,\lambda$ zu wenig ist, um die Ortsvarianz des Kanals auszunutzen. In urbanen Szenarien, in denen es zum Canyon-Effekt kommt, treten typischerweise Interferenzmuster in oder gegen die Fahrtrichtung auf. Hier ist es von Vorteil die Antennen in die x- oder xy-Richtung zu trennen.

- Die Nutzung zweier unterschiedlicher Antennenstandorte mit größerer räumlicher Trennung und der für diese Orte synthetisierte Richtcharakteristiken führt zu hohen Kapazitätsgewinnen. Soll die Verlässlichkeit eines Systems erhöht werden, so empfiehlt sich die Kombination von Antennenpositionen mit komplementär guten und schlechten Übertragungskanälen.

- Bezogen auf alle untersuchten 2×2-Synthesen liefert eine größere räumliche Trennung beider Antennen den höchsten Kapazitätsgewinn. Die besten Ergebnisse bezogen auf ein 15 % Perzentil wurden dabei mit den Standortkombinationen „vorderer Stoßstange" und „linker Seitenspiegel" sowie „vorderer Stoßstange" und „rechter Seitenspiegel" erzielt.

6 Mehrmodenbasierte Synthese einer Dachantenne

In diesem Kapitel wird die physikalische Realisierung eines 2×2 Antennensystems für die C2C Kommunikation beschrieben. Ziel ist dabei ein Antennensystem auf dem Dach mit zwei festen Richtcharakteristiken zu synthetisieren und anschließend aufzubauen. Als zugrundeliegendes Abtastsystem fungieren sowohl simulierte als auch gemessene Richtcharakteristiken einer Multimodenantenne. Die gemessenen Modencharakteristiken der am Fahrzeug installierten Antenne ermöglichen so nicht nur ein szenarien-, sondern auch ein fahrzeugabhängiges Antennendesign. Dies kann nötig sein, da schon unterschiedliche Ausstattungsvarianten auf die Antennenrichtcharakteristiken großen Einfluss haben können [KRL$^+$11]. Gerade im Hinblick auf die hohe Fahrzeugvarianz ergibt sich somit die Möglichkeit, die gleiche Antenne beziehungsweise das gleiche Antennensystem für die gesamte Fahrzeugflotte zu verwenden. Lediglich die Ansteuerung der Antennen zum Beispiel durch ein Speisenetzwerk zu ändern und so an das spezifische Fahrzeug, gegebenenfalls auch im Nachhinein, anzupassen. Bei der mehrmodenbasierten Antennensynthese erfolgt eine Kanalabtastung anhand der im optimalen Fall orthogonalen Moden der Antenne, die sogenannten Grundmoden. Nach der Abtastung erfolgt die in Kapitel 3 beschriebene Bestimmung der Phasen- und Amplitudenbelegungen der einzelnen Grundmoden.

Im folgenden Beispiel erfolgt das Antennendesign für das institutseigene Fahrzeug, einem Audi A4 Avant. Die abstrahlende Struktur der Antenne soll dabei in ein typisches Dachantennengehäuse, wie in Abb. 6.1 gezeigt, passen. Durch das Gehäuse beschränkt sich die Grundfläche der Antenne auf etwa 7×3,8 cm, entsprechend 1,4×0,75λ bei 5,9 GHz.

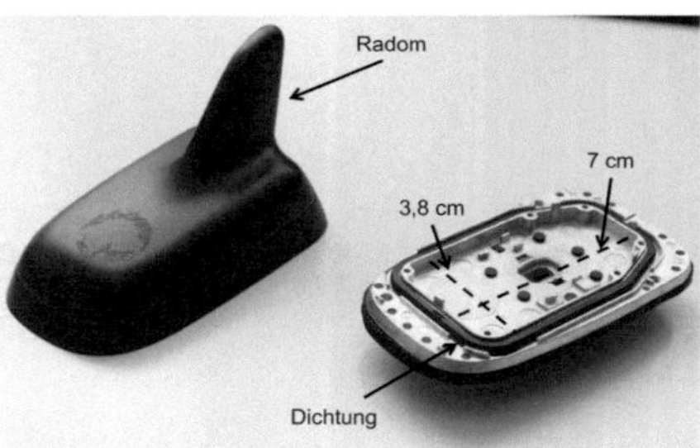

Abbildung 6.1: Antennengehäuse einer typischen Dachantenne

6.1 Mehrmodenantennendesign

Bei der Mehrmodensynthese, wie in Kapitel 3.2.3 beschrieben, wird der Kanal an gleicher Stelle mit unterschiedlichen Richtcharakteristiken abgetastet. Diese dienen so als Basismoden, aus denen durch die Synthese kapazitätsoptimierende Richtcharakteristiken bestimmt werden können. Der Vorteil bei der Verwendung der Mehrmodensynthese ist, dass die aus der Synthese gewonnenen Belegungskoeffizienten direkt genutzt werden können, um die synthetisierten Richtdiagramme zu erstellen.

Traditionell wird als Mehrmodenantenne eine Struktur bezeichnet, die durch Speisung an unterschiedlichen Stellen in der Lage ist, unterschiedliche möglichst orthogonale Richtdiagramme, sogenannte Moden, auszubilden [Sva02, Wal04]. In dieser Arbeit werden dazu aber auch Gruppenantennen mit, im Bezug auf die Wellenlänge, kleinen Elementabständen gezählt. Bei typischen Gruppenantennen wird der Elementabstand größer $\lambda/2$ gewählt, um die gegenseitige Kopplung der Einzelstrahler gering zu halten. Verkleinert sich der Abstand, sinkt zum einen die Abstrahleffizienz und zum anderen werden die Richtcharakteristiken stark gestört [Wal04]. In [YW09, LW07a, LW07b] und [WVB$^+$06] werden Lösungen für das Design kleiner Gruppenantennen vorgeschlagen, bei denen die Verkopplung berücksichtigt wird. Diese beruhen auf dem Einsatz von sogenannten *Mode Decomposition Networks* (MDNs) oder *Decoupling and Matching Networks* (DMNs). Hierbei werden die Antennen nicht mehr als Einzelstrahler betrachtet, sondern die ganze Antennengruppe als ein Mehrportnetzwerk. Ein solches Mehrportnetzwerk kann dann über eine passive Struktur entkoppelt werden. Durch die spezifischen Belegungskoeffizienten in einem MDN oder DMN lassen sich so entkoppelte, orthogonale Moden erzeugen. Die resultierenden Modencharakteristiken sind ebenfalls orthogonal. Solch ein modenbasierter Ansatz lässt sich prinzipiell auf jede Gruppenantenne anwenden. Symmetrische Anordnungen vereinfachen aber das Design eines MDNs.

Im Folgenden wird das Konzept aus [YW09] aufgegriffen und ein zirkulares Array bestehend aus vier identischen Monopolen verwendet. Eine schematische Darstellung eines solchen Aufbaus ist in Abb. 6.2(a) gezeigt. Der direkte Abstand zwischen zwei benachbarten Elementen beträgt $0{,}32\,\lambda$ ($1{,}63\,$cm) und der zum gegenüberliegenden Antennenelement $0{,}45\,\lambda$ ($2{,}39\,$cm). Diese Gruppenantenne wird auf dem Autodach des Fahrzeugs (xy-Ebene) platziert, so dass durch die, im Bezug auf die Wellenlänge, relativ große Metallfläche die für einen optimalen Monopol nötige unendlich ausgedehnte Massefläche angenähert werden kann. Die Abstrahlung kann demnach nur, bezogen auf das Autodach, in die obere Hemisphäre erfolgen.

Das MDN ermöglicht nun vier orthogonale Moden durch unterschiedliche Phasenbelegungen der Monopole. Die Phasenbelegung der Antennen beträgt entweder $0°$ (Inphase) oder $180°$ (Gegenphase). Eine Amplitudenbelegung erfolgt nicht. Das Prinzip sowie die so entstehenden Moden für ideale Monopole sind in Abb. 6.2 gezeigt.

Die Pfeilrichtung in der schematischen Darstellung neben den Modencharakteristiken gibt die Phasenbelegung wieder. Ein nach oben gerichteter Pfeil entspricht $0°$, ein nach unten gerichteter $180°$. So werden zum Beispiel für Mode 1 (Abb. 6.2(c)) alle Monopole gleichphasig gespeist, für Mode 2 (Abb. 6.2(d)) die Elemente 3 und 4 hingegen gegenphasig. Da bei den Simulationen die Kopplung und Effizienz der Antennen vernachlässigt wird, wird hier nur der Richtfaktor und nicht der Gewinn der Moden angegeben. Die Synthese selbst berücksichtigt ebenfalls nur die Richtcharakteristiken. Den Ausführungen in [YW09] zufolge weisen die Moden für den gewählten Abstand aber dennoch akzeptable Werte auf.

6.1.1 Simulation der nichtidealen Mehrmodenantenne

Die in Abb. 6.2 gezeigten Modencharakteristiken ergeben sich unter der Annahme idealer Monopole mit einer unendlich ausgedehnten Massefläche. Ausgehend von einer Installation auf dem Autodach ist dies aber nicht gegeben. Als Annähe-

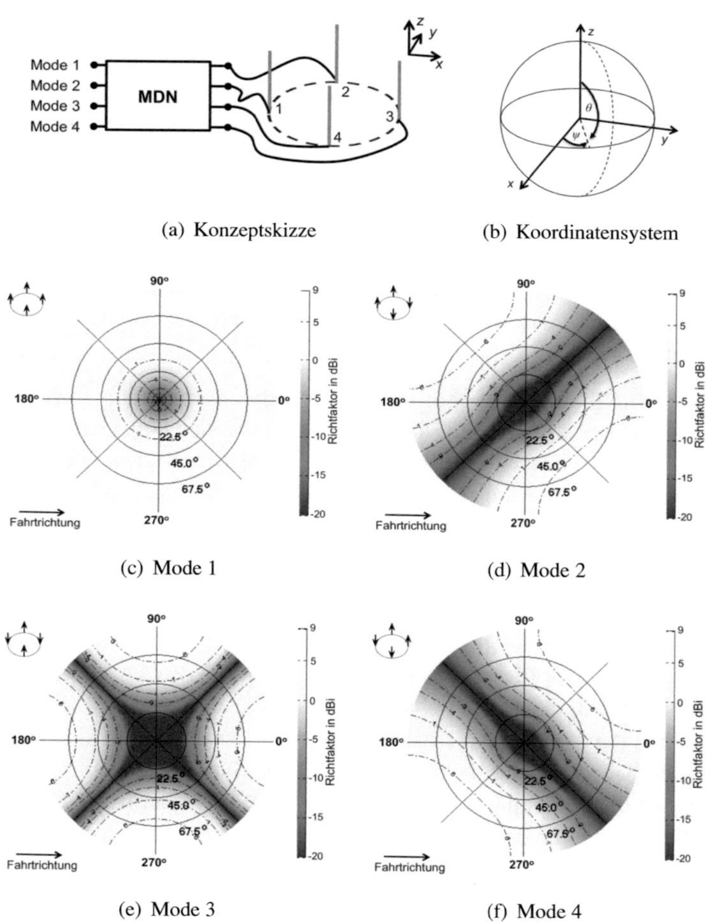

Abbildung 6.2: Simulierte vier Moden der idealen zirkularen Gruppenantenne mit MDN. Für die Richtcharakteristiken ist jeweils nur die obere Hemisphäre gezeigt.

rung an die Realität werden daher Modencharakteristiken eines nichtidealen Monopolarrays simuliert [Jer10]. Die der Simulation zugrundeliegende Struktur ist in Abb. 6.3 gezeigt. Sie berücksichtigt die metallische Grundstruktur des Dachantennengehäuses aus Abb. 6.1 und eine Massefläche (das Fahrzeugdach). Zudem ist die dielektrische Beschichtung der Monopole berücksichtigt, wie sie auch bei der realen Antenne (siehe Abschnitt 6.2) vorliegt. Die Abdeckung der Antenne wird dabei nicht berücksichtigt, da Messungen keinen signifikanten Einfluss auf die Richtcharakteristik und die Anpassung zeigten. Das zirkulare Array wurde im Rahmen der Simulation für die Frequenz 5,9 GHz optimiert.

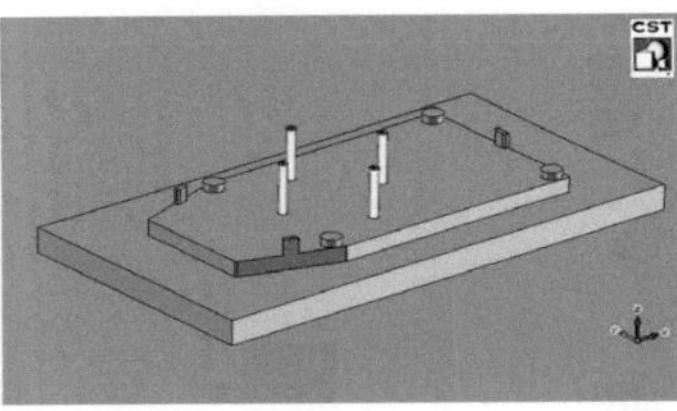

Abbildung 6.3: Berücksichtigte Umgebung zur Simulation der nichtidealen Monopole

Die vier aus dieser Simulation resultierenden Moden sind in Abb. 6.4 dargestellt. Auch wenn durch die Bodenstruktur des Antennengehäuses die Symmetrie nicht mehr vollständig gegeben ist, erzeugt das MDN nahezu orthogonale, komplexe Richtdiagramme. Die Form dieser bleibt, verglichen mit denen der idealen Monopole, im Generellen bestehen. Allerdings führt die endliche Massefläche zu einer Anhebung der Hauptkeule, was in einem direktiveren Verhalten und dementsprechend einem etwas höheren Richtfaktor mündet. Die Hauptstrahlrichtungen liegen somit nicht mehr in der Azimutalebene ($\theta = 90°$) sondern bei einem Elevationswinkel von θ etwa 75°. Des Weiteren führt die stufige Metallstruktur zur Ausbildung einiger Nebenmaxima in der Elevationsebene. All diese Effekte werden folglich in der Synthese mit nichtidealen Monopolen berücksichtigt.

6.1.2 Syntheseparameter

Ziel der Synthese in diesem Kapitel ist es, zwei Richtcharakteristiken für eine Dachantenne zu bestimmen, welche gemittelt über alle zur Synthese herangezogenen Szenarien auf den Kanal eine orthogonalisierende Wirkung besitzen.

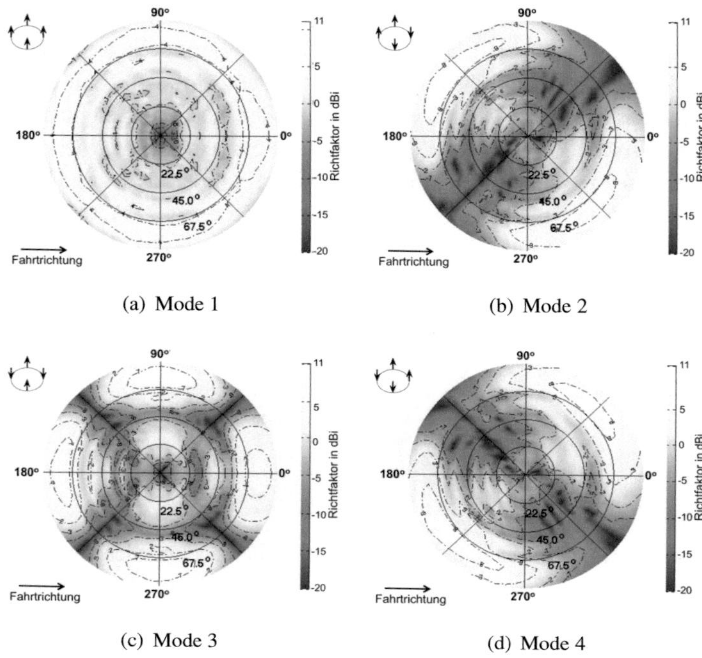

(a) Mode 1   (b) Mode 2

(c) Mode 3   (d) Mode 4

Abbildung 6.4: Simulierte vier Moden der nicht-idealen zirkularen Gruppenantenne mit MDN. Für die Richtcharakteristiken ist jeweils nur die obere Hemisphäre gezeigt.

Die so bestimmten Richtcharakteristiken wirken also dekorrelierend auf die Subkanäle. Da die Mehrmodensynthese hier Anwendung findet, stellen die vier Moden des kleinen Arrays die Basis, das heißt die synthetisierten Charakteristiken sind auf eine Linearkombination dieser Basismoden beschränkt. Die Synthese wird mit simulierten Moden eines optimalen (Abb. 6.2) und nichtoptimalen (Abb. 6.4) Monopolarrays durchgeführt, sowie mit den Moden einer realisierten und vermessenen Antenne (Abb. 6.13). Des Weiteren gelten folgende Einschränkungen und Annahmen:

- Die Synthese erfolgt unter Annahme eines frequenzflachen Kanals schmalbandig für 5,9 GHz

- Es erfolgt eine Mittelung über die Tx und Rx Richtcharakteristiken

- Die Gewichtung erfolgt über die einfache Mittelung (SM) und die der Eigenwertverteilung (EVD)

- Die Zuteilung der Richtcharakteristiken zu den Subkanälen erfolgt über das Skalarprodukt der Strahlformungsvektoren; zudem erfolgt die Phasenkorrektur

- Es wird kein Schwellwert gesetzt (siehe Abschnitt 3.3.4)

- Die Kapazität wird für ein EIRP von 33 dBm [IEE12] und für gleichverteilte Sendeleistung (UPD) bestimmt.

- Es wird thermisches Rauschen angenommen. Die Bandbreite beträgt 10 MHz.

- Die Antenne befindet sich auf dem Dach von Sender- und Empfängerfahrzeug

6.1.3 Syntheseszenarien

Die Synthese wird anhand von fünf Szenarien durchgeführt. Die Umgebung von drei dieser Szenarien ist typisch urban (a-c), eine ländliche (d) und eine weitere in einer Autobahnumgebung (e). Die letzteren beiden wurden schon in Kapitel 5 (siehe Abb. 5.3(b) und Abb. 5.3(d)) vorgestellt. Das ländliche Szenario beschreibt einen Überholvorgang auf einer kurvigen Straße. Das Szenario (e) simuliert das Auffahren auf ein Stauende. Die drei urbanen Szenarien sowie die Fahrstrecken von Sender- und Empfängerfahrzeug sind in Abb. 6.5 gegeben. Die städtischen Szenarien gliedern sich in zwei Kreuzungsszenarien und ein Rettungswagenszenario. Im letzteren fährt der Sender im Straßenverkehr mit erhöhter Geschwindigkeit hinter dem Empfängerfahrzeug. Durch Verkehrsteilnehmer zwischen den beiden Fahrzeugen ist selten eine direkte Sichtverbindung (LOS) gegeben.

Die Umgebung ist nach dem Vorbild der Südstadt in Karlsruhe entworfen worden. Eine vierspurige Strasse ist von Häuserblocks und einzelnen Bäumen eingerahmt. Zahlreiche Seitenstraßen münden in diese. Zudem herrscht ein dichter fahrender und ein dichter ruhender Verkehr. Die Materialparameter der Umgebungsobjekte sind im Anhang in Tabelle B.7 zusammengefasst. Ein Überblick über die Szenarienparameter gibt Tabelle 6.1.

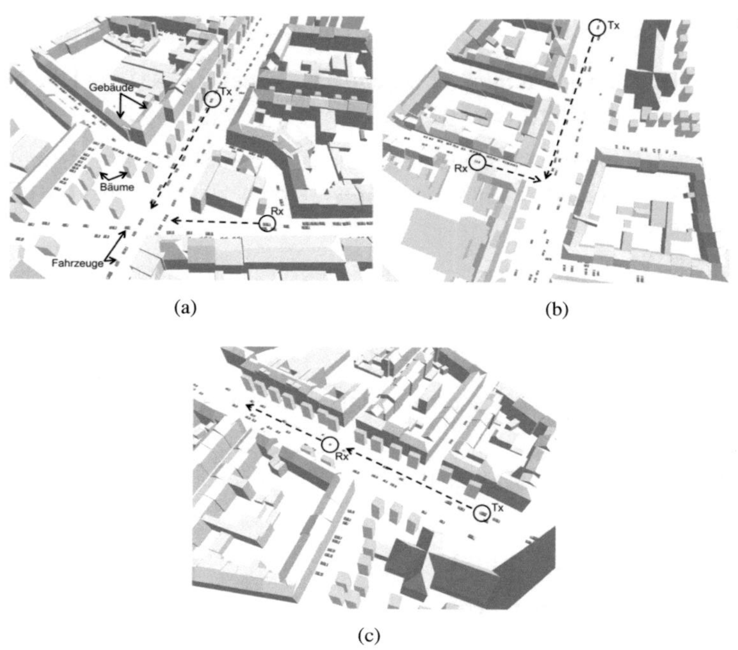

Abbildung 6.5: Städtische Szenarien für die Mehrmodensynthese

Szenario	a, b	c	d	e
Umgebung	städtisch	städtisch	ländlich	Autobahn
Situation	Kreuzung	Rettungswagen	Überholen	Stauende
T_{sim} in s	10	10	6	5
N_{cr}	251	251	151	331
v_{Tx} in km/h	44, 53	75	72	29
v_{Rx} in km/h	22	53	72	190

Tabelle 6.1: Szenarienparameter der Mehrmodensynthese

6.1.4 Syntheseergebnisse mit den simulierten Moden

Die sich aus der Synthese über die SM Mittelung aller Momentaufnahmen und aller Szenarien ergebenden Richtcharakteristiken für ideale und nichtideale Monopole sind in Abb. 6.6 gezeigt. Durch die sehr ähnlichen Basismoden, welche für die Abtastung des Kanals genutzt wurden, ähneln sich die synthetisierten Charakteristiken vor allem bezüglich der Hauptstrahlrichtungen in Azimut stark. Die Verkippung der Hauptstrahlrichtung bei der Synthese mit nichtidealen Monopolen wird aber beibehalten.

Die Hauptkeulen der ersten synthetisierten Richtcharakteristiken fokussieren in ($\psi=0°$) und gegen die Fahrtrichtung ($\psi=180°$) und eine Nebenkeule den rechten Fahrzeugbereich ($\psi=270°$).

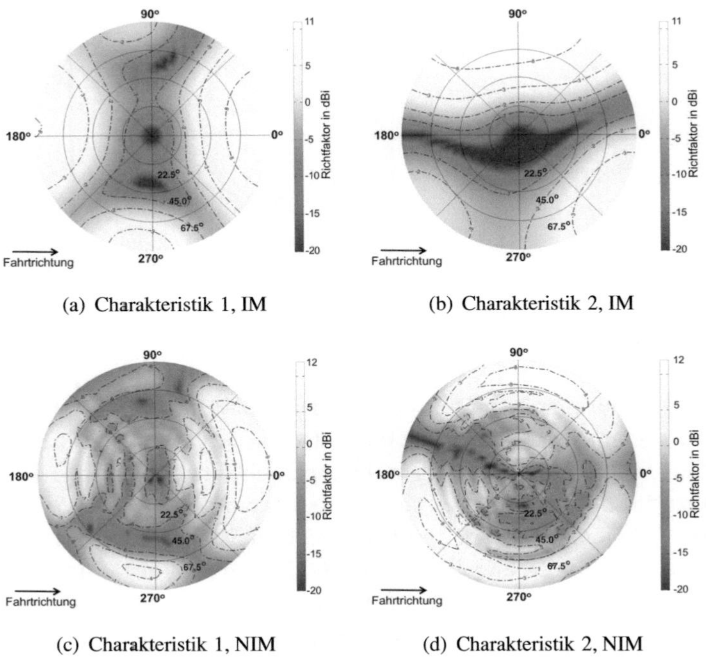

(a) Charakteristik 1, IM

(b) Charakteristik 2, IM

(c) Charakteristik 1, NIM

(d) Charakteristik 2, NIM

Abbildung 6.6: Synthetisierte Antennenrichtdiagramme der idealen (IM) und nichtidealen Monopole (NIM), Mittelung SM

Auf der linken Fahrzeugseite liegen keine beziehungsweise nur sehr schwache Nebenkeulen. Sie werden von der zweiten synthetisierten Richtcharakteristik ausgeleuchtet. Weitere Nebenmaxima liegen hier bei (ψ=225°) und (ψ=315°). Die Leistungsfähigkeit dieser Systeme ausgedrückt durch die Kapazität ist in Abb. 6.7 gezeigt. Für die C2C Kommunikation ist gewöhnlich die Hauptinteraktionsebene die Azimutale (θ=90°). Da hier das EIRP berücksichtigt ist, zeigt sich die Anhebung der Hauptstrahlrichtung bei den nichtidealen Monopolen als Nachteil. Die Richtwirkung der Antennen kann so nicht voll ausgenutzt werden. Sichtbar wird dies bei Betrachtung der Verteilungsfunktionen, hier liegt die der nichtidealen Monopole zum Teil deutlich hinter der der idealen Monopole.

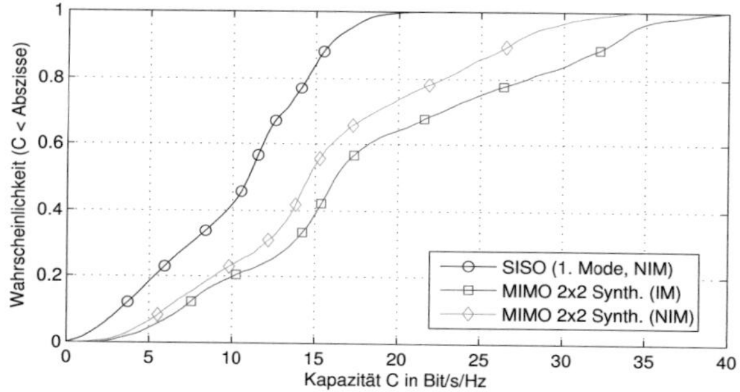

Abbildung 6.7: Unterschreitungswahrscheinlichkeit der Kapazität für das synthetisierte 2×2 MIMO-Antennensystem basierend auf idealen (IM) und nichtidealen Monopolen (NIM), SISO-Referenzsystem mit der simulierten Richtcharakteristik Mode 1 NIM (Abb. 6.4), Mittelung SM

Der Vergleich mit einem SISO-System mit der Richtcharakteristik des ersten Modes (NIM) zeigt aber trotzdem den hohen Diversitätsgewinn eines solchen Systems. Gerade die Unterschreitungswahrscheinlichkeiten für geringe Kapazitätswerte können stark reduziert werden. Dies stellt ein Hauptziel der Synthese dar, da so die Verbindungssicherheit erhöht werden kann. Die Richtcharakteristik der ersten Mode wurde gewählt, da diese weitestgehend omnidirektional in der Azimutalen ist und so der eines realen SISO-Systems für die C2C Kommunikation am wahrscheinlichsten entspricht. Die Richtcharakteristiken als auch der Verlauf der Wahrscheinlichkeit der Kapazität sehen ähnlich aus, wenn anstelle der einfachen Mittelung (SM) die Gewichtung nach der Eigenwertverbreiterung (EVD) erfolgt. Die Ergebnisse dazu sowie die dazugehörigen synthetisierten Richtcharakteristiken finden sich im Anhang C.

6.2 Aufbau der Mehrmodenantenne

Im Folgenden wird die Realisierung und Vermessung dieser Multimodenantenne beschrieben. Der Aufbau des zirkularen Arrays erfolgte wie in Abb. 6.8 gezeigt.

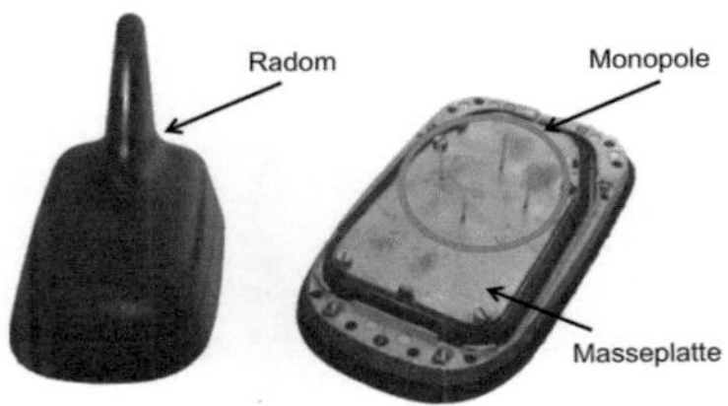

Abbildung 6.8: Aufbau des zirkularen Monopolarrays

In das leere Antennengehäuse wurde eine Messingplatte eingepasst. Durch vier Löcher in dieser Platte wurden die von einem Dielektrikum umschlossenen Innenleiter eines dünnen Koaxialkabels (U.FL-Kabel 200 mm $\varnothing$ 1,3 mm mit U.FL Stecker von HRS [HEC02]) durchgeführt. Der Aussenleiter wurde von unten an die Messingplatte (Masse) angelötet. Die Länge der Monopole wurde durch die gemessene Anpassung für 5,9 GHz adaptiert und entspricht etwa 12 mm. Die vier Koaxialkabel wurden durch die dafür im Antennengehäuse vorgesehene Durchführung in den Fahrzeuginnenraum geführt. Das Antennengehäuse selbst wurde auf eine Aluminiumplatte geschraubt, welche sich in das geöffnete Schiebedach des Audi A4 Avant einsetzen lässt.

6.2.1 Aufbau des Entkoppelnetzwerkes

Das Layout des MDN erfolgte nach dem Konzept in [YW09]. Die in- (0°) oder gegenphasige (180°) Speisung der einzelnen Monopole erfolgt dabei über eine Kombination aus 90°-Kopplern und 90° ($\lambda/4$) Leitungselementen. Die Struktur wurde in Mikrostreifentechnik auf dem Substrat Rogers Ultralam 2000 [RC02] der Dicke 0,762 mm und einer Dielektrizitätszahl von ϵ_r=2,5 realisiert. Der Entwurf und die Optimierung erfolgte mit CST Mikrowave Studio [CST12]. Die schematische Darstellung der Oberseite (Rückseite vollständig metallisiert) sowie ein Foto des geätzten Speisenetzwerks sind in Abb. 6.9 gezeigt.

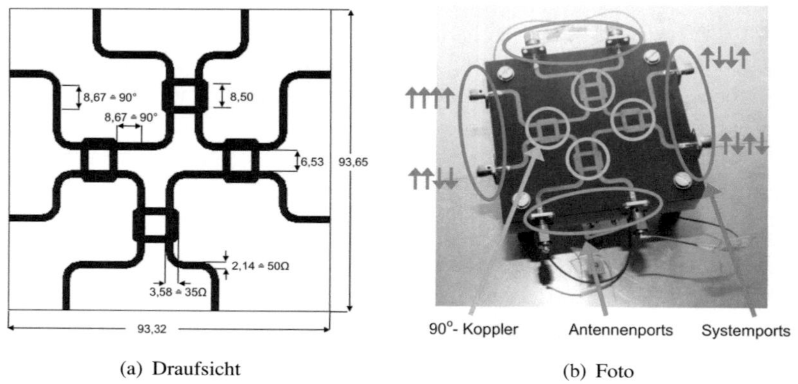

(a) Draufsicht   (b) Foto

Abbildung 6.9: Aufbau des Entkopplungsnetzwerkes, Einheit falls nicht anders gekennzeichnet in mm

Die Größe des MDNs entspricht etwa 9,3×9,4 cm. Auf dem Foto sind die Antennenports markiert, an die mittels eines U.FL auf SMA Adapter die Koaxialkabel und damit die Monopole angeschlossen werden. Des Weiteren sind dort die 90°-Koppler und die Systemports gekennzeichnet. Die Pfeile neben den Systemports markieren die jeweiligen Phasenbelegungen der Antennen. Die gemessene Anpassung und Isolation dieses MDNs ist in Abb. 6.10 gezeigt.

Für die Anpassung weisen die Systemports bei 5,9 GHz Werte kleiner -12 dB und für die Isolation Werte kleiner als -18 dB auf. Die gemessene Rückflussdämpfung beträgt etwa 1,2 dB. Eine weitergehende Charakterisierung des MDNs findet sich in [Jer10].

6.2.2 Messung der Mehrmodenantenne am Fahrzeug

Abbildung 6.11 zeigt die Integration von Antenne und Speisenetzwerk in das Fahrzeug. Die Antenne selbst befindet sich auf einer Aluminiumplatte, welche

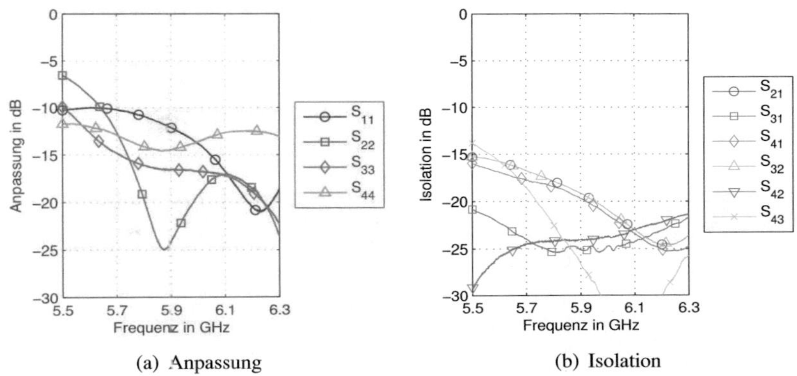

(a) Anpassung

(b) Isolation

Abbildung 6.10: Gemessene Anpassung und Isolation der Systemports des Entkopplungsnetzwerkes

in das geöffnete Schiebedach eingelassen wurde. Die Kabel wurden durch diese Platte in den Fahrzeuginnenraum zum MDN geführt.

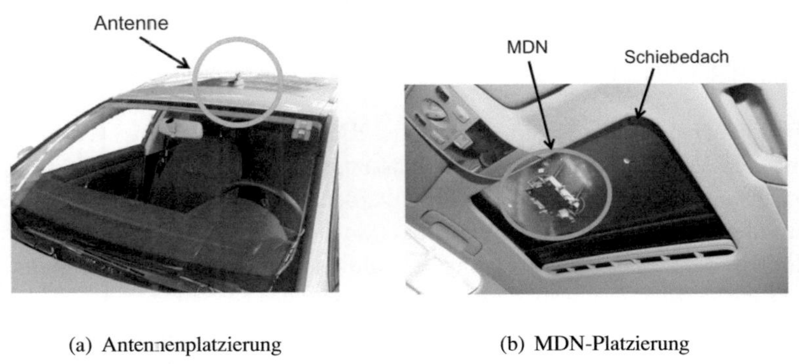

(a) Antennenplatzierung

(b) MDN-Platzierung

Abbildung 6.11: Integration der Antenne und des MDNs am Fahrzeug

Um die fahrzeugspezifischen Einflüsse zu berücksichtigen, wurden die Moden der Antenne samt Fahrzeug in der Antennenmesskammer des European Microwave Signature Laboratory (EMSL) des Joint Research Center (JRC) in Ispra, Italien, vermessen (Abb. 6.12). Die Messkammer hat einen Durchmesser von etwa 20 m. Fahrzeuge können auf einer Plattform auf einem Drehturm platziert und in der azimutalen Ebene (xy-Ebene) gedreht werden. Die Messantenne kann über die obere Hemisphäre verfahren werden, sodass dreidimensionale Messungen der oberen Hemisphäre möglich sind. Bei der Messung eines Modes wurden alle anderen Systemports des MDNs mit 50 Ω abgeschlossen.

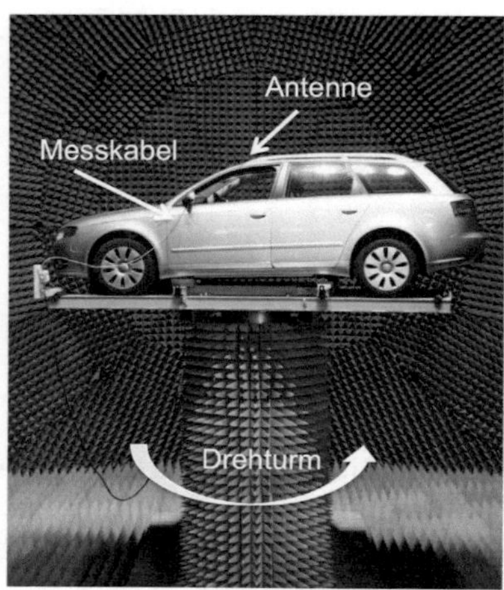

Abbildung 6.12: Foto des Institutsfahrzeuges in der Antennenmesskammer

Abbildung 6.13 zeigt die gemessenen vier Richtcharakteristiken. Da bei der Messung alle Verluste, zum Beispiel Anpassungs-, Kabelverluste und Verluste der Stecker und des MDN, berücksichtigt werden, zeigen diese direkt den Gewinn. Auffallend ist die Verkippung der Moden in die Fahrtrichtung (x-Achse). Zu erklären ist dies mit der Dachneigung des Fahrzeuges, welche bei den Simulationen nicht berücksichtigt wurde. Die generelle Form der Moden stimmt aber mit denen aus den Simulationen überein. Die Deformierungen resultieren aus der Verletzung des Symmetriekriteriums und den Fertigungstoleranzen beim Aufbau. Anzumerken ist an dieser Stelle, dass Mode 3 der Mode mit der geringsten Effizienz ist. Dies entspricht so auch den theoretischen Überlegungen und Aussagen in [YW09].

Einen Vergleich zwischen den normierten Richtdiagrammen der Simulation und der Messung für den ersten Mode ist in Abb. 6.14 gezeigt. Die Gegenüberstellung aller weiteren Moden für die drei Schnittebenen (xy-, yz- , xz -Ebene) befindet sich im Anhang C.2. Da bei der Synthese aber hauptsächlich die Richtcharakteristik bestimmt und bewertet werden soll, werden im Folgenden die gemessenen Verluste nicht mehr berücksichtigt. Über (2.32) wird für die gemessenen Richtcharakteristiken der Richtfaktor bestimmt.

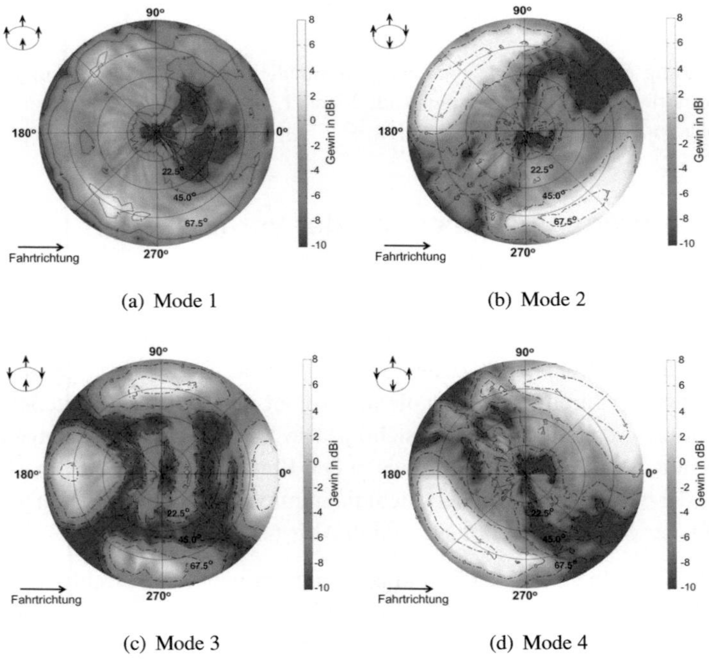

(a) Mode 1   (b) Mode 2

(c) Mode 3   (d) Mode 4

Abbildung 6.13: Gemessene Moden des zirkularen Monopolarrays

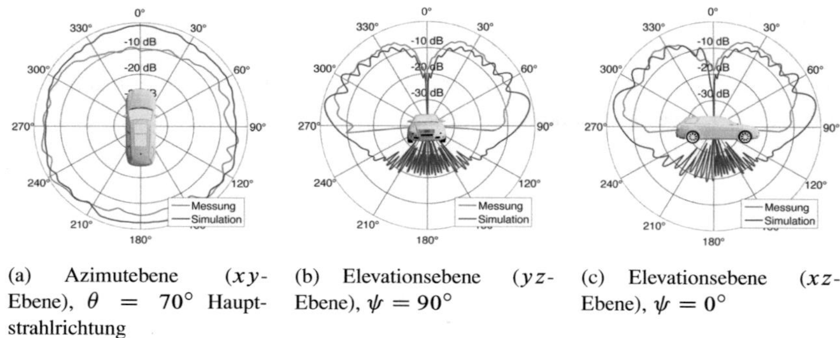

(a) Azimutebene (xy-Ebene), $\theta = 70°$ Hauptstrahlrichtung

(b) Elevationsebene (yz-Ebene), $\psi = 90°$

(c) Elevationsebene (xz-Ebene), $\psi = 0°$

Abbildung 6.14: Vergleich zwischen den simulierten (nichtidealen) und gemessenen normierten Richtdiagrammen für Mode 1. Messung nur in der oberen Hemisphäre möglich

6.2.3 Antennensynthese mit der vermessenen Mehrmodenantenne

In diesem Unterabschnitt werden die Syntheseergebnisse der vermessenen Moden präsentiert. Effekte eines realen Systems wie die Deformierungen der Richtcharakteristiken durch Fertigungstoleranzen oder der Einfluss der antennennahen Umgebung werden hierbei berücksichtigt. Die Modencharakteristiken aus Abb. 6.13 dienen der Abtastung des Kanals in den fünf beschriebenen Szenarien. Die sich aus der Synthese ergebenden Richtdiagramme für ein 2×2-System unter Anwendung der einfachen Mittelung sind in Abb. 6.15 gezeigt.

Die erste so synthetisierte Richtcharakteristik hat vier Hauptstrahlrichtungen in den Richtungen $\psi = 0°, 90°, 180°$ und $270°$; die Zweite hat zwei Hauptmaxima in den Richtungen $\psi = 135°$ und $315°$. Die Unterschreitungswahrscheinlichkeit der Kapazität für dieses synthetisierte 2×2-System ist in Abb. 6.16 gezeigt. Vergleichend dazu wurde die Kapazität für ein SISO-System mit der Richtcharakteristik der ersten gemessenen Mode bestimmt. Vergleichend mit dem SISO-System kann mit dem synthetisierten 2×2-System die Kapazität erheblich gesteigert werden. Dieser Kapazitätsgewinn vergrößert sich mit steigender Unterschreitungswahrscheinlichkeit.

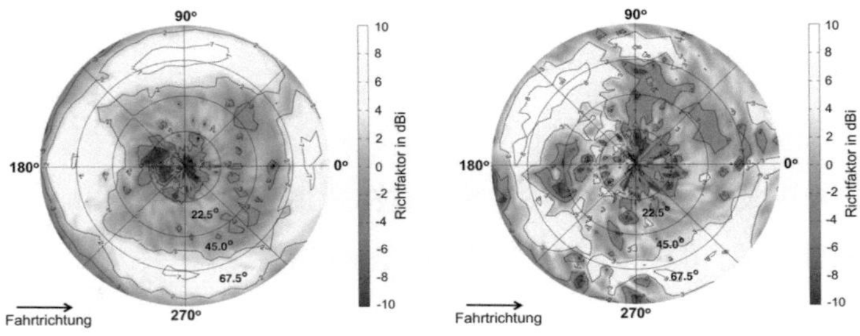

(a) Synthetisierte Richtcharakteristik 1   (b) Synthetisierte Richtcharakteristik 2

Abbildung 6.15: Synthetisierte Antennenrichtcharakteristiken der gemessenen Moden, Mittelung SM

Der Vergleich zu der Kapazität eines 4×4-MIMO-Systems bestehend aus den vier Basismoden zeigt, dass die Synthese die wichtigsten und stärksten Subkanäle extrahiert. So ist der Gewinn des 4×4-Systems bezogen auf eine Verdopplung der Antennen, beziehungsweise Frontends, als gering zu erachten, bezogen auf das 10 % Perzentil beträgt dieser gerade nur etwa 2 Bit/s/Hz. Zu erklären ist dies dadurch, dass in typischen C2C Kommunikationsszenarien oft nicht mehr als zwei Subkanäle ausgebildet werden können.

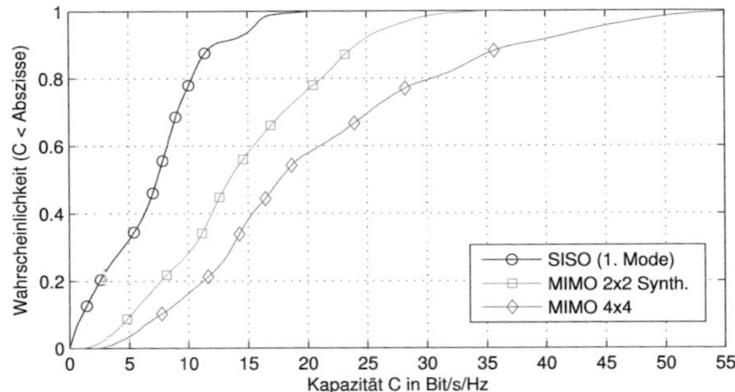

Abbildung 6.16: Unterschreitungswahrscheinlichkeit der Kapazität für das synthetisierte 2×2-MIMO-Antennensystem gemessener Monopole, SISO-Referenzsystem mit der gemessenen Richtcharakteristik der ersten Mode (Abb. 6.13), Mittelung SM, UPD und Berücksichtigung des EIRPs

Die Ergebnisse für synthetisierte Richtcharakteristiken und deren Kapazitäten nach der EVD-Mittelung finden sich im Anhang C.2.

6.3 Realisierung der synthetisierten Antennenrichtcharakteristiken

Aus der Synthese ergeben sich Amplituden und Phasenbelegungen für die vier gemessenen Moden. Ziel in diesem Abschnitt ist die Realisierung dieser Belegungskoeffizienten in einem Speisenetzwerk. Da aus den vier Basismoden ein 2×2-System bestimmt wurde muss ein Sechstor nach Abb. 6.17 entworfen werden. Ports 1 und 2 werden dabei an das oder die Frontends angeschlossen, Port 4 bis 6 an die Signalports des MDNs. Alle Ports sollen gegeneinander möglichst entkoppelt sein und im genutzten Frequenzbereich gut angepasst sein. Das Sechstor wird für den Frequenzbereich 5,895 bis 5,905 GHz entworfen.

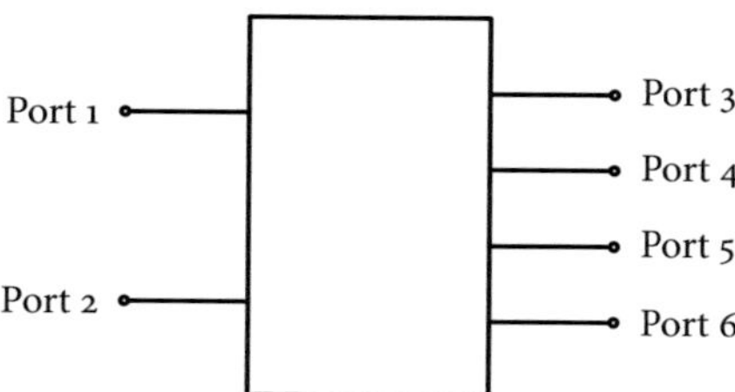

Abbildung 6.17: Allgemeines Sechstor

Die zu realisierenden Leistungs- und Phasenverhältnisse sind in Tab. 6.2 gegeben. Aus den Vorgaben ergibt sich das Signalflussdiagramm nach Abb. 6.18. Die einfachste Möglichkeit, die Leistungsverhältnisse zu realisieren, ist der Einsatz passiver Leistungsteiler. Da davon ausgegangen wird, dass die Ausgangsports dieses Sechstors durch Kabel mit den Systemports des MDNs verbunden werden, können die Belegungen der einzelnen Ports vertauscht werden. Dies birgt den Vorteil, dass so große Teilerfaktoren k^2, die schwierig zu realisieren sind, vermieden werden können. Tabelle 6.2 wurde dementsprechend umsortiert, sodass der größte Teilfaktor 5,15 entspricht.

	Port 3		Port 4	
	$\lvert S_{3n}\rvert^2$	$\varphi_{3n}/°$	$\lvert S_{4n}\rvert^2$	$\varphi_{4n}/°$
Port 1	0,182	$-171,4$	0,189	162,5
Port 2	0,047	156,3	0,242	$-142,3$
	Port 5		Port 6	
	$\lvert S_{5n}\rvert^2$	$\varphi_{5n}/°$	$\lvert S_{6n}\rvert^2$	$\varphi_{6n}/°$
Port 1	0,221	163,0	0,408	161,0
Port 2	0,459	$-179,5$	0,252	$-9,7$

Tabelle 6.2: Aus der Synthese vorgegebene Belegungen

Das Signal von Port 1 wird laut den vorgegebenen Leitungswerten auf die vier Ausgangszweige aufgeteilt, ebenso das Signal von Port 2. Danach werden die Phasen dieser acht Signale gedreht, um dem Phasenverhältnis aus Tab.6.2 zu entsprechen. Anschließend werden die aufgeteilten Signale von Port 1 und 2 auf vier Ausgangsports zusammengeführt.

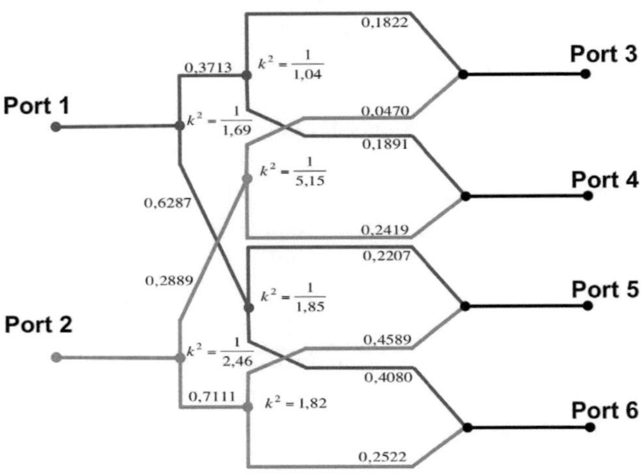

Abbildung 6.18: Signalflussdiagramm der gesamten Schaltung mit Leistungsteiler-faktoren k^2

Eine detaillierte Beschreibung des Neterwerklayouts sowie seiner Bestandteile befindet sich im Anhang C.4. Die Messergebnisse des realisierten Speisenetzwerks sowie die aus den Belegungen resultierenden Richtcharakteristiken sind im Anhang C.4 gezeigt. Für einen besseren Vergleich mit den Soll-Charakteristiken aus Abb. 6.15 zeigt Abb. 6.19 die normierten Richtdiagramme für die erste synthetisierte Charakteristik. Der Vergleich für die zweite Richtcharakteristik findet sich im Anhang C.11.

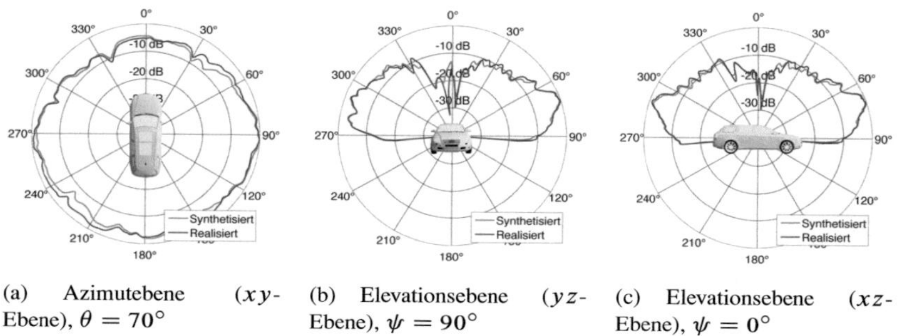

(a) Azimutebene (xy-Ebene), $\theta = 70°$

(b) Elevationsebene (yz-Ebene), $\psi = 90°$

(c) Elevationsebene (xz-Ebene), $\psi = 0°$

Abbildung 6.19: Vergleich zwischen der synthetisierten Richtcharakteristik und der sich aus der realisierten Belegung ergebenden. Gezeigt für die erste synthetisierte Charakteristik

Beide Richtcharakteristiken weisen eine gute und zufriedenstellende Übereinstimmung auf. Dies zeigt auch der Verlauf der Unterschreitungswahrscheinlichkeiten der Kapazitäten beider Systeme, siehe Abb. 6.20. Für geringe und hohe Kapazitäten stimmen beide Kurven nahezu überein. Lediglich im mittleren Segment sind leichte Abweichungen zu verzeichnen. Der Vergleich mit einem Referenzsystem, bestehend aus zwei Antennen mit zwei nahezu omnidirektionalen Richtcharakteristiken die in einem Abstand von 0,45 λ angeordnet werden zeigt hier einen deutlichen Kapazitätsgewinn. Die Ergebnisse belegt erneut das kapazitätssteigernde Potential der Synthese. Um an dieser Stelle möglichst realistische Richtcharakteristiken zu verwenden, wurden die gemessenen Richtcharakteristiken von Mode 1 (Abb. 6.13(a)) gewählt.

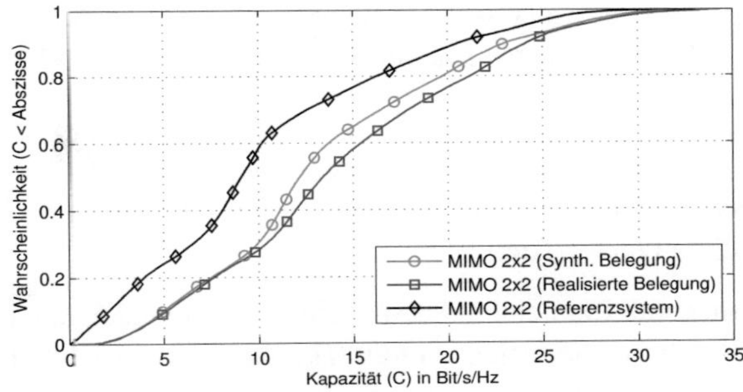

Abbildung 6.20: Unterschreitungswahrscheinlichkeit der Kapazität für die Belegung des synthetisierten 2×2-MIMO-Antennensystem gemessener Monopole sowie der realisierten Belegung, Mittelung SM, UPD und Berücksichtigung des EIRPs

6.4 Zusammenfassung und Fazit

Abbildung 6.21 zeigt das in diesem Kapitel aufgebaute und verifizierte Mehrantennensystem. Es besteht aus einer Gruppenantenne aus zirkular angeordneten Monopolen, deren Moden über ein Mode Decomposition Network entkoppelt werden.

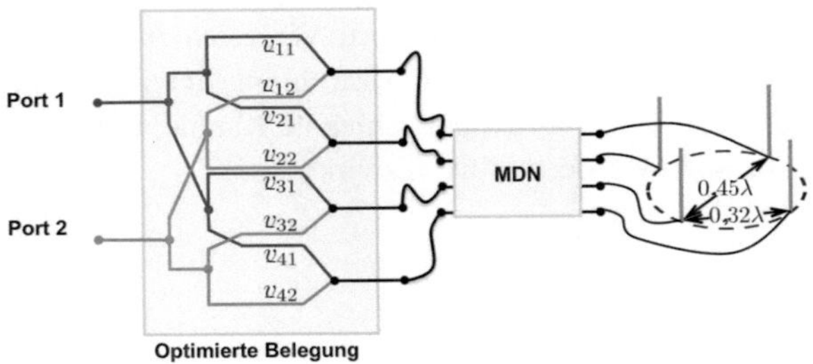

Abbildung 6.21: Schematische Darstellung der Umsetzung

Die Mehrmodensynthese, die anhand dieser orthogonalisierten Moden des Arrays durchgeführt wird, zeigt die Kette der Einflussfaktoren auf die Richtcharakteristik und damit einhergehend auch auf die Kapazität eines realen Systems. Die aus der Singulärwertzerlegung und der Mittelung über alle Szenarien resultierenden Belegungskoeffizienten lassen sich mit einem zweiten passiven Speisenetzwerk umsetzten. Die wichtigsten Erkenntnisse aus diesem Kapitel lassen sich wie folgt zusammenfassen:

- Es konnte gezeigt werden, dass eine Anhebung der Hauptstrahlrichtungen einer Dachantenne für die C2C Kommunikation in erheblichen Kapazitätseinbußen resultiert.

- Sind gemessene Richtcharakteristiken direkt vorhanden, dann berücksichtigt die Synthese alle realen Einflussfaktoren auf die Richtcharakteristiken und bestimmt eine für diese Basismoden kapazitätsoptimierende Amplituden und Phasenbelegung. Eine fahrzeugspezifische Optimierung der Richtcharakteristik ist somit gegeben.

- Die aus der Synthese resultierenden Belegungskoeffizienten lassen sich durch passive Strukturen umsetzen.

- Es konnte der Nachweis erbracht werden, dass die Synthese in der Lage ist, ein System auf die stärksten Subkanäle zu reduzieren. So konnte gezeigt werden, dass ein 4×4 MIMO-System bestehend aus den vier Basismoden nur zu einer geringen Kapazitätssteigerung, gerade im unteren Verlauf der Verteilungsfunktion, führt. Verglichen mit dem synthetisierten 2×2-System bräuchte ein solches System aber doppelt so viele Frontends.

- Des Weiteren konnte in diesem Kapitel gezeigt werden, dass durch ein solches 2×2-System die Kapazität im Vergleich zu einem SISO-System mit in Azimut omnidirektionaler Abstrahlung deutlich gesteigert werden kann und sich dies vor allem auf schlechte Kanäle, in welchen das SISO-System ausfallen würde, positiv auswirkt.

7 Schlussfolgerungen

In dieser Arbeit wurde ein Systemkonzept für den Vergleich und das Design von Mehrantennensystemen für Fahrzeuge entwickelt und evaluiert. Die darin enthaltene Synthesemethodik ermöglicht es, feste kapazitätsoptimierende Richtcharakteristiken zu bestimmen und dabei antennendesignlimitierende Faktoren, wie das physikalische Volumen der Antenne, den Sichtbarkeitsbereich oder die Polarisation, zu berücksichtigen. Die Anwendung eines solchen Ansatzes ist gerade beim Fahrzeugantennendesign von besonderem Interesse, da der hohe Zeit- und Kostendruck ein Mehrantennendesign unter Einbeziehung aller möglichen Freiheitsgrade mit herkömmlichen Ansätzen nicht zulässt. Gleichzeitig werden aber insbesondere am Fahrzeug (attraktive) Bauräume für mögliche Antennenstandorte durch das Fahrzeugdesign oder durch den Platzbedarf andere elektronischer Komponenten weiter eingeschränkt und das bei steigender Nachfrage nach höheren Datenraten. Damit ist absehbar, dass verstärkt Mehrantennensysteme im Fahrzeugbereich Einzug halten. Durch den Einsatz eines solchen Konzepts können Zeit und Kosten gespart werden, indem die zur Verfügung stehenden Bauräume optimal für das Mehrantennendesign genutzt werden können. Durch die Anpassung der Antennen an die Kanalbedingungen können somit ggf. die Anzahl benötigter Antennen und/oder Frontends gegenüber heuristisch designten Mehrantennensystemen reduziert werden. Für die Demonstration eignet sich besonders die C2C Kommunikation. Zum einen befinden sich Sender und Empfänger zumeist auf einer Ebene, womit sich verglichen mit Telefon-, Satelliten- und Rundfunkdiensten eine neue Übertragungssituation ergibt. Zum anderen sorgt die recht hohe Frequenz von 5,9 GHz gerade bei NLOS-Situationen für schwierige Kanäle durch schlechtere Bedingungen der Wellenausbreitung. All dies macht den Entwurf eines Mehrantennensystems für diesen Dienst besonders attraktiv.

Im Folgenden werden die einzelnen Kapitel und deren wichtigsten Schlussfolgerungen zusammengefasst, zudem erfolgt im Weiteren eine Abgrenzung dieser Dissertation von allen bisher in der Literatur veröffentlichten Arbeiten.

Im ersten Kapitel wurde zunächst die Anwendung eines solchen Konzepts für das Design von Fahrzeugantennen diskutiert. In Kapitel 2 wurden die Grundlagen zur der Beschreibung von Kanal und Antennen eingeführt. Anschließend wurden verschiedene Kanalmodelle und ihr Einsatz in dem Systemkonzept diskutiert. In diesem Zusammenhang wurde insbesondere die Erkenntnis gewonnen, dass ein deterministisches Kanalmodell benötigt wird und dass dieses um einen Kartengenerator erweitert werden muss, mit dem es möglich ist gezielt *worst case* Szenarios nachzustellen. Aufbauend auf den Grundlagen wurde in Kapitel 3 die Synthese selbst beschrieben. Diese Methodik des Antennenentwurfs bedient sich dabei der Theorie der intrinsischen Kapazität. Diese bestimmt die maximal fehlerfrei zu übertragende Datenrate (in Bit/s/Hz), welche von einem bestimmten Sende- zu einem bestimmten Empfangsvolumen übertragen werden kann. Über eine ausreichende Abtastung dieser Volumen mit idealen Feldsonden lassen sich Richtcharakteristiken bestimmen, welche diese intrinsische Kapazität erreichen und damit die Kapazität maximieren. Diese Richtcharakteristiken lassen sich dann nutzen, um optimierte Mehrantennensysteme für eine Momentaufnahme des Funkkanals zu bestimmen. Um die Synthese auch für zeit- und ortsvariante Systeme durchführen zu können wurden hierfür Mittelungsansätze entwickelt. Dies wurde bisher in keinem der in der Literatur diskutierten Antennensynthesekonzepten berücksichtigt. In Kapitel 4 wurde ein Messaufbau vorgestellt und damit erstmalig die Synthese anhand von Messdaten demonstrieren und deren Ergebnisse evaluieren zu können. Hierbei wurden Fragestellungen bezüglich einer praktischen Umsetzung der Synthese anhand von Kanalmessungen beantwortet. Da der Messaufbau zeitinvariante Kanäle benötigt und dies für typische C2C Kommunikationskanäle nicht gewährleistet werden kann, wurden diese Messungen in Räumen durchgeführt. Im fünften Kapitel findet das vorgestellte Systemkonzept Anwendung, um Antennen- und Mehrantennensysteme für die C2C Kommunikation zu entwerfen. Betrachtet wurden dabei sogenannte *worst case* Szenarien, in denen eine solche Kommunikation Unfälle vermeiden könnte. Anhand der Synthese und des erweiterten Simulationsnetzwerks konnten sowohl unterschiedliche Antennenpositionen als auch unterschiedliche Mehrantennenprinzipien bewertet werden. In Kapitel 6 wurde schließlich eine Synthese mit einer simulierten und einer am Fahrzeug vermessenen Mehrmodenantenne durchgeführt und verglichen. Dies erlaubt es, die Einflussfaktoren auf die Verformung der Richtcharakteristik, wie sie beim Aufbau einer realen Antenne auftreten, hinsichtlich der Syntheseergebnisse und ihren Auswirkungen auf die Kapazität zu analysieren. Die anschließende Realisierung dieser synthetisierten Richtcharakteristiken demonstriert erstmalig eine Mehrantennensynthese mit anschließender physikalischer Umsetzung.

Zusammenfassend wurde in dieser Arbeit ein Systemkonzept für den Vergleich und das Design von Mehrantennensystemen umfassend untersucht und evaluiert. Der Schwerpunkt der Arbeit lag dabei auf dem Design von Fahrzeugantennen. Das Konzept lässt sich aber ebenfalls auf andere Anwendungen erweitern und übertragen. Von in der Literatur zu ähnlichen oder verwandten Themengebieten publizierten Arbeiten hebt sich diese Dissertation dadurch ab, da ihr Fokus auf zeit- und ortsvariante Fahrzeugkanäle sowie auf die Einbeziehung verschiedener *Diversity*-Prinzipien gelegt wurde. Sie erweitert daher den Stand der Technik um folgende Aspekte:

- Es wurde eine neuartige Methodik für den Fahrzeugmehrantennenentwurf in zeit- und umgebungsvarianten Kanälen entwickelt. Diese lässt sich einfach mit deterministischen, richtungsaufgelösten Kanalmodellen oder anhand gemessener Kanäle umsetzen. Dabei konnte nachgewiesen werden, dass sich anhand der Synthese für zeit- und ortsvariante Kanäle eine optimale Apertur ergibt.

- Erstmalig wurde anhand einer Reduzierung der Doppler-Verbreiterung gezeigt, dass die Synthese auch genutzt werden kann, Antennensysteme hinsichtlich unterschiedlicher Übertragungskanaleigenschaften zu optimieren.

- Die Antennensynthese wurde in ein Systemkonzept eingebunden, das es erlaubt beliebige Ausbreitungsszenarien nachzustellen und Antennensysteme fair sowie reproduzierbar zu vergleichen. Sie erlaubt somit eine Bewertung der unterschiedlichen Freiheitsgrade beim Antennendesign, wie Beispielsweise der Richtcharakteristik, der Polarisation oder der räumlichen Trennung und Anordnung der Elemente.

- Erstmals wurde die Synthese anhand einer gemessenen Kanalabtastung umfassend betrachtet und evaluiert.

- Die Funktion der Synthese wurde anhand umfangreicher Simulationen nachgewiesen. Sie wurde angewendet um verschiedene Mehrantennenprinzipien für die C2C Kommunikation miteinander vergleichen zu können. Aus Basis dieser Untersuchungen erwies sich die Kombination unterschiedlicher Antennenpositionen (z.B. eine Kombination einer Antenne in der vorderen Stoßstange und in einem der Seitenspiegel) am geeignetsten. Der Umfang der dabei betrachteten Antennenpositionen und Designfreiheitsgrade ist dabei um ein vielfaches höher als alle vergleichbaren in der Literatur veröffentlichten Untersuchungen.

- Zum ersten Mal wurde eine Mehrmodensynthese mit gemessenen Moden einer Dachantenne durchgeführt und die resultierenden Belegungskoeffizienten in einem Speisenetzwerk umgesetzt. Sie zeigt somit einen Ansatz wie die synthetisierten Richtcharakteristiken physikalisch umgesetzt werden können.

Das in dieser Arbeit vorgestellte und entwickelte Konzept erlaubt die effiziente Entwicklung und den fairen, reproduzierbaren Vergleich von Mehrantennensystemen. Sie liefert somit eine Grundlage für die Umsetzung von MIMO-Antennensystemen am Fahrzeug. Darüber hinaus legt die Nutzung der Synthese eine Basis für das Design rekonfigurierbarer sowie kognitiver Antennensysteme. Es wurden somit entscheidende Impulse gegeben, damit Fahrzeuge als verlässliche und hochmobile Kommunikationssysteme angesehen und genutzt werden können.

A zu Kapitel 4

A.1 Mechanischer Aufbau des Messtisches

Das umgesetzte Konzept [Kat12] beruht auf individuell zusammengestellten Komponenten der Firma Misumi [MIS]. Um den Messaufbau universell nutzbar zu halten, wurden die Verfahrwege so konzipiert, dass ein Messbereich von 50 cm in jede Raumrichtung möglich ist.

Durch Linearführungen wird gewährleistet, dass die Bewegungen parallel zu den Achsen des Messsystems erfolgen. Jede Achse kann dabei statische Momente von >33 Nm pro Führungswagen aufnehmen. Für die x- und die y-Achse werden je zwei Linearführungen verwendet. Zusätzlich ist die x-Achse mit zwei Führungswagen per Führungsschiene ausgestattet. Der Antrieb der Achsen erfolgt über Kugelgewindetriebe und Gewindestangen, welche die Drehbewegung der Antriebsmotoren in lineare Bewegungen umsetzen. Die verwendeten Kugelgewindetriebe haben eine Steigung von 4 mm. Eine volle Drehung um 2π bewirkt demnach eine lineare Bewegung von 4 mm.

Die Rahmenstruktur des Messtisches besteht aus Aluminiumprofilen, um die nötige Stabilität und Genauigkeit beim Verfahren der Messachsen zu gewährleisten. Die Linearführungen sind dabei auf 1 cm starke Edelstahlplatten geschraubt, die für zusätzliche Steifheit sorgen. Um den Einfluss der Metallstruktur des Messaufbaus auf die Messungen zu reduzieren, ist an den Führungswagen der z-Achse eine 60 cm lange Kunststoffstange angebracht, an dessen Ende die Antenne befestigt werden kann. Dies ermöglicht es, den gesamten Messraum deutlich über den höchsten aus Metall bestehenden Punkt des Messtisches zu verlegen, um so den Einfluss des Messtisches auf die Messung und die Messergebnisse zu reduzieren.

A.2 Elektrischer Aufbau

Die elektrischen Komponenten des Messtisches müssen die Steuerung der Achsenpositionen in ausreichender Genauigkeit und Geschwindigkeit leisten können. Der Antrieb der Kugelgewindetriebe erfolgt über Schrittmotoren. Bei Schrittmotoren folgt der Rotor exakt einem äußeren Feld. Für eine Positionsbestimmung sind daher keine zusätzlichen Sensoren nötig, da die Position über die Kenntnis des angelegten Feldes direkt bestimmt werden kann. Eine Übersicht über die wichtigsten Eigenschaften des ausgewählten Motorentyps findet sich in Tabelle A.1.

Nennspannung	5 V
Nennstrom	1 A
Schritte pro Umdrehung	200
Schrittwinkel	$1,8°$
Schrittwinkelgenauigkeit	5%
Haltekraft	49 Ncm

Tabelle A.1: Motorkenngrößen Trinamic QSH4218-51-10-049 [Trib]

Der Schrittwinkel der Motoren von $1,8°$ erlaubt mit der Steigung der Kugelgewindetriebe Positionsveränderungen in Schritten von $20\,\mu$m im Vollschrittbetrieb und garantiert so eine ausreichende Positioniergenauigkeit. Darüber hinaus können die Motoren im Mikroschrittbetrieb für einen resonanzfreien und runderen Lauf mit bis zu 256 Mikroschritten pro Vollschritt betrieben werden, sodass sich eine Winkelauflösung des Motors von $0,007°$ entsprechend $78\,$nm ergibt. Diese Auflösung übersteigt aber bereits die mechanischen Toleranzen des Messaufbaus und somit auch die Anforderungen.

Die Stromversorgung sowie die Ansteuerung der Schrittmotoren erfolgen über das kombinierte Steuer/Treibermodul TMCM-6110 der Firma Trinamic [Tria]. Die Steuerkarte kann bis zu sechs Motoren unabhängig voneinander ansteuern. Zur Steuerung und Programmierung des Moduls stehen die seriellen Schnittstellen CAN, RS485 und USB zur Verfügung. Zusätzlich bietet das Modul Eingänge für Referenzschalter, um die Motoren an eine definierte Startposition zu bringen. Die Aufnahme der S-Parameter erfolgt mit dem Netzwerkanalysator E8363B von Agilent [Tec], welcher Messungen im Frequenzbereich von $10\,$MHz bis $40\,$GHz mit $110\,$dB Dynamikbereich ermöglicht.

Die Ablaufsteuerung der Messung, das Ansprechen der Steuerkarte und damit der Motoren sowie die Ansteuerung des Netzwerkanalysators sind in LabVIEW [Ins], einem grafischen Programmiersystem, welches vornehmlich bei Messgerätesteuerungen Verwendung findet, implementiert [Kat12].

A.3 Messantenne

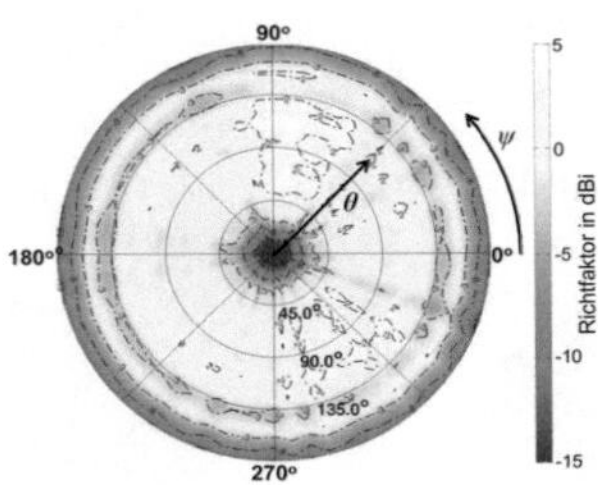

Abbildung A.1: Quantitative Darstellung des Monopols

Da die in den Messungen gewonnenen Daten mit simulierten Richtcharakteristiken verglichen werden sollen, werden die Verluste der Antenne ignoriert und mit dem Richtfaktor anstelle des Gewinns der Antennen gerechnet.

A.4 Messungen in der Antennenmesskammer

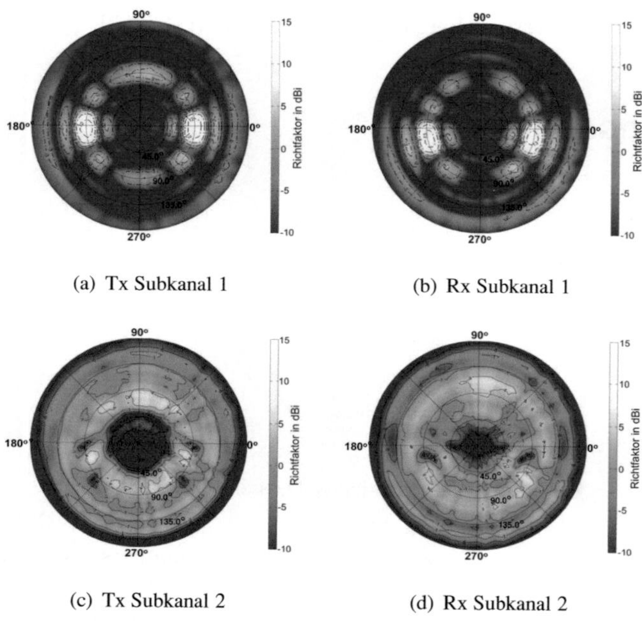

(a) Tx Subkanal 1   (b) Rx Subkanal 1

(c) Tx Subkanal 2   (d) Rx Subkanal 2

Abbildung A.2: Synthetisierte Antennenrichtcharakteristik des ersten und zweiten Subkanals, Antennenmesskammer ohne Reflektor

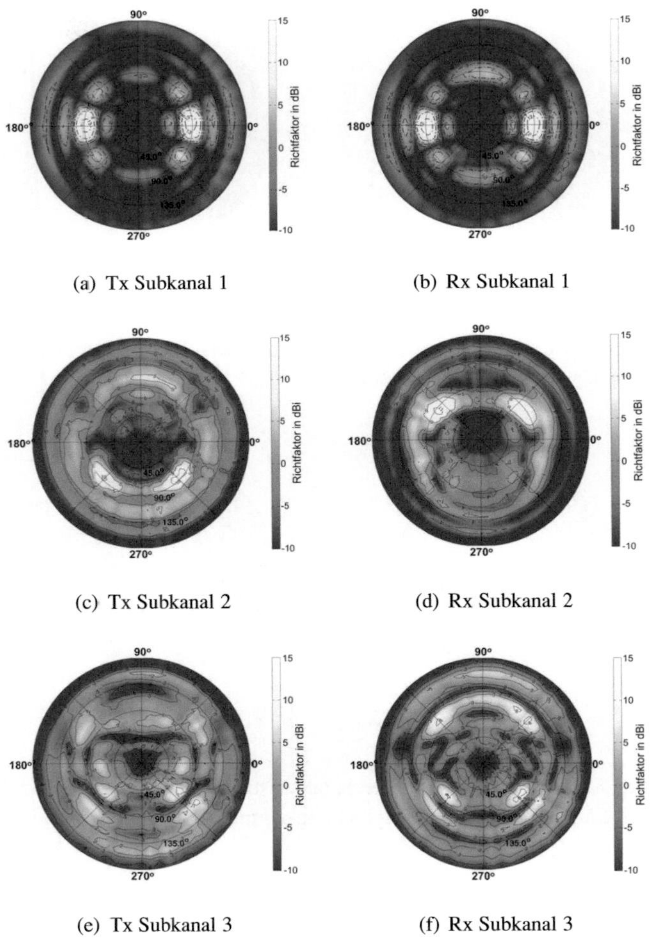

(a) Tx Subkanal 1

(b) Rx Subkanal 1

(c) Tx Subkanal 2

(d) Rx Subkanal 2

(e) Tx Subkanal 3

(f) Rx Subkanal 3

Abbildung A.3: Synthetisierte Antennenrichtcharakteristik des ersten, zweiten und dritten Subkanals, Antennenmesskammer mit Reflektor

A.5 Messungen in dem Besprechungszimmer

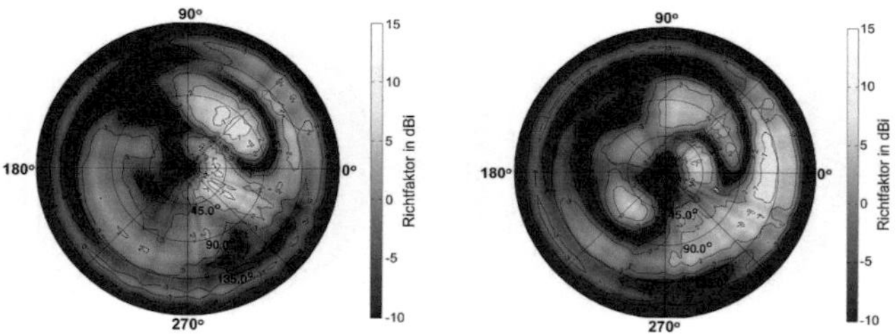

(a) Tx Subkanal 4, horizontal Pol.

(b) Tx Subkanal 4, vertikal Pol.

Abbildung A.4: Einfluss der realen Abtastcharakteristik bei unterschiedlichen Polarisationen, Besprechungszimmer Subkanal 4

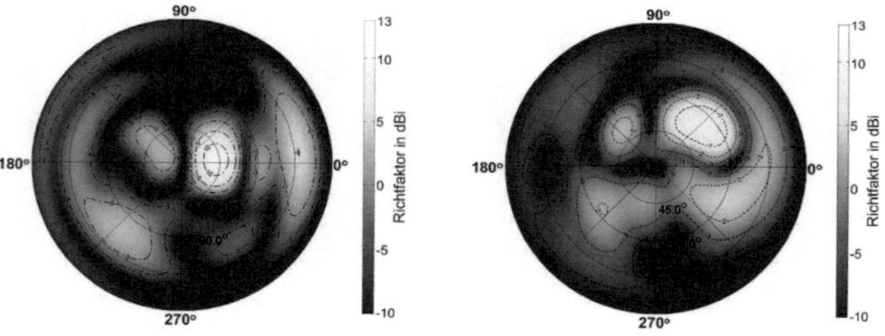

(a) Tx Subkanal 3, horizontal Pol.

(b) Tx Subkanal 4, horizontal Pol.

Abbildung A.5: Synthetisierte Sendecharakteristiken für Subkanal 3 und 4 für den simulierten Kanal im Szenario „Besprechungszimmer", Abtastung mit idealen Feldsonden.

A.6 Messungen in der Garage

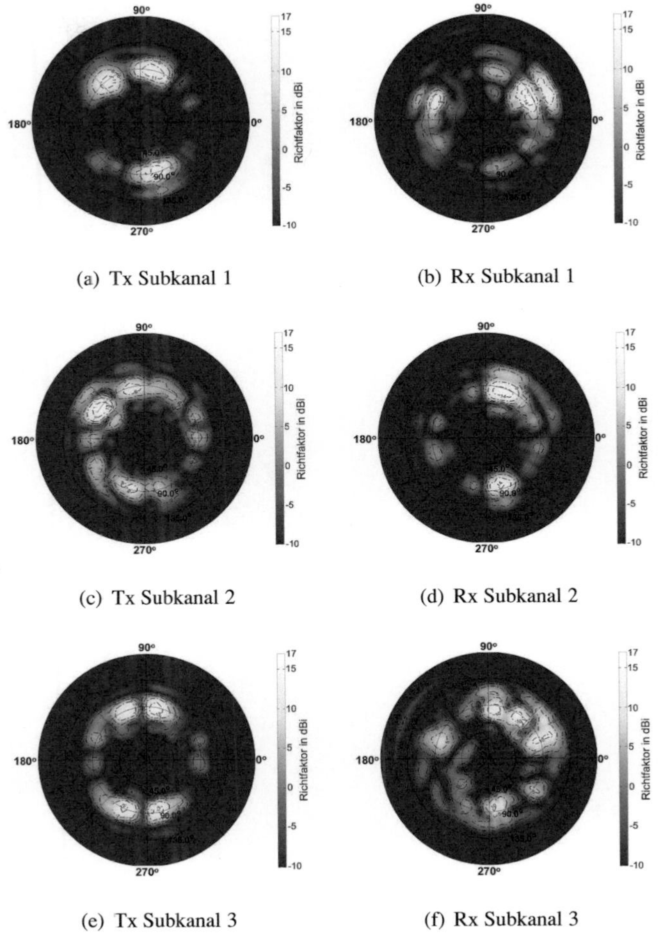

(a) Tx Subkanal 1

(b) Rx Subkanal 1

(c) Tx Subkanal 2

(d) Rx Subkanal 2

(e) Tx Subkanal 3

(f) Rx Subkanal 3

Abbildung A.6: Synthetisierte Antennenrichtcharakteristik des Szenario „Garage"

B zu Kapitel 5

B.1 Abtastpositionen und -parameter

Die folgenden Tabellen enthalten Parameter der in Kapitel 5 verwendeten Abtastpositionen und Abtastantennen. Sie beinhalten neben der Bezeichnung auch die Koordinaten der Abtastpositionen. Die Angabe in Kartesischen $x/y/z$ Koordinaten bezieht sich auf das in Abbildung B.1 gezeigte Bezugssystem.
Durch die Positionierung am Fahrzeug ergeben sich Sichteinschränkungen der Antennen. Diese sind in den jeweiligen Grafiken verdeutlich (hell (gelb) entspricht dabei dem Sichtbereich, dunkel (rot) dem nichtsichtbaren Bereich). Des Weiteren enthalten die Tabellen die Abtastkonfigurationen, welche für die Antennensynthese genutzt werden.

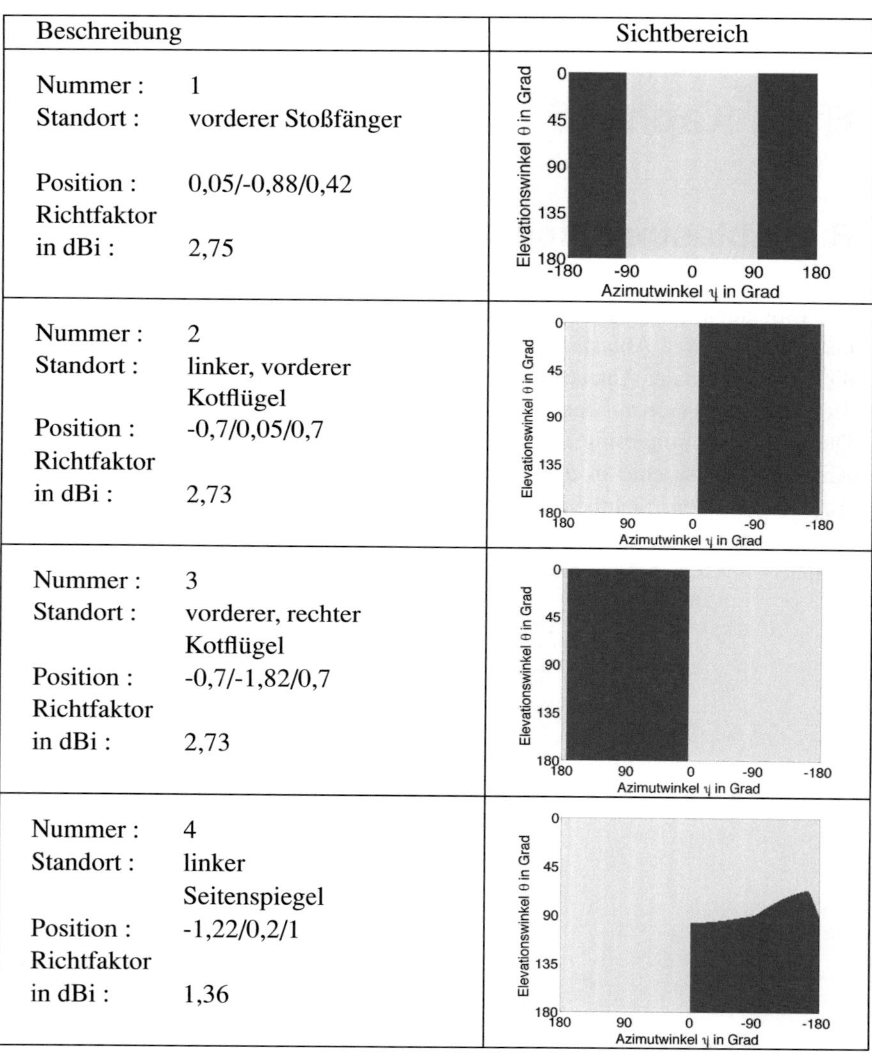

Beschreibung	Sichtbereich
Nummer : 1 **Standort :** vorderer Stoßfänger **Position :** 0,05/-0,88/0,42 **Richtfaktor in dBi :** 2,75	
Nummer : 2 **Standort :** linker, vorderer Kotflügel **Position :** -0,7/0,05/0,7 **Richtfaktor in dBi :** 2,73	
Nummer : 3 **Standort :** vorderer, rechter Kotflügel **Position :** -0,7/-1,82/0,7 **Richtfaktor in dBi :** 2,73	
Nummer : 4 **Standort :** linker Seitenspiegel **Position :** -1,22/0,2/1 **Richtfaktor in dBi :** 1,36	

Tabelle B.1: Beschreibung der Abtastantennen (Antenne 1-4)

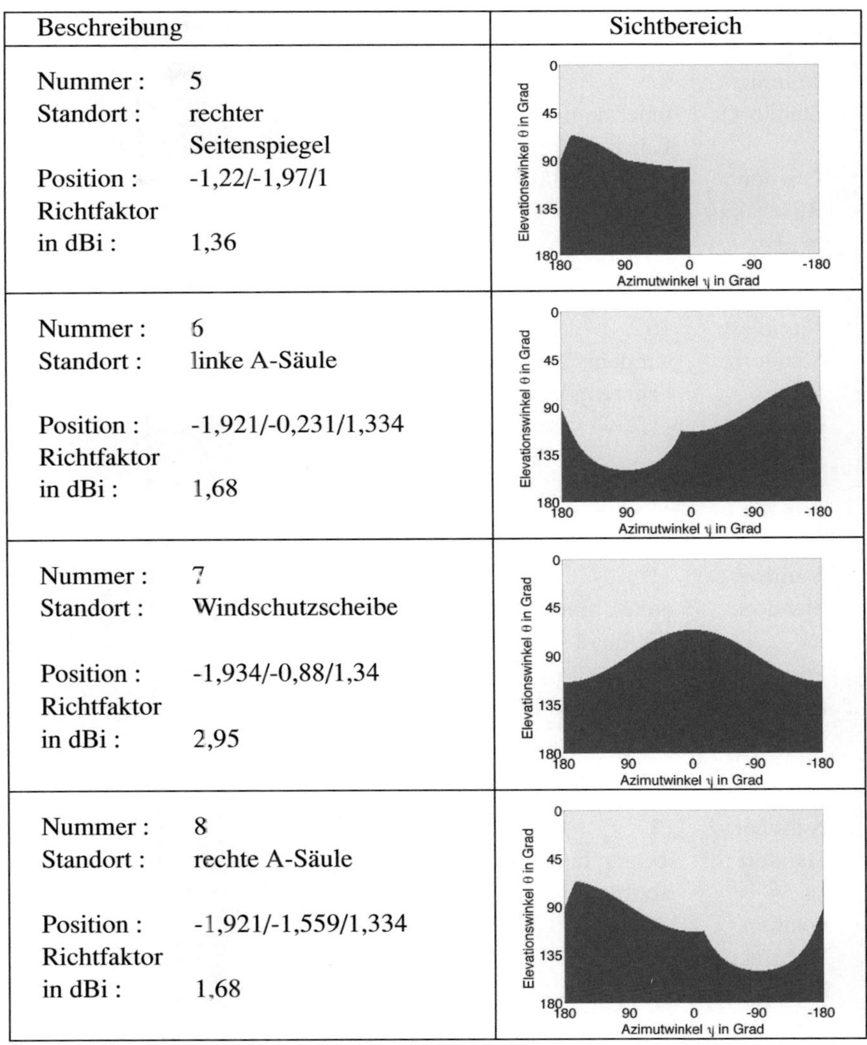

Beschreibung	Sichtbereich
Nummer : 5 Standort : rechter Seitenspiegel Position : -1,22/-1,97/1 Richtfaktor in dBi : 1,36	
Nummer : 6 Standort : linke A-Säule Position : -1,921/-0,231/1,334 Richtfaktor in dBi : 1,68	
Nummer : 7 Standort : Windschutzscheibe Position : -1,934/-0,88/1,34 Richtfaktor in dBi : 2,95	
Nummer : 8 Standort : rechte A-Säule Position : -1,921/-1,559/1,334 Richtfaktor in dBi : 1,68	

Tabelle B.2: Beschreibung der Abtastantennen (Antenne 5-8)

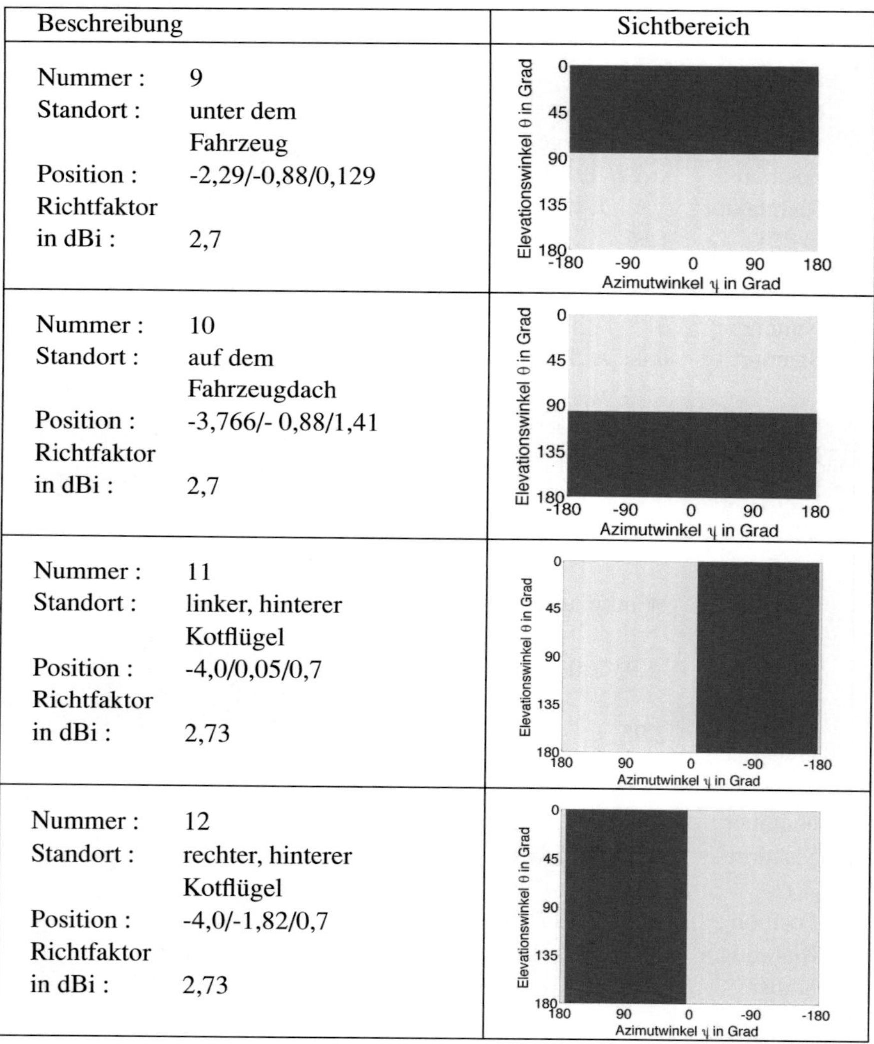

Beschreibung	Sichtbereich
Nummer : 9 Standort : unter dem Fahrzeug Position : -2,29/-0,88/0,129 Richtfaktor in dBi : 2,7	
Nummer : 10 Standort : auf dem Fahrzeugdach Position : -3,766/- 0,88/1,41 Richtfaktor in dBi : 2,7	
Nummer : 11 Standort : linker, hinterer Kotflügel Position : -4,0/0,05/0,7 Richtfaktor in dBi : 2,73	
Nummer : 12 Standort : rechter, hinterer Kotflügel Position : -4,0/-1,82/0,7 Richtfaktor in dBi : 2,73	

Tabelle B.3: Beschreibung der Abtastantennen (Antenne 9-12)

Beschreibung	Sichtbereich
Nummer : 13 Standort : linke D-Säule Position : -4,124/-0,232/1,343 Richtfaktor in dBi : 1,63	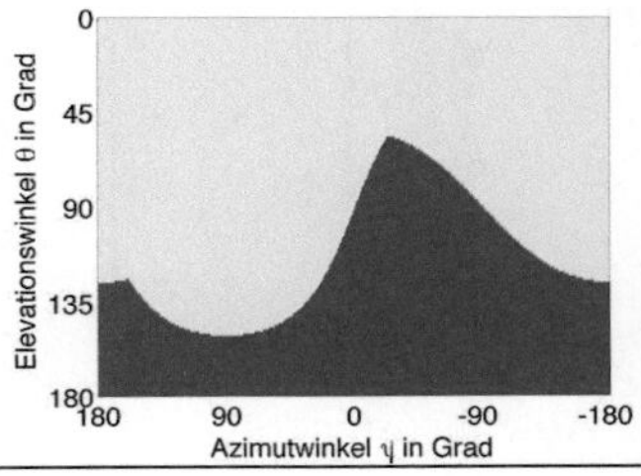Elevationswinkel θ in Grad 0 45 90 135 180 180 90 0 -90 -180 Azimutwinkel ψ in Grad
Nummer : 14 Standort : Heckscheibe Position : -4,206/-0,88/1,284 Richtfaktor in dBi : 2,96	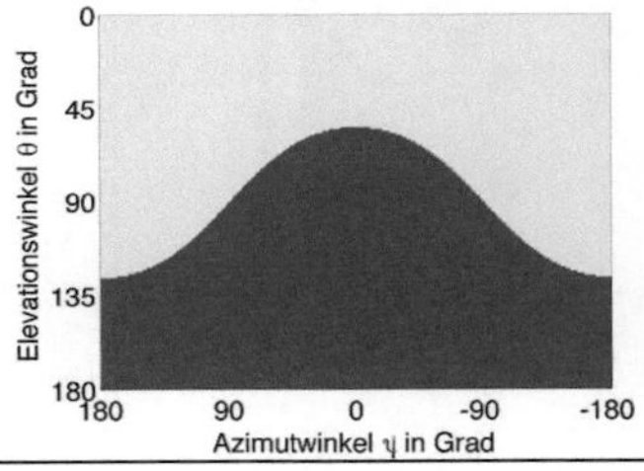Elevationswinkel θ in Grad 0 45 90 135 180 180 90 0 -90 -180 Azimutwinkel ψ in Grad
Nummer : 15 Standort : rechte D-Säule Position : -4,124/-1,548/1,343 Richtfaktor in dBi : 1,63	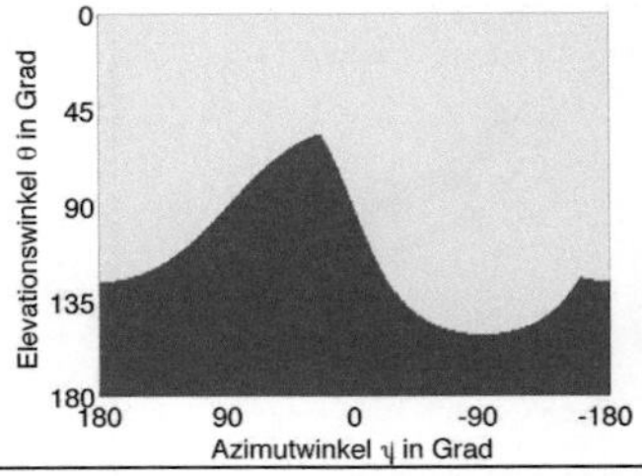Elevationswinkel θ in Grad 0 45 90 135 180 180 90 0 -90 -180 Azimutwinkel ψ in Grad
Nummer : 16 Standort : hinterer Stoßfänger Position : -4,63/-0,88/0,42 Richtfaktor in dBi : 2,75	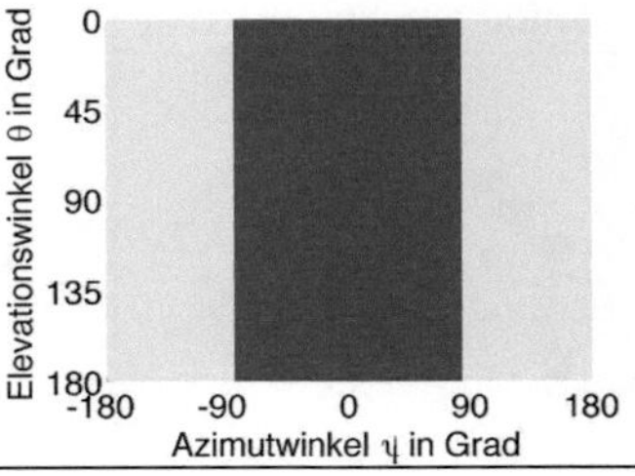Elevationswinkel θ in Grad 0 45 90 135 180 -180 -90 0 90 180 Azimutwinkel ψ in Grad

Tabelle B.4: Beschreibung der Abtastantennen (Antenne 11-15)

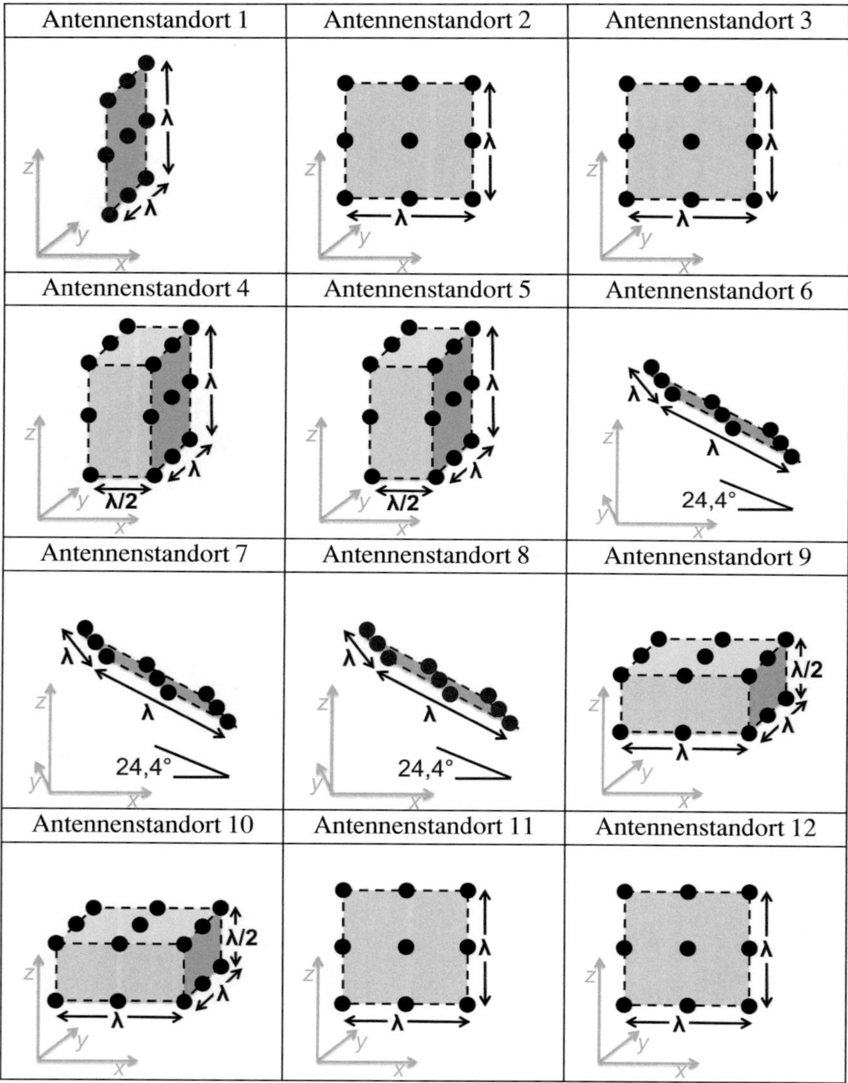

Tabelle B.5: Beschreibung der Abtastkonfigurationen (Antennen 1-12)

Antennenstandort 13

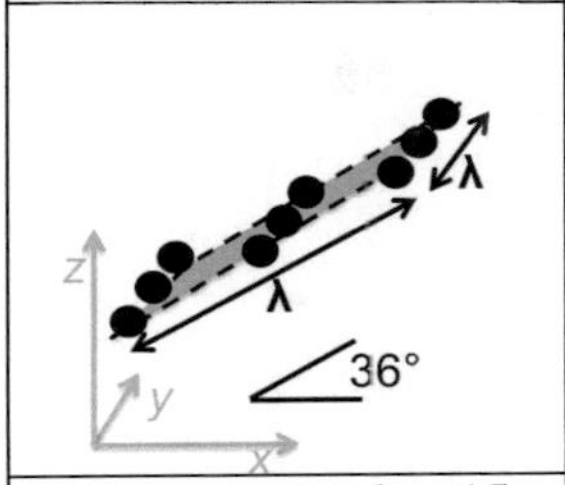

Antennenstandort 14

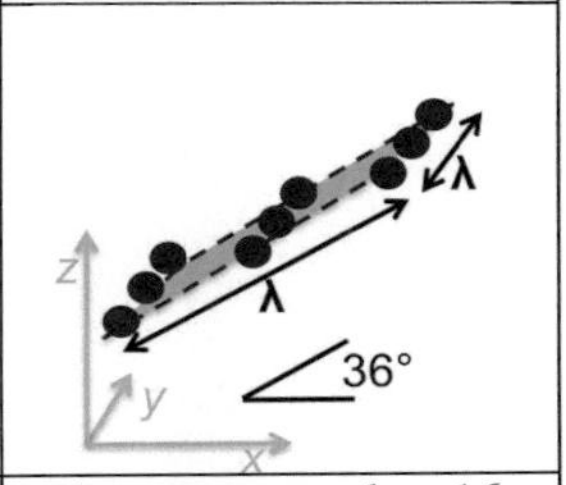

Antennenstandort 15

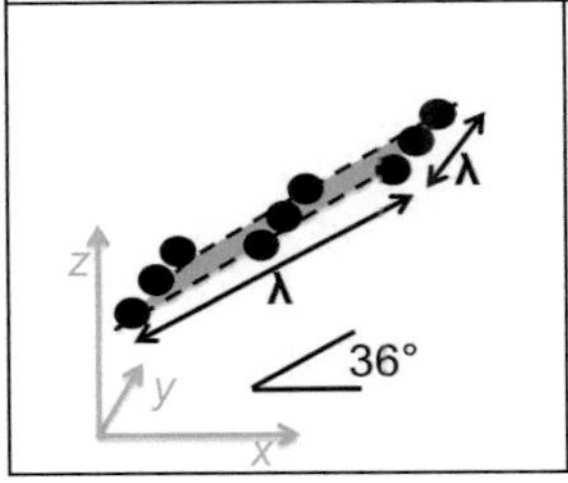

Antennenstandort 16

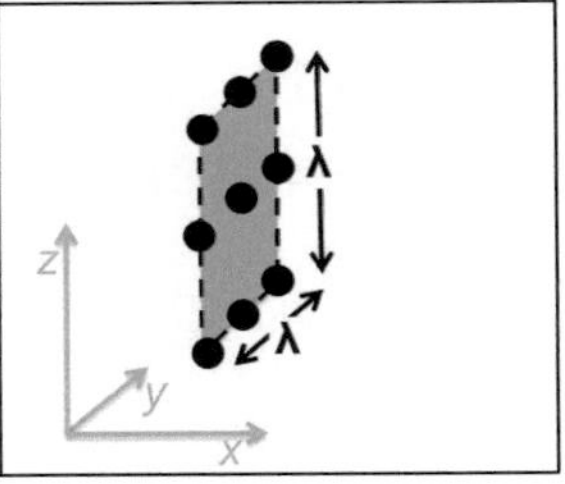

Tabelle B.6: Beschreibung der Abtastkonfigurationen (Antennen 13-16)

	Permitivität ϵ_r	Permeabilität μ_r	Oberflächenrauhigkeit σ_h
Trockener Beton (Gebäude)	5-j0,1	1	1 mm
Trockener Beton (Straße)	5-j0,1	1	0,4 mm
Ackerboden	6-j0,6	1	30 mm
Metall	$1\text{-j}10^6$	1	0 mm
Glas	6-j0,006	1	0 mm
Kunststoff	2-j0,2	1	0 mm

Tabelle B.7: Für die Simulation verwendete Materialparameter [Mau05]

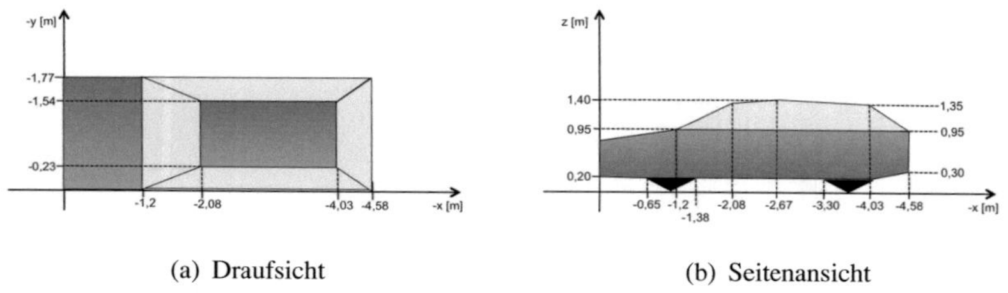

(a) Draufsicht   (b) Seitenansicht

Abbildung B.1: Darstellung und Bemaßung des Sende- und Empfangsfahrzeugs im kartesischen Koordinatensystem

B.2 Syntheseergebnisse der einzelnen Szenarien

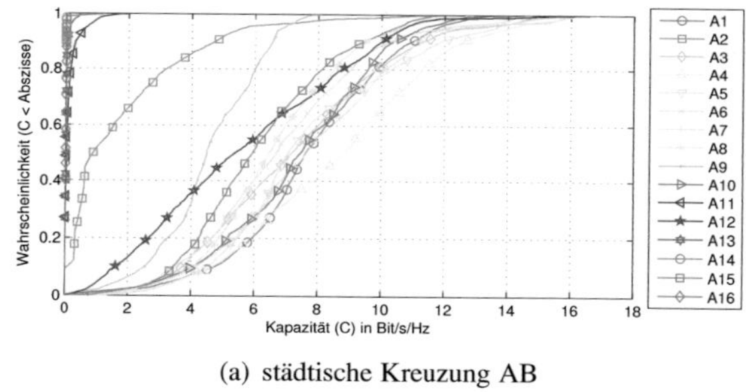

(a) städtische Kreuzung AB

Abbildung B.2: Vergleich der Kapazitäten aller Antennenpositionen bei Synthese eines SISO-Systems in dem Szenario städtische Kreuzung AB

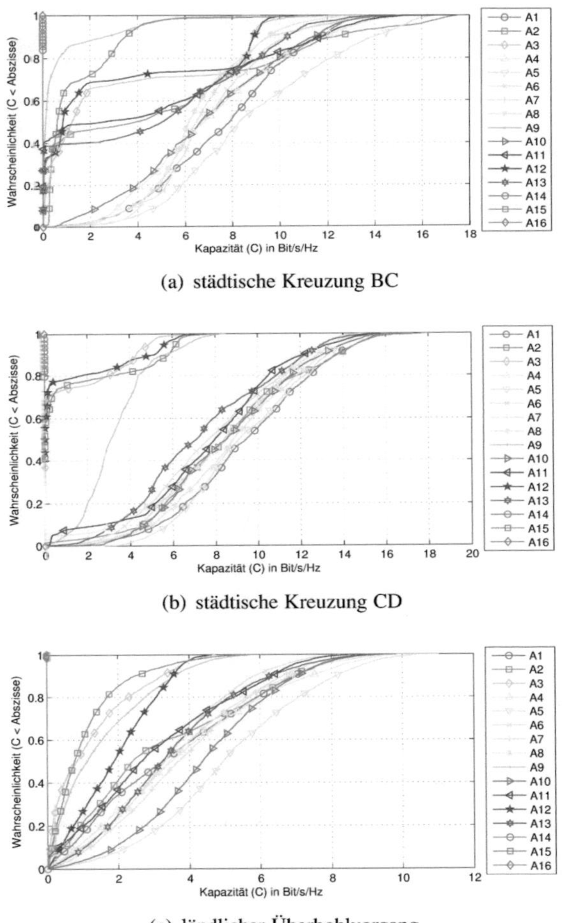

(a) städtische Kreuzung BC

(b) städtische Kreuzung CD

(c) ländlicher Überhohlvorgang

Abbildung B.3: Vergleich der Kapazitäten aller Antennenpositionen bei Synthese eines SISO-Systems in den Szenarien städtische Kreuzung BC (a) , CD (b) und ländlicher Überholvorgang (c)

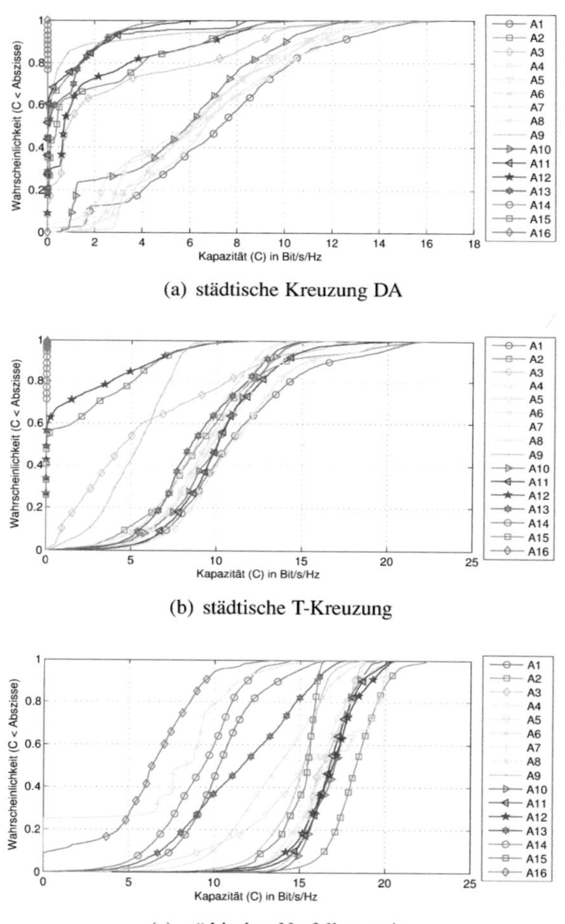

(a) städtische Kreuzung DA

(b) städtische T-Kreuzung

(c) städtisches Notfallszenario

Abbildung B.4: Vergleich der Kapazitäten aller Antennenpositionen bei Synthese eines SISO-Systems in den Szenarien städtische Kreuzung DA (b), T-Kreuzung (c) und städtisches Notfallszenario (c)

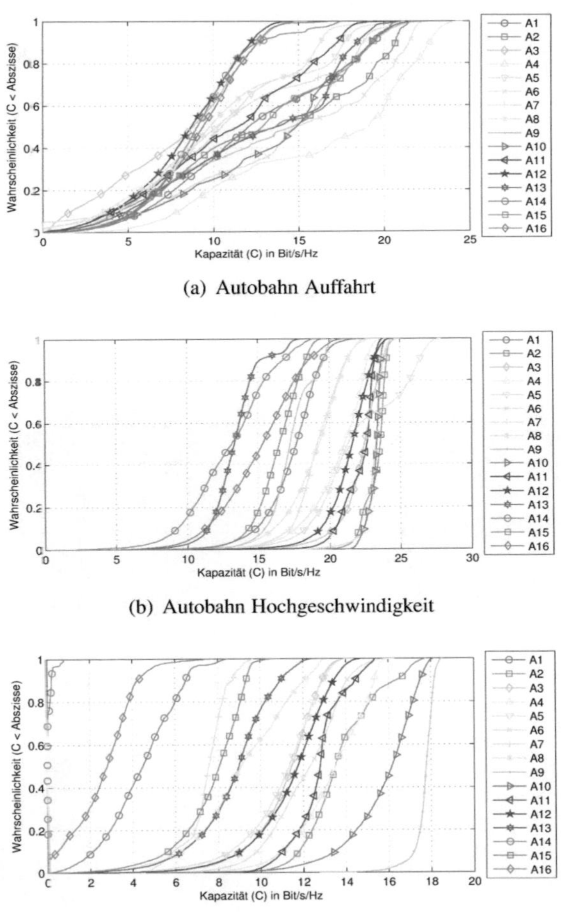

(a) Autobahn Auffahrt

(b) Autobahn Hochgeschwindigkeit

(c) Autobahn Stau

Abbildung B.5: Vergleich der Kapazitäten aller Antennenpositionen bei Synthese eines SISO-Systems in den Autobahnszenarien Auffahrt (a) Hochgeschwindigkeit (b) und Stau (c)

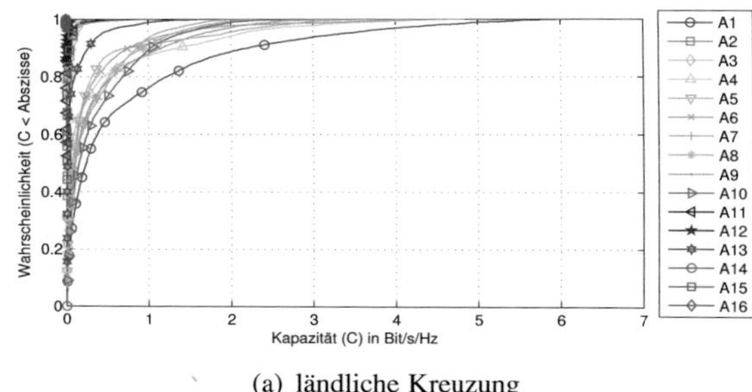

(a) ländliche Kreuzung

Abbildung B.6: Vergleich der Kapazitäten aller Antennenpositionen bei Synthese eines SISO-Systems in dem Szenario ländliche Kreuzung

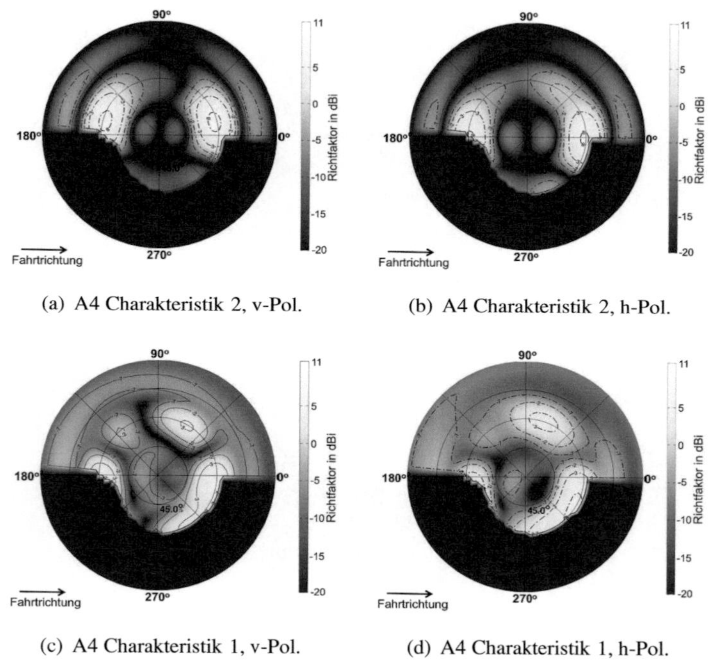

(a) A4 Charakteristik 2, v-Pol.

(b) A4 Charakteristik 2, h-Pol.

(c) A4 Charakteristik 1, v-Pol.

(d) A4 Charakteristik 1, h-Pol.

Abbildung B.7: Resultierende Richtcharakteristiken für den Antennenstandort „linker Seitenspiegel" der vollpolarimetrischen Synthese

C zu Kapitel 6

C.1 Syntheseergebnisse der simulierten Moden mit EVD-Mittelung

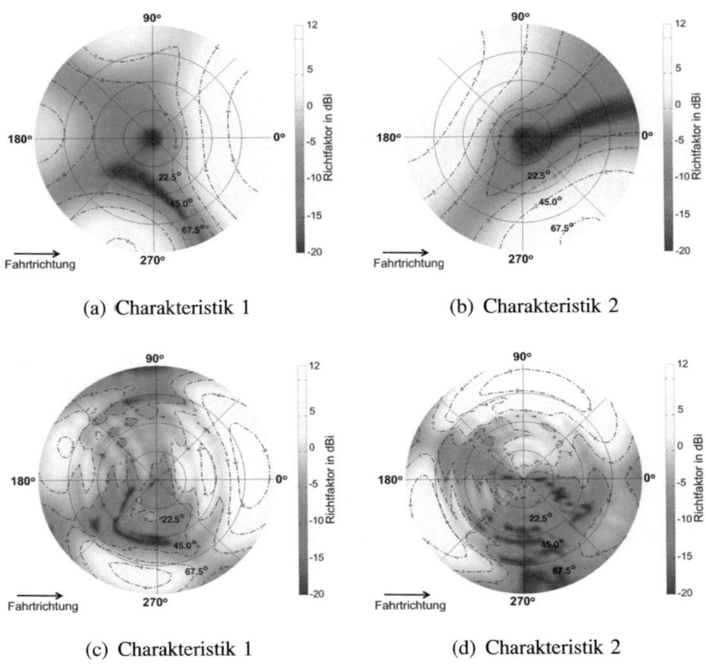

(a) Charakteristik 1   (b) Charakteristik 2

(c) Charakteristik 1   (d) Charakteristik 2

Abbildung C.1: Synthetisierte Antennenrichtdiagramme der idealen (oben) und nicht-idealen Monopole, Mittelung EVD

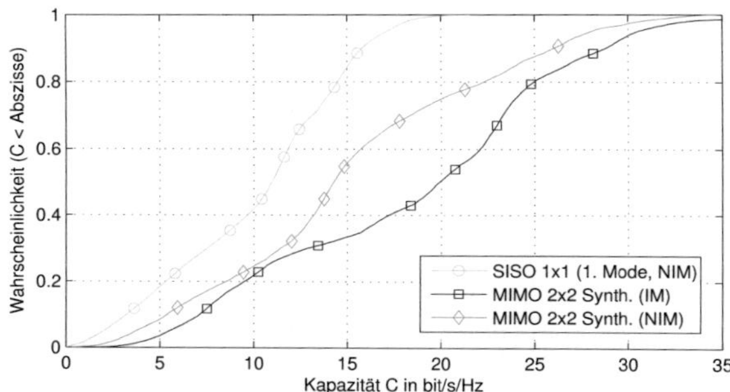

Abbildung C.2: Unterschreitungswahrscheinlichkeit der Kapazität für das synthetisierte 2×2 MIMO Antennensystem basierend auf idealen (IM) und nichtidealen Monopolen (NIM), SISO Referenzsystem mit der simulierten Richtcharakteristik Mode 1 NIM (Abb. 6.4), Mittelung EVD

C.2 Vergleich gemessener und simulierter Richtdiagramme (Moden 2-4)

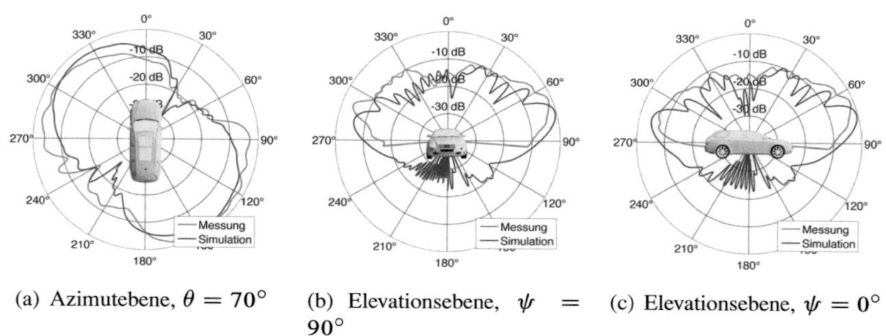

(a) Azimutebene, $\theta = 70°$ (b) Elevationsebene, $\psi = 90°$ (c) Elevationsebene, $\psi = 0°$

Abbildung C.3: Vergleich mit gemessenen Richtdiagrammen für Mode 2

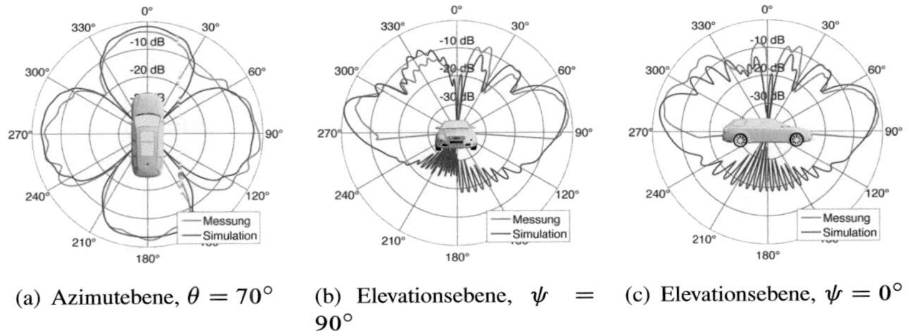

(a) Azimutebene, $\theta = 70°$ (b) Elevationsebene, $\psi = 90°$ (c) Elevationsebene, $\psi = 0°$

Abbildung C.4: Vergleich mit gemessenen Richtdiagrammen für Mode 3

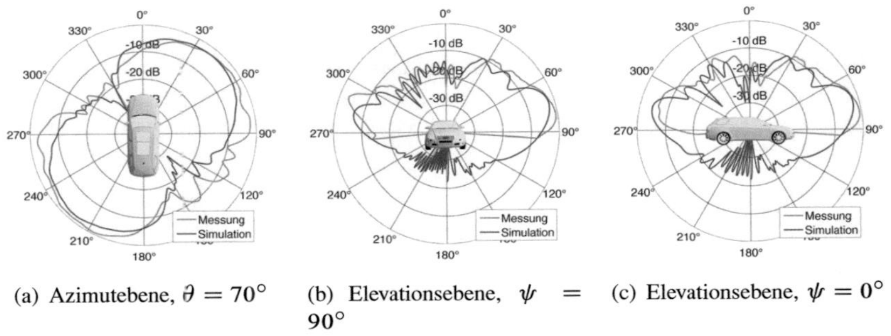

(a) Azimutebene, $\vartheta = 70°$ (b) Elevationsebene, $\psi = 90°$ (c) Elevationsebene, $\psi = 0°$

Abbildung C.5: Vergleich mit gemessenen Richtdiagrammen für Mode 4

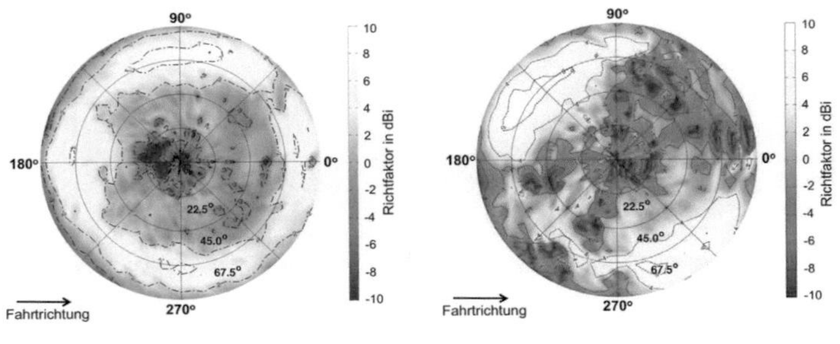

(a) Synthetisierte Richtcharakteristik 1 (b) Synthetisierte Richtcharakteristik 2

Abbildung C.6: Synthetisierte Antennenrichtcharakteristiken der gemessenen Moden, Mittelung EVD

183

C.3 Netzwerklayout und seine Bestandteile

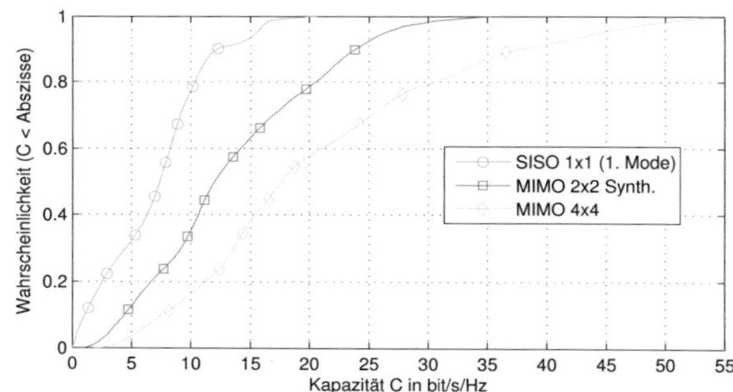

Abbildung C.7: Unterschreitungswahrscheinlichkeit der Kapazität für das synthetisierte 2×2 MIMO Antennensystem gemessener Monopole, SISO Referenzsystem mit der gemessenen Richtcharakteristik von Mode 1 (Abb.6.13), Mittelung EVD

Das Sechstor wird in Mikrostreifentechnologie designt, da diese nur relativ geringe Verluste hat und flexibel und leicht zu fertigen ist. Die Bestandteile des Speisenetzwerks sind in Abb. C.8 gezeigt.

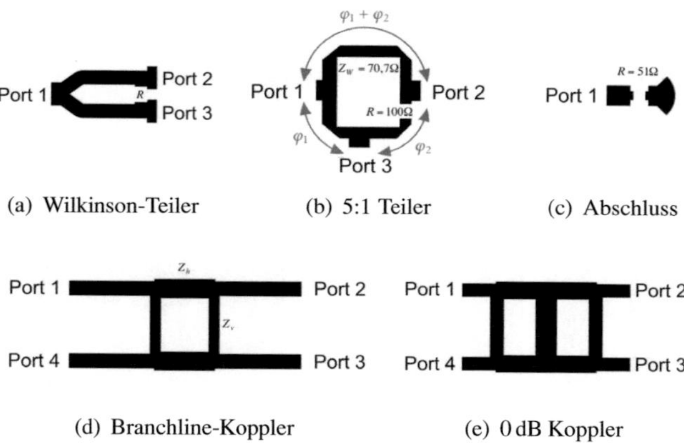

Abbildung C.8: Bestandteile des Speisenetzwerks

In dem Speisenetzwerk kommen drei verschiedene Leistungsteiler zum Einsatz. Die einzelnen Komponenten sowie das komplette Netzwerk wurden mit ADS [Tec11] und CST optimiert. Das Layout der gesamten Schaltung ist in Abb. C.9(a) gezeigt.

Wilkinson-Teiler

Der verwendete Wilkinson-Teiler ist in Abb. C.8(a) gezeigt. Er wird in der Schaltung nur als 1:1 Teiler verwendet. Prinzipiell lässt sich der Wilkinson-Teiler auch für ungleichmäßige Leistungsteiler einsetzen [Poz11]. Dies birgt aber den Nachteil, dass die Leitungen bei großen Teilverhältnissen sehr dünn und damit schwierig zu fertigen sind. Zudem werden bei den ungleichmäßigen Wilkinson-Teilern an den Ports 2 und 3 Leitungstransformatoren gebraucht. In der Literatur werden zwar Lösungen aufgeführt, wie ein großes Teilerverhältnis mit Wilkinson-Teilern ohne extrem dünne Leitungen möglich ist, diese erfordern aber ein zweiseitiges Layout [TJY10, YF07]. Des Weiteren ist der Entkoppelwiderstand vom Teilerverhältnis k abhängig und deshalb häufig nicht direkt erhältlich. Einfachere und leichter zu realisierende Koppler großer Teilerverhältnisse werden im Folgenden vorgestellt.

Branchline-Koppler

Ein typisches Layout eines Branchline-Kopplers ist in Abb. C.8(d) gezeigt. Der Branchline-Koppler weist gleich mehrere Vorteile gegenüber dem Wilkinson-Teiler beim Einsatz als ungleichmäßigen Leistungsteiler auf. Der große Vorteil liegt in seiner Symmetrie. Durch seine zwei Symmetrieebenen ist ein Branchline-Kopper viel schneller zu simulieren, da zur Bestimmung der S-Parameter nur ein Port angeregt werden muss. Ein weiterer Vorteil ist, dass der minimale Wellenwiderstand bei großen Teilerfaktoren deutlich geringer ist als beim Wilkinson-Teiler. So ergibt sich für diesen

$$Z_v = kZ_0 \tag{C.1a}$$

$$Z_h = \frac{Z_v}{\sqrt{1+k^2}} = \frac{k}{\sqrt{1+k^2}}Z_0 \tag{C.1b}$$

mit Z_0 dem Wellenwiderstand der angepassten Ports. Mit Z_v und Z_h seien an dieser Stelle die Widerstände der horizontalen und vertikalen Leitung (siehe Abb. C.8(d)) bezeichnet. Damit einhergehend sind die benötigten Leitungsdicken deutlich einfacher zu realisieren. Da der Branchline-Koppler als Dreitor betrieben werden soll, muss der vierte Port möglichst reflexionsfrei abgeschlossen werden. Das Layout des Abschlusselements ist in Abb. C.8(c) gezeigt. Er wird durch die Verbindung eines $50\,\Omega$-Widerstandes (beziehungsweise $51\,\Omega$ aus der E24 Reihe) zwischen Masse und Port realisiert. Ein $\lambda/4$-Transformator wandelt den Leerlauf in einen Kurzschluss um. Simulationen ergaben, dass ein bogenförmiges Element besser funktioniert als ein gerades Leitungsstück.

5:1-Teiler

Der größte in dem Speisenetzwerk vorkommende Leistungsteiler hat den Teilfaktor $k^2 = 5,15$. Um diesen zu realisieren wurde ein spezieller, schmalbandiger Teiler, welcher erstmals in [CL09] vorgestellt wurde, verwendet. Er hat den Vorteil, dass er nur Leitungen mit einem Wellenwiderstand von $\sqrt{(2)}Z_0$ beinhaltet. Bei Anpassung an $50\,\Omega$ ergibt sich also nur etwa $70,7\,\Omega$. Dieser Teiler ist in Abb. C.8(b) gezeigt. ϕ_1 und ϕ_2 sind Phasenverschiebungen über die das Teilerverhältnis von

$$\varphi_1 = 90° \tag{C.2a}$$

$$\varphi_2 = \arccos\left(\frac{1}{k^2}\right) \tag{C.2b}$$

eingestellt wird. Der diskrete Widerstand beträgt $2Z_0$, in diesem Fall also $100\,\Omega$. Alle Ports sind direkt an $50\,\Omega$ angepasst. Die Ports 2 und 3 sind gegenseitig isoliert.

0 dB-Koppler

Um die Belegungen für die erste und zweite synthetisierte Richtcharakteristik auf einem Layer zu realisieren, werden sogenannte 0 dB-Koppler verwendet, um überkreuzende Pfade zu realisieren. Der hier verwendete Koppler besteht im Prinzip aus zwei in Serie geschalteten Banchline-Kopplern. Aufgrund der Reziprozität und der Symmetrie ist dieser Koppler von einem beliebigen Port bezogen auf seinen gegenüberliegenden Port durchlässig, während alle anderen Ports isoliert sind. Mit Hilfe von ADS wurde das Layout hinsichtlich Kompaktheit optimiert, siehe Abb. C.8(e). Insgesamt beinhaltet es zehn Leistungsteiler. Vier davon sind Branchline-Koppler, fünf Wilkinson-Teiler und einer ein 5:1-Teiler.

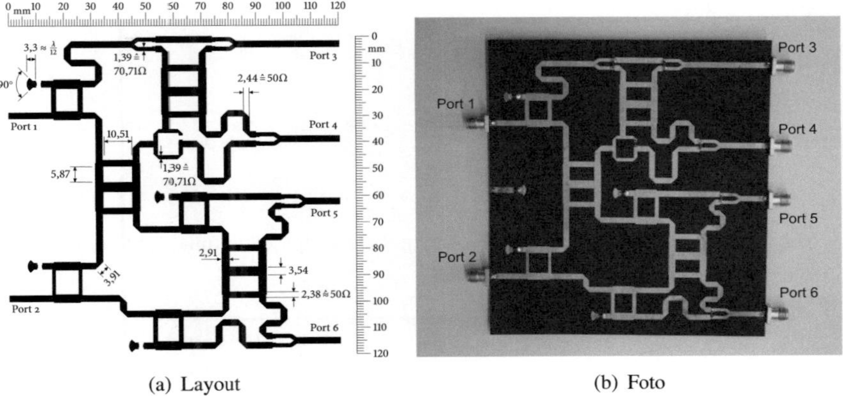

(a) Layout　　　　　　　　　　　(b) Foto

Abbildung C.9: Layout und Foto der Umsetzung der Belegungsvektoren in einem Speisenetzwerk

C.4 Ergebnisse des realisierten Speisenetzwerkes

Ein Foto des aufgebauten Speisenetzwerkes ist in Abb. C.9(b) gezeigt. Das Speisenetzwerk hat die Abmessung von etwa 12×12 cm und wurde auf dem Substrat Rogers Duroid 5880 [RC11] der Dicke 0,79 mm und einer Dielektrizitätszahl von ϵ_r=2,2 realisiert. Die gemessenen Anpassungen und Durchflussdämpfungen sind in Abb. C.10 gezeigt. Alle Reflexionen sind geringer als -19 dB und die Isolation zwischen den beiden Eingangsports ist kleiner als -25 dB.

Die Durchflussdämpfungen sowie die gemessenen Phasen sind in den Tabellen C.1 und C.1 zusammengefasst und den vorgegebenen Werten gegenübergestellt.

S_M bezeichnet dabei die S-Parameter aus der Messung und S_V die der vorge-

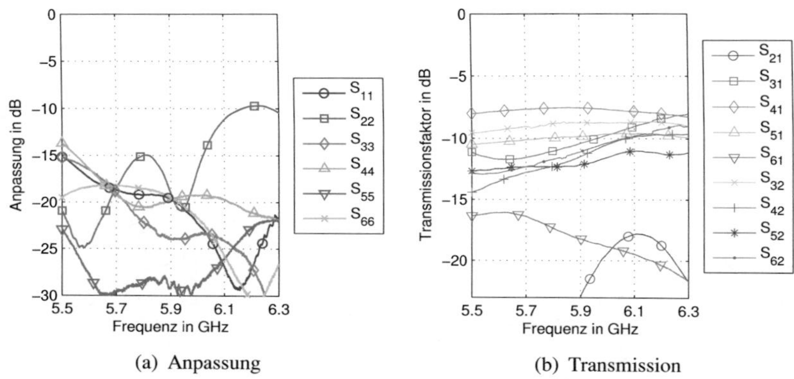

(a) Anpassung   (b) Transmission

Abbildung C.10: Gemessene Anpassung und Durchflussdämpfung des Speisenetzwerkes

	Vorgabe			**Messung**		
	$|S|^2$	dB	$\varphi/°$	$|S|^2$	dB	$\varphi/°$
S_{31}	0,182	−7,39	−171,4	0,079	−11,00	−102,5
S_{41}	0,189	−7,23	162,5	0,066	−11,80	−114,1
S_{51}	0,221	−6,56	163,0	0,074	−11,30	−129,6
S_{61}	0,408	−3,89	161,0	0,142	−8,47	−113,0
S_{32}	0,047	−13,28	156,3	0,017	−17,80	−132,6
S_{42}	0,242	−6,16	−142,3	0,108	−9,65	−65,6
S_{52}	0,459	−3,38	−179,5	0,177	−7,52	−96,6
S_{62}	0,252	−5,98	−9,7	0,094	−10,28	66,9

Tabelle C.1: Vorgegebene und gemessene Werte bei der Bandmittenfrequenz (5, 9 GHz)

gebenen Werte. Die Differenz der relativen Leistungen hat Schwankungen um ±0,7 dB mit einem Mittelwert von 4,241 dB. Die Streuung der Phasendifferenzen beträgt weniger als ±10° bei einem Mittelwert von 76,6°.

	Vorgabe ÷ Messung		
	$\left\|\dfrac{S_V}{S_M}\right\|^2$	in dB	Phase/°
S_{31}	2,294	3,605	68,9
S_{41}	2,862	4,567	83,4
S_{51}	2,977	4,738	67,4
S_{61}	2,869	4,577	86,0
S_{32}	2,832	4,521	71,1
S_{42}	2,232	3,486	76,6
S_{52}	2,592	4,137	82,9
S_{62}	2,690	4,297	76,6

Tabelle C.2: Vergleich der vorgegebenen und gemessenen Werte bei der Bandmittenfrequenz (5, 9 GHz)

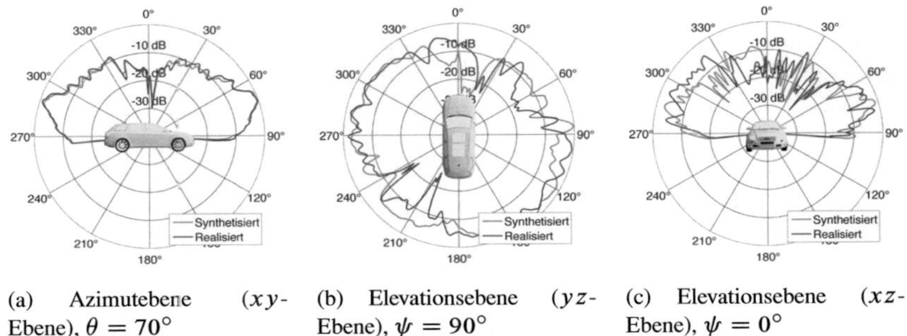

(a) Azimutebene (xy-Ebene), $\theta = 70°$

(b) Elevationsebene (yz-Ebene), $\psi = 90°$

(c) Elevationsebene (xz-Ebene), $\psi = 0°$

Abbildung C.11: Vergleich zwischen der synthetisierten Richtcharakteristik und der sich aus der realisierten Belegung ergebenden (zweite synthetisierte Charakteristik)

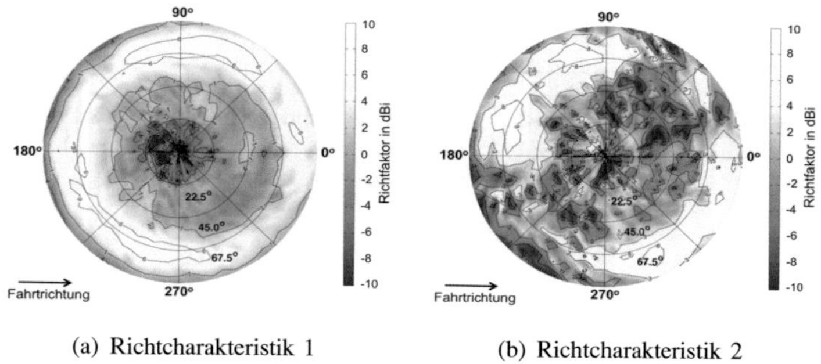

(a) Richtcharakteristik 1   (b) Richtcharakteristik 2

Abbildung C.12: Richtcharakteristiken mit der Belegung aus dem realisierten Speisenetzwerk

Literaturverzeichnis

[ABWZ09]   G. Adamiuk, S. Beer, W. Wiesbeck, and T. Zwick. Dual-orthogonal Polarized Antenna for UWB-IR Technology. *Proceedings of the IEEE Antennas and Wireless Propagation Letters*, 8:981–984, 2009.

[Ada10]   G. Adamiuk. *Methoden zur Realisierung von dual-orthogonal, linear polarisierten Antennen für die UWB-Technik.* Dissertation, Karlsruher Institut für Technologie (KIT), 2010.

[AHG11]   P. Alexander, D. Haley, and A. Grant. Cooperative Intelligent Transport Systems: 5.9-GHz Field Trials. *Proceedings of the IEEE*, 99(7):1213–1235, Juli 2011.

[Bal89]   C.A. Balanis. *Advanced Engineering Electromagnetics.* John Wiley & Sons, New York, 1989.

[Bel63]   P. Bello. Characterization of Randomly Time-Variant Linear Channels. *IEEE Transactions on Communications Systems*, 11(4):360–393, Dezember 1963.

[BfV08]   Bau und Stadtentwicklung Bundesministerium für Verkehr. *Verkehr in Zahlen 2008/2009.* DVV Media Group GmbH, Hamburg, 2008.

[BLE01]   J.C. Batchelor, R.J. Langley, and H. Endo. On-glass Mobile Antenna Performance Modelling. *IEE Proceedings of Microwaves, Antennas and Propagation*, 148(4):233–238, August 2001.

[BMW11]   BMW. *Webseite der Bayerische Motoren Werke (BMW) Aktiengesellschaft*, 2011. http://www.bmw.de.

[Bre03]   D.G. Brennan. Linear Diversity Combining Techniques. *Proceedings of the IEEE*, 91(2):331–356, Februar 2003.

[Bun08]   Bundesnetzagentur. *Bundesnetzagentur - Frequenznutzungsplan 27,5 - 10000 MHz*, 2008.

[BW02]   R.S. Blum and J.H. Winters. On Optimum MIMO with Antenna Selection. *IEEE Communications Letters*, 6(8):322 –324, August 2002.

[Chi04]   D. Chizhik. Slowing the Time-fluctuating MIMO Channel by Beam Forming. *IEEE Transactions on Wireless Communications*, 3(5):1554 – 1565, September 2004.

[Chi11]   M Chiaberge, editor. *New Trends and Developments in Automotive System Engineering*. InTech, 2011.

[CL09]   K.-K.M. Cheng and P.-W. Li. A Novel Power-Divider Design With Unequal Power-Dividing Ratio and Simple Layout. *IEEE Transactions on Microwave Theory and Techniques*, 57(6):1589 –1594, Juni 2009.

[Com11]   AWE Communications. *Webseite von WinProp*, 2011. `http://www.awe-communications.com`.

[Con07]   Car 2 Car Communication Consortium. *CAR 2 CAR Communication Consortium Manifesto: Overview of the C2C-CC System*, 2007.

[Con12]   Car 2 Car Communication Consortium. *Homepage Car-to-Car Communication Consortium*, 2012. `http://www.car-to-car.org`.

[CRSJP98]   J.S. Colburn, Y. Rahmat-Samii, M.A. Jensen, and G.J. Pottie. Evaluation of Personal Communications Dual-antenna Handset Diversity Performance. *IEEE Transactions on Vehicular Technology*, 47(3):737–746, August 1998.

[CST12]   CST Computer Simulation Technology. *CST Microwave Studio*, 2012.

[CTKV02]   C-N Chuah, D.N.C. Tse, J.M. Kahn, and R.A. Valenzuela. Capacity Scaling in MIMO Wireless Systems under Correlated Fading. *IEEE Transactions on Information Theory*, 48(3):637–650, März 2002.

[Dai12]   Daimler. *Webseite der Daimler Aktiengesellschaft*, 2012. `http://www.mercedes-benz.de`.

[DC99]   E. Damosso and L.M. Correia, editors. *Digital Mobile Radio Towards Future Generation Systems*. COST Telecom Secretariat, European Commission, Brüssel, 1999.

[Deu11a]   Sichere Intelligente Mobilität Testfeld Deutschland. *Webseite vom Projekt sim-TD*, 2011. http://www.simtd.de.

[Deu11b]   Statistisches Bundesamt Deutschland. *Homepage Statistisches Bundesamt Deutschland*, 2011. www.destatis.de.

[DTL01]   Yingcheng Dai, T. Talty, and L. Lanctot. GPS Antenna Selection and Placement for Optimum Automotive Performance. In *Proceedings of the IEEE Antennas and Propagation Society International Symposium*, volume 1, pages 132–135, 2001.

[ECS$^+$98] R.B. Ertel, P. Cardieri, K.W. Sowerby, T.S. Rappaport, and J.H. Reed. Overview of Spatial Channel Models for Antenna Array Communication Systems. *Transactions of the IEEE Personal Communications*, 5(1):10–22, Februar 1998.

[EM12]   O. Ekiz, L. Klemp and C. Mecklenbräuker. LTE MIMO Performance Evaluation of Automotive Qualified Antennas. In *COST IC 1004*, September 2012.

[ETS09]   European Telecommunications Standards Institute ETSI. *ETSI TR 102 638 V1.1.1: Intelligent Transport Systems (ITS); Vehicular Communications; Basic Set of Applications; Definitions*, 2009.

[EU02]   D. Erricolo and P.L.E. Uslenghi. Propagation Path Loss - a Comparison between Ray-tracing Approach and Empirical Models. *IEEE Transactions on Antennas and Propagation*, 50(5):766–768, Mai 2002.

[EWW97]   R. Ehmann, B. Wagner, and T. Weiland. Farfield Calculations for Car Antennas at Different Locations. *IEEE Transactions on Magnetics*, 33(2):1508–1511, März 1997.

[fBuF11]   Bundesministerium für Bildung und Forschung. *KAMMP - Kombinierte Antennenmodule für mobile Plattformen*, 2011. http://www.pt-it.pt-dlr.de/de/2182.php.

[fDIoCCTP11] Preparation for Driving Implementation and Evaluation of C2X Communication Technology PREDRIVE. *Webseite vom Projekt PREDRIVE C2X*, 2011. `http://www.pre-drive-c2x.eu`.

[FG98] G.J. Foschini and M.J. Gans. On Limits of the Wireless Communications in a Fading Environment when Using Multiple Antennas. *Transoctions on Wireless Personal Communications*, pages 6(3):311–335, 1998.

[Fle90] B.H. Fleury. *Charakterisierung von Mobil- und Richtfunkkanälen mit schwach stationären Fluktuationen und unkorrelierter Streuung*. Dissertation, Technische Hochschule Zürich (ETH), 1990.

[Fle00] B.H. Fleury. First- and Second-order Characterization of Direction Dispersion and Space Selectivity in the Radio Channel. *IEEE Transactions on Information Theory*, 46(6):2027–2044, September 2000.

[FMB98] J. Fuhl, A.F. Molisch, and E. Bonek. Unified Channel Model for Mobile Radio Systems with Smart Antennas. *IEE Proceedings of Radar, Sonar and Navigation*, 145(1):32–41, Februar 1998.

[FMKW06] T. Fügen, J. Maurer, T. Kayser, and W. Wiesbeck. Capability of 3-D Ray Tracing for Defining Parameter Sets for the Specification of Future Mobile Communications Systems. *IEEE Transactions on Antennas and Propagation*, 54(11):3125–3137, November 2006.

[FWMW03] T. Fügen, C. Waldschmidt, J. Maurer, and W. Wiesbeck. MIMO-capacity of Bridge Access Points Based on Measurements and Simulations for Arbitrary Arrays. In *Proceedings of the 5th European Personal Mobile Communications Conference*, pages 467–471, April 2003.

[FWS10] S. Fikar, W. Walzik, and A.L. Scholtz. Vehicular Multi/Broadband MIMO Antenna for Terrestrial Communication. In *Proceedings of the IEEE Antennas and Propagation Society International Symposium*, pages 1–4, Juli 2010.

[Füg09]   T. Fügen. *Richtungsaufgelöste Kanalmodellierung und System-studien für Mehrantennensysteme in urbanen Gebieten.* Disser-tation, Karlsruher Institut für Technologie (KIT), 2009.

[God97a]   L.C. Godara. Application of Antenna Arrays to Mobile Com-munications. II. Beam-forming and Direction-of-Arrival Consi-derations. *Proceedings of the IEEE*, 85(8):1195–1245, August 1997.

[God97b]   L.C. Godara. Applications of Antenna Arrays to Mobile Com-munications. I. Performance Improvement, Feasibility, and Sys-tem Considerations. *Proceedings of the IEEE*, 85(7):1031–1060, Juli 1997.

[Got03]   G. Gottwald. *Moderne Antennensysteme.* Verlag Moderne Indu-strie, 2003.

[GSS$^+$03]   D. Gesbert, M. Shafi, D. Shiu, P. J. Smith, and A. Naguib. From Theory to Practice: An Overview of MIMO Space-Time Coded Wireless Systems. *IEEE Journal on Selected Areas in Commu-nications*, 21:281–302, 2003.

[GW98]   N. Geng and W. Wiesbeck. *Planungsmethoden für die Mobil-kommunikation.* Springer-Verlag Berlin Heidelberg, 1998.

[HB08]   Y. Huang and K. Boyle. *Antennas: From Theory to Practice.* Wiley, 2008.

[HEC02]   LTD. HIROSE ELECRIC CO. *SMT Ultra-Miniature Coaxial Connectors, U.FL Series*, 2002.

[HH05]   Ping Hui and C.G. Hynes. Correlation Coefficients and Radia-tion Efficiencies of Two Parallel Dipoles. In *Proceedings of the Microwave Conference Proceedings*, volume 5, page 3 pp., De-zember 2005.

[HWC99]   D. Har, A.M. Watson, and A.G. Chadney. Comment on Diffraction Loss of Rooftop-to-Street in COST 231-Walfisch-Ikegami Model. *IEEE Transactions on Vehicular Technology*, 48(5):1451–1452, September 1999.

[IBC⁺09]   I. Ivan, P. Besnier, M. Crussiere, M. Drissi, L. Le Danvic, M. Huard, and E. Lardjane. Physical Layer Performance Analysis of V2V Communications in High Velocity Context. In *Proceedings of the 9th International Conference on Intelligent Transport Systems Telecommunications*, pages 409–414, Oktober 2009.

[IEE12]   Standards Association IEEE. *IEEE Standard for Information technology- Telecommunications and information exchange between systems Local and metropolitan area networks- Specific requirements Part 11: Wireless LAN Medium Access Control (MAC) and Physical Layer (PHY) Specifications*, 2012.

[IN02]   M.T. Ivrlac and J.A. Nossek. MIMO Eigenbeamforming in Correlated Fading. In *Proceedings of the 1st IEEE International Conference on Circuits and Systems for Communications*, pages 212–215, 2002.

[Ins]   National Instruments. *Was ist LabVIEW?* http://www.ni.com/labview/whatis/d/.

[IY02]   M.F. Iskander and Zhengqing Yun. Propagation Prediction Models for Wireless Communication Systems. *IEEE Transactions on Microwave Theory and Techniques*, 50(3):662–673, März 2002.

[Jak74]   W Jakes. *Microwave Mobile Communications*. IEEE Press, New Jersey, 1974.

[Jan11]   M. Janson. *Hybride Funkkanalmodellierung für ultrabreitbandige MIMO-Systeme*. Dissertation, Karlsruher Institut für Technologie (KIT), 2011.

[JB03]   E .A . Jorswieck and H . Boche. On the Impact of Correlation on the Capacity in MIMO Systems Without CSI at the Transmitter. In *Proceedings of the Conference on Information Sciences and Systems*, 2003.

[Jer10]   G. Jereczek. *Design of capacity maximizing MIMO antenna systems for Car-2-Car communication*. Diplomarbeit, Karlsruher Institut für Technologie (KIT), Institut für Hochfrequenztechnik und Elektronik (IHE), 2010.

[Jes85]   R.L. Jesch. Measured Vehicular Antenna Performance. *IEEE Transactions on Vehicular Technology*, 34(2):97–107, Mai 1985.

[JW04]   M.A. Jensen and J.W. Wallace. A Review of Antennas and Propagation for MIMO Wireless Communications. *IEEE Transactions on Antennas and Propagation*, 52:2810–2824, 2004.

[Kat97]   R. Kattenbach. *Charakterisierung zeitvarianter Indoor Funkkanäle anhand ihrer System- andKorrelationsfunktionen*. Dissertation, Universität Kassel, 1997.

[Kat12]   A. Kathrein. *Verifikation einer Analyse- und Designmethode zur Bestimmung optimierter Richtcharakteristiken für Mehrantennensysteme*. Diplomarbeit, Karlsruher Institut für Technologie (KIT), Institut für Hochfrequenztechnik und Elekronik (IHE), 2012.

[Keu05]   W. Keusgen. *Antennenkonfigurationen und Kalibrierungskonzepte for de Realisierung reziproker Mehrantennensysteme*. Dissertation, Technische Hochschule Aachen, 2005.

[Kle10]   O. Klemp. Performance Considerations for Automotive Antenna Equipment in Vehicle-to-Vehicle Communications. In *Proceedings of the International Symposium on Electromagnetic Theory*, pages 934–937, August 2010.

[KRKDZ09]   P. Klenner, L. Reichardt, Kammeyer K.-D., and T. Zwick. *Multi-Carrier Systems and Solutions*, chapter MIMO-OFDM with Doppler Compensating Antennas in Rapidly Fading Channels, pages 69–78. Springer Netherlands, 2009.

[KRL$^+$11]   A. Kwoczek, Z. Raida, J. Lacik, M. Pokorny, J. Puskely, and P. Vagner. Influence of Car Panorama Glass Roofs on Car2Car Communication (Poster). In *in Proceedings of the IEEE Vehicular Networking Conference*, pages 246–251, November 2011.

[KRS$^+$07]   S. Kaul, K. Ramachandran, P. Shankar, S. Oh, M. Gruteser, I. Seskar, and T. Nadeem. Effect of Antenna Placement and Diversity on Vehicular Network Communications. In *Proceedings of the 4th Annual IEEE Communications Society Conference on Sensor, Mesh and Ad Hoc Communications and Networks*, pages 112–121, Juni 2007.

[KS10]   T. Kürner and M. Schack. 3D Ray-tracing Embedded into an Integrated Simulator for Car-to-X Communications. In *Proceedings of the International Symposium on Electromagnetic Theory*, pages 880–882, August 2010.

[KSS+10]   D. Kornek, M. Schack, E. Slottke, O. Klemp, I. Rolfes, and T. Kürner. Effects of Antenna Characteristics and Placements on a Vehicle-to-Vehicle Channel Scenario. In *Proceedings of the IEEE International Conference on Communications Workshops*, pages 1–5, Mai 2010.

[KTC+09]   J. Karedal, F. Tufvesson, N. Czink, A. Paier, C. Dumard, T. Zemen, C.F. Mecklenbräuker, and A.F. Molisch. A Geometry-based Stochastic MIMO Model for Vehicle-to-Vehicle Communications. *IEEE Transactions on Wireless Communications*, 8(7):3646–3657, Juli 2009.

[KVKD+11]   P. Klenner, S. Vogeler, Kammeyer K.-D., L. Reichardt, S. Knörzer, J. Maurer, and W. Wiesbeck. *OFDM - Concepts for Future Communication Systems*, chapter System Design for Time-Variant Channels, pages 144–150. Springer, 2011.

[KW04]   Y. Kim and E.K. Walton. Effect of Body Gaps on Conformal Automotive Antennas. *Electronics Letters*, 40(19):1161–1162, September 2004.

[Kwo08]   A. Kwoczek. Fahrzeugantennen für 5,9 GHz Car2Car Kommunikation. Technical report, VDE/ITG Fachausschuss 7.2, Funk im Auto, 2008.

[LBR+08]   S. Lindenmeier, D. Barie, L. Reiter, J. Hopf, and S. Senega. Novel Combined Scan-phase Antenna Diversity System for SDARS. In *Proceedings of the IEEE Antennas and Propagation Society International Symposium*, pages 1–4, Juli 2008.

[LKYL96]   A Litva and T Kwok-Yeung Lo. *Digital Beamforming in Wireless Communications*. Artech House Publishers, London, 1996.

[LL04]   L. Low and R. Langley. Modelling Automotive Antennas. In *Proceedings ot the IEEE Antennas and Propagation Society International Symposium*, volume 3, pages 3171–3174, Juni 2004.

[LLBC06]   L. Low, R. Langley, R. Breden, and P. Callaghan. Hidden Automotive Antenna Performance and Simulation. *IEEE Transactions on Antennas and Propagation*, 54(12):3707–3712, Dezember 2006.

[LW07a]   T. Lee and Y. Wang. Maximized Capacity of Coupled Antennas Based on Multipolar Radiations. In *Proceedings of the IEEE Radio and Wireless Symposium*, pages 99–101, 2007.

[LW07b]   T. Lee and Y. Wang. Mode-Based Beamforming with Closely Spaced Antennas. In *Proceedings of the IEEE/MTT-S International Microwave Symposium*, 2007.

[Man09]   D. Manteuffel. MIMO Antenna Design Challenges. In *Proceedings of the Antennas Propagation Conference*, pages 50–56, November 2009.

[Mau05]   J. Maurer. *Strahlenoptisches Kanalmodell für die Fahrzeug-Fahrzeug Funkkommunikation*. Dissertation, Universität Karlsruhe (TH), 2005.

[MFSW04]   J. Maurer, T. Fügen, T. Schäfer, and W. Wiesbeck. A New Intervehicle Communications (IVC) Channel Model. In *Proceedings of the 60th IEEE Vehicular Technology Conference*, volume 1, pages 9–13, September 2004.

[MIS]   MISUMI. *Homepage MISUMI Europe*. `http://www.misumi-europe.com`.

[MM90]   C.W.I McNamara, D.A. Pistorius and J.A.G. Malherbe. *Introduction to the Uniform Geometrical Theory of Diffraction*. Artech House, Boston, 1990.

[MMK+11]   C.F. Mecklenbräuker, A.F. Molisch, J. Karedal, F. Tufvesson, A. Paier, L. Bernado, T. Zemen, O. Klemp, and N. Czink. Vehicular Channel Characterization and Its Implications for Wireless System Design and Performance. *Proceedings of the IEEE*, 99(7):1189–1212, Juli 2011.

[MSW01]   J. Maurer, T.M. Schäfer, and W. Wiesbeck. A Realistic Description of the Environment for Inter-vehicle Wave Propagation Modelling. In *Proceedings of the 54th IEEE Vehicular Technology Conference*, volume 3, pages 1437–1441, 2001.

[MTKM09]   A.F. Molisch, F. Tufvesson, J. Karedal, and C. Mecklenbräuker. Propagation Aspects of Vehicle-to-Vehicle Communications - An Overview. In *Proceedings of the IEEE Radio and Wireless Symposium*, pages 179–182, Januar 2009.

[MW04]   A.F. Molisch and M.Z. Win. MIMO Systems with Antenna Selection. *Transactions of the IEEE Microwave Magazine*, 5(1):46 – 56, März 2004.

[NHSK11]   J. Nuckelt, H. Hoffmann, M. Schack, and T. Kürner. Linear Diversity Combining Techniques Employed in Car-to-X Communication Systems. In *Proceedings of the 73rd IEEE Vehicular Technology Conference*, pages 1–5, Mai 2011.

[Noa10]   A. Noakes. *BMW: Vom 328 Roadster und der Isetta bis zum 5er Gran Turismo*. Parragon, 2010.

[Onl11a]   Spiegel Online. *Autos aus dem Rechner*, 2011. `http://www.spiegel.de/auto/aktuell/0,1518,461956,00.html`.

[Onl11b]   Spiegel Online. *Navigationssystem der Zukunft*, 2011. `http://www.spiegel.de/auto/aktuell/0,1518,791374,00.html`.

[oSfIRS11] Co operative Systems for Intelligent Road Safety. *Webseite vom Projekt COOPERS*, 2011. `http://www.coopers-ip.eu`.

[oWN11]   Network on Wheels NOW. *Webseite vom Projekt NOW*, 2011. `http://www.network-on-wheels.de`.

[Pai10]   A. Paier. *The Vehicular Radio Channel in the 5 GHz Band*. Dissertation, Technische Universität Wien, 2010.

[PNG03]   A.J. Paulraj, R. Nabar, and D. Gore. *Introduction to Space-Time Wireless Communications*. Cambridge University Press, Cambridge, 2003.

[Pon10]   J. Pontes. *Optimized Analysis and Design of Multiple Alement Antennas for Urban Communication.* PhD thesis, Karlsruhe Institute of Technology (KIT), 2010.

[Poz11]   D.M. Pozar. *Microwave Engineering.* John Wiley & Sons, 2011.

[PRe11]   PReVENT. *Webseite vom Projekt PReVent*, 2011. `http://www.prevent-ip.org`.

[Pro11]   Safespot Integrated Project. *Webseite vom Projekt Safespot*, 2011. `http://www.safespot-eu.org`.

[PRZ11]   J. Pontes, L. Reichardt, and T. Zwick. Investigation on Antenna Systems for Car-to-Car Communication. *IEEE Journal on Selected Areas in Communications*, 29(1):7–14, Januar 2011.

[Pät02]   M. Pätzold. *Mobile Fading Channels.* John Wiley & Sons, 2002.

[RAA10]   V. Rabinovich, N. Alexandrov, and B. Alkhateeb. *Automotive Antenna Design and Applications.* CRC Press, 2010.

[RC98]   G.G. Raleigh and J.M. Cioffi. Spatio-temporal Coding for Wireless Communication. *IEEE Transactions on Communications*, 46(3):357–366, März 1998.

[RC02]   Advanced Circuit Materials ROGERS CORPERATION. *ULTRALAM 2000, Woven Glass Reinforced Microwave Laminate*, 2002.

[RC11]   Advanced Circuit Materials ROGERS CORPERATION. *RT/duroid 5870 /5880 High Frequency Laminates*, 2011.

[Rem08]   B. Rembold. Relation Between Diagram Correlation Factors and S-parameters of Multiport Antenna with Arbitrary Feeding Network. *Electronics Letters*, 44(1):5–7, März 2008.

[REM11]   REMCOM. *Webseite von Wireless InSite*, 2011. `http://www.remcom.com/wireless-insite`.

[RFZ09]   L. Reichardt, T. Fügen, and T. Zwick. Influence of Antennas Placement on Car to Car Communications Channel. In *Proceedings of the 3rd European Conference on Antennas and Propagation*, pages 630–634, März 2009.

[RKVO08]   O. Renaudin, V.-M. Kolmonen, P. Vainikainen, and C. Oestges. Wideband MIMO Car-to-Car Radio Channel Measurements at 5.3 GHz. In *Proceedings of the 68th IEEE Vehicular Technology Conference*, pages 1–5, September 2008.

[RMFZ09]   L. Reichardt, J. Maurer, T. Fügen, and T. Zwick. *Fahren in virtuellen Umgebungen*, pages 20–23. E&E Kompendium, 2009.

[RMFZ11]   L. Reichardt, J. Maurer, T. Fügen, and T. Zwick. Virtual Drive: A Complete V2X Communication and Radar System Simulator for Optimization of Multiple Antenna Systems. *Proceedings of the IEEE*, 99(7):1295–1310, Juli 2011.

[RPJZ11]   L. Reichardt, J. Pontes, G. Jereczek, and T. Zwick. Capacity Maximizing MIMO Antenna Design for Car-to-Car Communication. In *Proceedings of the International Workshop on Antenna Technology*, pages 243–246, März 2011.

[RPWZ11]   L. Reichardt, J. Pontes, W. Wiesbeck, and T. Zwick. Virtual Drives in Vehicular Communication. *Vehicular Technology Magazine, IEEE*, 6(2):54 –62, Juni 2011.

[RSGZ12]   L. Reichardt, C. Sturm, F. Grünhaupt, and T. Zwick. Demonstrating the Use of the IEEE 802.11P Car-to-Car Communication Standard for Automotive Radar. In *Proceedings of the 5th European Conference on Antennas and Propagation*, März 2012.

[RSZ09]   L. Reichardt, C. Sturm, and T. Zwick. Performance Evaluation of SISO, SIMO and MIMO Antenna Systems for Car-to-Car Communications in Urban Environments. In *Proceedings ot the 9th International Conference on Intelligent Transport Systems Telecommunications*, pages 51–56, Oktober 2009.

[RSZ10]   L. Reichardt, T Schipper, and T Zwick. Virtual Drive - Physical Layer Simulations for Vehicle-to-Vehicle Communications. In *Proceedings of the 2010 International Symposium on Electromagnetic Theory*, 2010.

[Sch06]   S. Schulteis. *Integration von Mehrantennensystemen in kleine mobile Geräte für multimediale Anwendungen*. Dissertation, Universität Karlsruhe (TH), 2006.

[Sha48]   C.E. Shannon. A Mathematical Theory of Communication. *Bell Syst. Technical Jornal*, pages 27:379–423 (Teil 1), 623–656 (Teil 2), 1948.

[sIp10]   Published standard IEEE 802.11p. *Part 11: Wireless LAN Medium Access Control (MAC) and Physical Layer (PHY) Specifications Amendment 6: Wireless Access in Vehicular Environments*, 2010.

[SN04]   S. Sanayei and A. Nosratinia. Antenna Selection in MIMO Systems. *IEEE Communications Magazine*, 42(10):68 – 73, Oktober 2004.

[SRL⁺12]   L. Sit, L. Reichardt, R. Liu, H. Liu, and T. Zwick. Maximum Capacity Antenna Design for an Indoor MIMO-UWB Communication System. In *Proceedings of the 10th International Symposium on Antennas, Propagation, and EM Theory*, Oktober 2012.

[SSV⁺08]   P. Suvikunnas, J. Salo, L. Vuokko, J. Kivinen, K. Sulonen, and P. Vainikainen. Comparison of MIMO Antenna Configurations: Methods and Experimental Results. *IEEE Transactions on Vehicular Technology*, 57:1021–1031, 2008.

[Stu11]   C. Sturm. *Strategien zur gemeinsamen Realisierung von Radar-Sensorik und Funkkommunikation in Mehrnutzerumgebungen auf der Basis von OFDM-Signalen*. Dissertation, Karlsruher Institut für Technologie (KIT), 2011.

[SV87]   A.A.M. Saleh and R. Valenzuela. A Statistical Model for Indoor Multipath Propagation. *IEEE Journal on Selected Areas in Communications*, 5(2):128–137, Februar 1987.

[Sva02]   T. Svantesson. Correlation and channel capacity of MIMO systems employing multimode antennas. *IEEE Transactions on Vehicular Technology*, 51:1304–1312, 2002.

[SW09]   C.C. Squires and T.J. Willink. The Impact of Vehicular Antenna Placement on Polarization Diversity. In *Proceedings of the 70th IEEE Vehicular Technology Conference*, pages 1–5, September 2009.

[Sys11]   Cooperative Vehicle-Infrastructure Systems. *Webseite vom Projekt CVIS*, 2011. http://www.cvisproject.org.

[Taz12]   H. Tazi. *Integration of Numerical Simulation Approaches in the Virtual Development of Automotive Antenna Systems*. PhD thesis, Technische Universität München, 2012.

[TBE10]   H. Tazi, F. Bogdanov, and T.F. Eibert. Application of the Equivalence Principle and the Multi Excitation Approach to Method of Moments Simulations for Optimizations of Smart Entry Systems in Vehicles. In *Proceedings of the European Microwave Conference*, pages 232–235, September 2010.

[TBHL10]   S. Treinies, J. Brose, J. Hopf, and S. Lindenmeier. A Method for Evaluation of FM Antenna Diversity Systems for Cars. In *Proceedings of the IEEE Antennas and Propagation Society International Symposium*, pages 1–4, Juli 2010.

[TDL01]   T.J. Talty, Yingcheng Dai, and L. Lanctot. Automotive Antennas: Trends and Future Requirements. In *Proceedings of the IEEE Antennas and Propagation Society International Symposium*, volume 1, pages 430–433, 2001.

[Tec]   Agilent Technologies. *E8363B PNA Network Analyzer, 10 MHz to 40 GHz*.

[Tec11]   Agilent Technologies. *ADS Advanced Design System (ADS)*, 2011.

[Tel99]   I.E. Telatar. Capacity of Multi-antenna Gaussian Channels. *European Transactions on Telecommunications*, pages 10(6):585–595, 1999.

[THE10]   H. Tazi, J. Hippeli, and T.F. Eibert. Simulation Model of a Stripline with Numerical Calculations Based on MoM for the Evaluation of the Glass Antenna Systems of Vehicles in LW/MW Frequency Range. In *Proceedings of the IEEE Antennas and Propagation Society International Symposium*, pages 1–4, Juli 2010.

[TJY10]   Feng Tao, Xu Jun, and Wang Mao Yan. Design of 1:3 Unequal Wilkinson Power Divider with Defected Ground Structure . In *Proceedings of the 2010 International Conference on Microwave and Millimeter Wave Technology*, pages 646 –648, Mai 2010.

[TK08]   A. Thiel and O. Klemp. Initial Results of Multielement Antenna Performance in 5.85 GHz Vehicle-to-Vehicle Scenarios. In *Proceedings of the 38th European Microwave Conference*, pages 1743–1746, Oktober 2008.

[TKP$^+$10] A. Thiel, O. Klemp, A. Paier, L. Bernado, J. Karedal, and A. Kwoczek. In-situ Vehicular Antenna Integration and Design Aspects for Vehicle-to-Vehicle Communications. In *Proceedings of the Fourth European Conference on Antennas and Propagation*, pages 1–5, April 2010.

[Tria]   Trinamic. *TMCM-6110 Hardware Manual V 1.10*.

[Trib]   Trinamic. *Trinamic QMOT QSH4218 Manual V 1.06*. www.trinamic.com.

[Tso06]   G. Tsoulos, editor. *MIMO System Technology for Wireless Communications*. CRC Press, 2006.

[UT10]   C. Ullrich and H. Tazi. Measurement Uncertainties in Automotive Antenna Measurements. In *Proceedings of the IEEE Antennas and Propagation Society International Symposium*, pages 1–4, Juli 2010.

[VA87]   R.G. Vaughan and J.B. Andersen. Antenna Diversity in Mobile Communications. *IEEE Transactions on Vehicular Technology*, 36(4):149–172, November 1987.

[VA03]   R. Vaughan and J. Andersen. *Channels, Propagation and Antennas for Mobile Communication*. The Institution of Electrical Enginners, London, United Kongdom, 2003.

[VLH10]   G. Villino, N. Lotterer, and P. Hofmann. Herausforderungen an die Antennenentwicklung durch neue Randbedingungen. Technical report, ITG Workshop WSAA 2010, Automotive Antennen, 2010.

[Wal04]   C. Waldschmidt. *Systemtheoretische und experimentelle Charakterisierung integrierbarer Antennenarrays*. Dissertation, Universität Karlsruhe (TH), 2004.

[Wie74]   R. Wiedemann. *Simulation des Strassenverkehrsflusses*. Universität Karlsruhe (TH), 1974.

[WJ02]   J. W. Wallace and M. A. Jensen. Intrinsic Capacity of the MIMO Wireless Channel. In *Proceedings of the 56th IEEE Vehicular Technology Conference*, volume 2, pages 701–705, 2002.

[WVB+06]   J. Weber, C. Volmer, K. Blau, R. Stephan, and M.A. Hein. Miniaturized Antenna Arrays Using Decoupling Networks with Realistic Elements. *IEEE Transactions on Microwave Theory and Techniques*, 54:2733–2740, 2006.

[WW04]   C. Waldschmidt and W. Wiesbeck. Compact Wide-band Multimode Antennas for MIMO and Diversity. *IEEE Transactions on Antennas and Propagation*, 52(8):1963–1969, August 2004.

[YF07]   Y. Yao and Z. Feng. A Band-notched Ultra-wideband 1 to 4 Wilkinson Power Divider Using Symmetric Defected Ground Structure. In *Proceedings of the IEEE Antennas and Propagation Society International Symposium*, pages 1557 –1560, Juni 2007.

[You04]   M. Younis. *Digital Beam-Forming for high Resolution Wide Swath Real and Synthetic Aperture Radar*. PhD thesis, Universität Karlsruhe (TH), 2004.

[YW09]   L.K. Yeung and Y.E. Wang. Mode-Based Beamforming Arrays for Miniaturized Platforms. *IEEE Transactions on Microwave Theory and Techniques*, 57:45–52, 2009.

[Zie10]   Ziegengeist, K.-D. *Rekonstruktion von Verkehrsunfällen*. Hochschule Ulm, 2010.

[ZT03]   L. Zheng and D.N.C. Tse. Diversity and Multiplexing: a Fundamental Tradeoff in Multiple-Antenna Channels. *IEEE Transactions on Information Theory*, 49(5):1073 – 1096, Mai 2003.

[Zwi99]   T. Zwick. *Die Modellierung von richtungsaufgelösten Mehrwegegebäudefunkkanälen durch markierte Poisson-Prozesse*. Dissertation, Universität Karlsruhe (TH), 1999.